品質・原価・工程・安全・環境保全管理/土木関連法規

土木施工の管理学

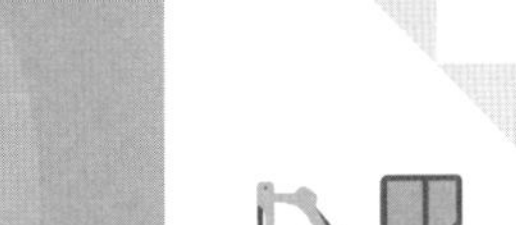

"土木施工管理技士"に求められる一般知識

共著

渡部　正／保坂　成司

一般財団法人　経済調査会

はじめに

土木施設およびそれを構成する構造物を建設するためには，資機材や人を投入するだけではなく，施工のための管理が必要である。いわゆるマネジメント（management）とは，「目標に到達するために成すべき事を考えて舵取りなどの行動をすること」であるが，その実務の重要な一端を担うのが管理（control）となる。実際の建設工事で管理すべき代表的な項目としては，品質，工程，原価，安全，環境保全などがあり，これらは「施工の五大管理」などと称されている。

すなわち，土木工学における「施工管理学」とは，土木施設の企画・調査・設計などに基づいて作成された設計図書（契約書，設計図面，仕様書等）に示された構造物を，所定の品質で効率よく建設するために体系化された知識と方法である。

さて，著者らは共に建設会社の職から身を転じて，大学にて施工管理，施工技術および安全工学等の施工系の授業を担当しているが，その中で，大学の教科書として活用できる初学者向けの専門書あるいは土木施工の実務に携わる若手技術者の入門書的な専門書が極めて少ないことを憂慮していた。そこで，2020（令和2）年に，まずは土木工事の一般技術である土工，基礎工およびコンクリート工を主題とした『土木施工の基礎技術』を上梓し，今回はそれに引き続き，土木工事の施工管理やその関連法規を主題とした『土木施工の管理学』を執筆・発刊することとなった。

本書では、上述したことを鑑み，次のようなことを念頭において執筆した。

・大学や高等専門学校などの施工系科目の講義で活用できる内容にすること

・若手の土木技術者が施工管理に関する一般的基礎知識（施工の五大管理）を習得して，実務で活用できるような専門書的な内容にすること

・施工管理の実施に際しては，工事に関連する多岐にわたる法規を理解しておくことが必要不可欠であることから，土木関連法規を体系的に効率よく理解できる内容にすること

・1級・2級土木施工管理技術検定試験における受験対策としても活用できるよう，「施工管理」および「法規」の分野で出題頻度の高い重要なポイントを効率よく学べる内容にすること

施工管理に関する各種手法は新たな知識や技術の活用により常に進歩しており，また，関連する法規も時代に即した改定が行われている。したがって，最新の土木工学の動向にも常に留意しながら本書を活用していただき，良質な土木施設の建設に少しでも貢献できることを願っている。

2023年3月

渡部　正
保坂成司

目　次

第10章　土木関連法規

第1章 施工管理の概要

1 施工管理の全体像

施工管理とは，発注者が要求する所定の品質の工事目的物を，工事請負者が工事実施に先立ち作成した施工計画に基づいて，社会的制約に対する対策や管理を行いながら工事を施工し，完成させるまでに必要とされる管理技術のことである。

施工管理における主な管理項目は，品質管理（Quality control），原価管理（Cost control），工程管理（Delivery control），安全管理（Safety control）の4つである。この4項目を施工の四大管理といい，アルファベットの頭文字を取ってQCDSという。これに環境保全管理（Environment control）を加えたものを，QCDSE（五大管理）という。

なお最近では，QCDSEにM（Morale）を加え，QCDSEM管理と呼ばれることもある。

※ M（Morale）とは「士気，倫理，道徳」のことであり，作業員の労働意欲や倫理観を高めることをいう。

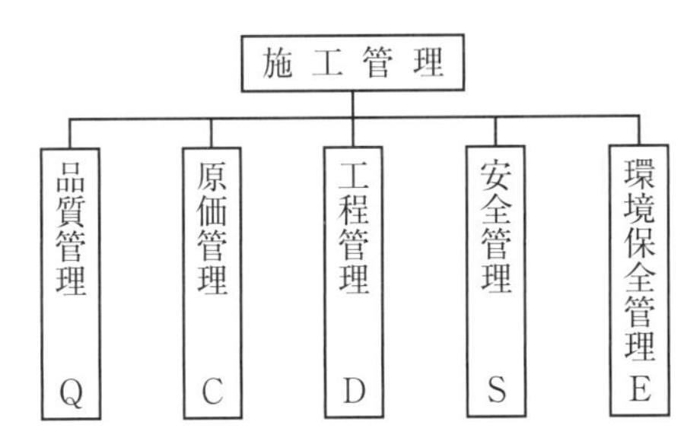

図 1-1-1　施工管理における主な管理項目

（1）品質管理（Quality control）

発注者が要求する形状，機能，品質を有する工事目的物を築造するため，図面，仕様書，現場説明書などの設計図書に基づき作成した品質管理計画により，品質を管理することをいう。品質管理は，工程の節目や完了時に品質管理基準などを用いて検査を行い，不具合箇所を後工程に送ることがないようにする。なお形状・寸法の管理は出来形管理という。

（2）原価管理（Cost control）

請負金額と施工計画から材料費，労務費，現場経費などの工事原価を算出して実行予算を作成し，工事が実行予算どおりに実施できているかを管理することをいう。原価管理は，実行予算と実施原価の差異を比較分析し，予算を超過しそうな場合には，その原因を調査・

追究し，予算内に収まるように対策を講ずるなど，工事が経済的に実施できるようにする。

（3）工程管理（Delivery control）

契約工期と施工計画から各工種の工程を調整して全体工程表を作成し，この全体工程表から作成した短期の工程に基づき，細部にわたって工程を管理することをいう。工程が遅れていないか（または早過ぎていないか）定期的にチェックし，工程に問題が生じた場合は原因を調査・追究して対策を講じ，工事が工期内に完了できるようにする。

（4）安全管理（Safety control）

工事施工において作業員や第三者の安全を確保するために，施工の安全面から計画を立て，現場の整理整頓，保安施設の設置や作業員への安全教育などを実施・管理することをいう。労働安全衛生関係法令や現場の安全ルールに従い，常日頃から作業環境，工具類の点検・補修などの安全管理を実施し，不安全箇所や不安全行動があった場合は直ちに是正する。

（5）環境保全管理（Environment control）

工事による騒音・振動，水質汚濁など自然環境や生活環境に与える影響を最小限にするために行う管理であり，法律や条例で定められた環境基準値などに従い管理を行う。騒音・振動対策に関しては，低騒音・低振動工法の採用や，低騒音型機械の導入など，周辺環境に配慮した施工を行う。また，官公署への必要書類の届出や関係機関への連絡・協議，建設工事に伴い発生する建設副産物・産業廃棄物の適正な処理も行う。

2 施工計画と施工管理

施工計画とは，契約条件や図面，仕様書，現場説明書などの設計図書に基づき，さまざまな社会的制約を考慮しながら，工事目的物を完成させるための施工手段の組合せなどを計画することである。

すなわち，施工計画作成の目的は，図 1-2-1 に示す 5 つの施工手段（5M）を用いて，発注者の要求する品質の工事目的物を，工期内に，経済的かつ安全に，さらには環境に配慮しながら完成させるための施工方法などを決定することである。なお，工事の実施においては，多くの社会的制約を受けるため，施工計画において十分な事前調査を行って現地の状況などを把握し，施工前および施工中の対策，管理を行うことが大切である。

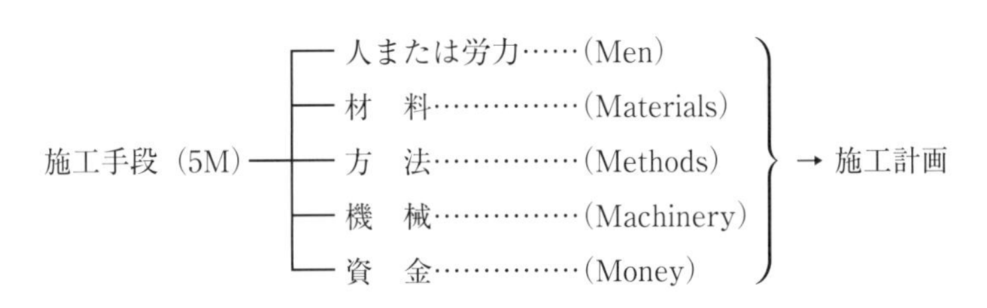

図 1-2-1　5つの施工手段（5M）

また，施工管理とは，施工計画に基づいて社会的制約に対する対策や管理を行いながら工事を施工し，工程に遅れが生じていないか（工程管理），また所定の形状や品質を有しているか（品質管理），実行予算を超過していないか（原価管理）などに留意して，工事を管理することである。

すなわち，施工管理の究極の目的は，「品質（より良く），工期（より早く），価格（より安く）」の三要素に集約され，これらを念頭に工事を施工することとなる（図 1-2-2）。

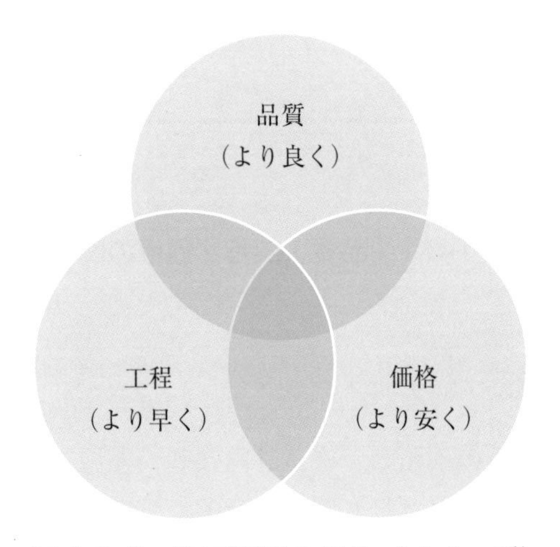

図 1-2-2　施工管理の目的（イメージ）

3 品質・工程・原価の関係

建設工事の施工において，一般に品質・工程・原価には，図 1-3-1 に示すような関連性がある。

1）　工程と原価の関係（a 曲線）

施工速度を上げると，単位時間当たりの出来高が増え，原価は低下する。しかし，さらに施工速度を上げると，突貫作業となり，逆に原価は上昇する。

2）　原価と品質の関係（b 曲線）

一般的に品質が良いものは原価も高くなり，品質の低いものは原価が低くなる。

3） 品質と工程の関係（c 曲線）

一般的に品質の良いものを造る場合，施工速度が遅くなり時間がかかる。逆に施工速度を上げると品質は低下する。

このように，建設工事の品質・工程・原価は，それぞれ独立したものではなく施工において相互に関連しており，安全を最優先とした上で，品質・工程・原価のバランスの取れた施工計画を作成することが重要である。

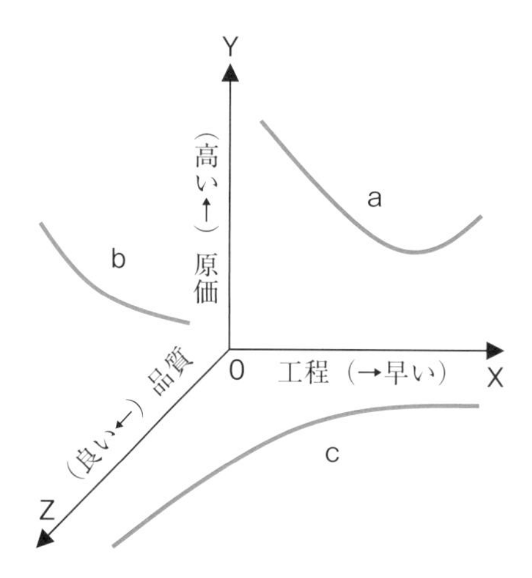

図 1-3-1　品質・工程・原価の関係

4 施工管理の手順

適切に施工管理を行うための手順は，施工計画に基づき施工を行い，発生した問題点について調査・追究し，その結果に対して適切な改善や処置を行い，次の施工につなげることである。すなわち，計画（Plan），実施（Do），検討（Check），改善（Action）の4段階のサイクルを繰り返し実行することが基本となる（この4段階のサイクルを「PDCAサイクル」あるいはマネジメントサイクルという）。PDCAサイクルの各段階における実施内容は次のとおりである。

●第1段階　計画を立てる（Plan）

安全を最優先とし，品質，工程，原価の面でバランスの取れた計画を立てる。この計画段階でチェックのタイミングや，品質管理基準値などの判断基準を適切に設定しておくことが重要である。

●第2段階　計画に基づき実施する（Do）

計画に基づいた適切な施工を行うとともに，施工の状態を容易に判断できるようなデータを正確に調査・記録しておくことが重要である。

●第３段階　実施結果と計画を比較検討する（Check）

計画どおりに施工されているか，調査・記録したデータを検証し判断し，差異がある場合にはその要因を調査・追究して明確にする。

●第４段階　適切な改善・処置を行う（Action）

チェックの結果に問題がある場合には，適切な処置を施すための方策について幅広く検討する。過去に類似工事の施工記録などがある場合は活用し，最小の費用で最大の効果が得られるよう，適切に改善を行う。また，そこで得られたノウハウは，今後の施工に活かしていくことも重要である。

なお，第４段階における是正処置のみでは対応できない場合は，第１段階の計画そのものを修正し，修正した計画を基に，再度PDCAサイクルを繰り返し，さらに適切な管理へとスパイラルアップ（向上）させていく。

このようにPlan→Do→Check→Actionを繰り返しながら作業を進めていくことを「PDCAサイクルを回す」といい，施工管理において最も重要である。

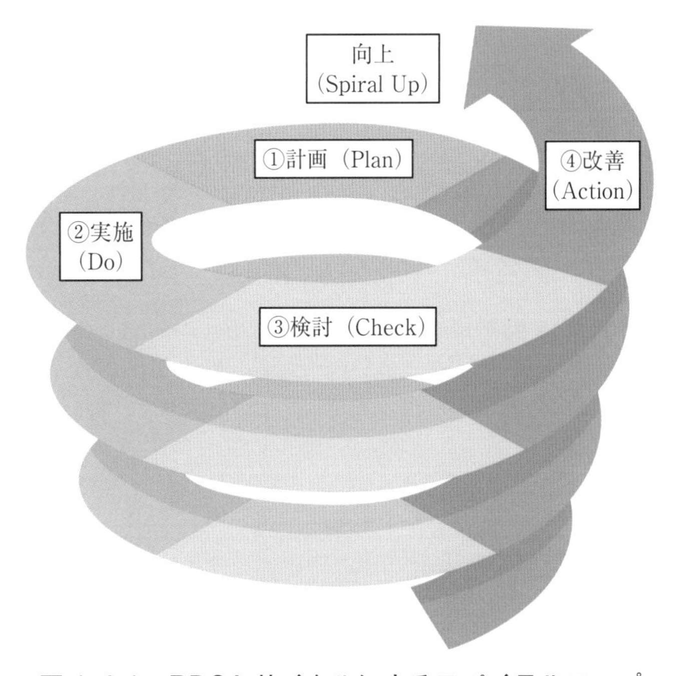

図 1-4-1　PDCA サイクルによるスパイラルアップ

第2章 施工計画の作成

1 施工計画とは

発注者から渡される仕様書や現場説明書等の設計図書には，目的構造物の形状・寸法・品質などは示されているが，施工方法・施工手段・施工順序などは指示されていない。特に工事施工に必要な仮設備に関しては，重要な仮設備を除いて設計と配置計画のほとんどが施工業者に任されている。このため，工事施工に当たり，どのように進めていくかを計画する施工計画の作成が重要となる。

施工計画とは契約条件や現場条件，設計図書等に基づき，さまざまな社会的制約の中で，工事目的物を完成させるための施工方法，施工順序および資源調達方法などについて計画するものであり，施工の管理基準となるとともに品質・原価・工程・安全の要素を満たす管理計画でなければならない。すなわち，施工計画は，「品質の良いもの」を「最小のコスト」で「工期内」に「無事故」で完成させるバランスの取れた計画とする必要がある。さらに，建設工事はその性格上，自然環境や生活環境に与える影響が大きいため，環境保全にも配慮した施工計画の作成をしなくてはならない。

施工計画は，施工管理のPDCAサイクルの第1段階であり，施工計画を基とし，工事の実施→計画と実施の比較・検討→是正処置のサイクルを経て，計画の修正へと循環する形となる（図2-1-1）。したがって，施工計画は十分な事前調査を行い慎重に立案するだけでなく，工事進行の各段階において，計画どおり行われているかどうかを比較・検討し，必要な是正処置を適切に取れるように，あらかじめ考えて計画しなければならない。

なお，施工計画立案に使用した資料は，施工過程における計画変更などにおいて重要な資料となり，また，工事を安全に完成させるための資料にもなるため，大切に保管しておく。

図2-1-1　施工管理のPDCAサイクル

2 施工計画の作成

建設工事は，発注者が指定する特定の場所に，個々に設計された構造物を現場条件などに適した施工方法により建設する，大規模な一品受注請負生産であり，全く同じ工事というものは一つとしてない。すなわち，建設工事は製造環境の整った工場生産と異なり，工事ごとに条件や制約が異なるため，現場ごとの労務，資材，設備など必要な資源を調達し，個別に定められた工期内に工事を完成させなくてはならない。このため，施工計画は安全かつ十分な品質を確保して工事を成功に導くための重要な指針となる。

施工計画の立案は，入札に用いる元積り算出のために作成した概略施工計画を基に，詳細な事前調査の実施，基本計画の立案，詳細計画の作成，管理計画の作成の流れで行う。それぞれの内容と留意事項は次のとおりである。

(1) 事前調査

建設工事は，自然を相手に取り組むものであることから，現場の自然環境，気象条件，敷地条件や立地条件，周辺の状況などを事前調査により十分に調査・把握し，問題点を洗い出した上でよく検討し，検討結果を施工計画に反映することが重要である。すなわち，契約条件を正確に理解し，現場条件について適切な把握をしなくてはならない。

一般に工事発注時の現場説明において事前説明は行われるが，その後の施工の良否を左右する工事契約後の現地事前調査では，個々の現場に適した調査を漏れなく重点的に行う必要がある。これらの調査結果は工事の基本方針を策定する基になることから，適切で十分な事前調査を行うことは，安全かつ確実な施工計画の立案や適切な工事価格の見積り，さらには工事の成功につながることになる。

1) 契約条件の確認事項

現場担当者は，工事に着手する前にまず契約関係書類の精査を行う。契約書および設計図書より，工事の目的，要求される品質，工期，工事数量や仕様（規格），契約金額など，契約内容のチェックを行い，正確に理解しておくことが重要である。もし，図面，仕様書，現場説明書および現場説明に対する質問回答書が一致しない，設計図書に間違いや記載漏れがある，表示が明確でないなど，疑問点や問題点があった場合は発注者と打合せまたは協議を行い，契約の範囲や責任の範囲を明確にし，その内容を書面にて取り交わしておく。

以下に契約書および設計図書の内容について，特に確認すべき点を示す。

〈契約内容の確認事項〉

・事業損失，不可抗力による損害に対する取扱い方法
・工事中止等による損害に対する取扱い方法
・賃金または物価の変動に基づく請負代金額の変更の取扱い方法
・契約不適合責任の範囲

・工事代金の支払条件
・数量の増減による変更の取扱い方法
〈設計図書の確認事項〉
・図面と現場との相違および数量の違いの有無
・図面，仕様書，施工管理基準等による規格値や基準値
・工事材料の品質や検査方法
・現場説明事項の内容
〈その他の確認事項〉
・監督職員の指示，承諾，協議事項の範囲
・当該工事に影響する付帯工事，関連工事の有無
・工事を施工する都道府県および市町村の条例とその内容
・工事用地の確保等の状況

2） 現場条件の事前調査確認事項

建設工事はそれぞれ現場条件が異なるため，現場担当者は個々の現場に応じた必要かつ適切な事前調査を行い，問題点を明らかにし，十分な対策を取っておくことが重要である。

表 2-2-1 に現場条件の事前調査チェックリストの例を示す。

表 2-2-1　現場条件の事前調査チェックリストの例

自然条件	地形	・地表勾配，高低差（切取高），排水，危険防止箇所など ・設計図書との相違
	地（土）質	粒度，含水比，地質，岩質，支持力，トラフィカビリティ，地下水，湧水，既存の資料，柱状図，古老の意見，施工上の問題点など
	気象	降雨量，降雨日数，降雪開始時期，積雪量，気温，日照，凍上など，施工上の悪条件
	水文	季節ごと（梅雨期，台風期，冬期，融雪期）の低水位と高水位，平水位，洪水，流速，潮位の河川への影響など
	海象	波浪，干満差，最高最低潮位，干潮時の流速など
	その他	地震，地すべり，洪水，噴火などの過去の履歴，地元の聞込み
近隣環境・工事公害・支障物件		・現場周辺の状況，近隣の民家密集度，病院・学校・水道水源など配慮を要する近隣施設，井戸・池などの状況
		・通信，電力，ガス，上下水道など地下埋設物の有無，送電線など地上障害物の有無 ・交通量，定期バスの有無，通学路の有無など ・騒音，振動，粉じん，悪臭，排水などが近隣に与える影響 ・作業時間・作業日に対する制限，近隣住民感情等相隣関係など
資機材	現地天然工事用材料	骨材や埋戻材などの品質，数量，加工の必要生，納期，価格など
	現地調達資機材	・資機材などの調達先，数量，納期，価格，リース単価など ・特別注文品の納期・代替品採用の適否など

<table>
<tr><td rowspan="5">輸送･通信･
電力･用水･
用地</td><td>輸送</td><td>鉄道・航路・道路の状況，通行制限，運賃および手数料など</td></tr>
<tr><td>現場進入路</td><td>進入路の現状（幅員，カーブ，橋梁，架空線，地下埋設物など），拡幅・改修・補強などの必要有無など</td></tr>
<tr><td>通信</td><td>電話，電信，無線など</td></tr>
<tr><td>電力・用水</td><td>受電可能有無，受電場所，電圧，容量，周波数，使用可能時期，工事用水（水道・井戸・地表水，水量，水質，料金）など</td></tr>
<tr><td>用地</td><td>・発注者による工事用地の確保状況
・資材置場，事務所・宿舎などの借地の確保，借地料など</td></tr>
<tr><td rowspan="2">労務・下請</td><td>労働力</td><td>労働力確保の可否，作業員の熟練度，歩掛，賃金，労働時間，休日，通勤方法など，労災保険，雇用保険，社会保険など</td></tr>
<tr><td>地元現地協力会社</td><td>会社名，所在地，代表者名，資格，技術，信用，所有資金，保有機器，営業工種，受注先，受注単価など</td></tr>
<tr><td colspan="2">既設施設</td><td>修理施設，給油所，各種商店，機材リース会社，監督官庁，警察署，消防署，電力会社，電話・通信会社，労働基準監督署，病院など</td></tr>
<tr><td colspan="2">法規・習慣・利権</td><td>・第三者災害・公害防止・環境保全などの規則，条例，要綱など
・水利権・漁業権など</td></tr>
<tr><td colspan="2">工事関連</td><td>将来の追加工事の可能性，付帯工事，関連別途工事，隣接工事など</td></tr>
</table>

3） 事前調査における留意事項

契約条件の確認と現場条件の事前調査においては以下の点に留意して行い，工事の制約条件や課題を明らかにする。

・施工計画作成に当たっての事前調査は，工事の目的，内容に応じて必要なものを漏れなく重点的に行う。

・現場条件の調査では，調査項目が多いため，脱落がないようにチェックリストを作成して選定し，複数人での調査や調査回数を重ねるなどにより，個人的かつ偶発的な要因による錯誤や調査漏れを取り除き，精度を高める。

・現地調査では，過去の災害の状況などは分からないので，地元の古老などから話を聞くことも必要である。

・地質調査は，発注者から与えられる地質調査資料をよく分析し，原位置試験法や土質試験法についても現場技術者として十分理解しておく。

（2）基本計画の立案

基本計画の作成手順は図 2-2-1 に示すとおりであり，十分な事前調査の結果から工事の制約条件や問題点を明らかにし，それらを基に工事の基本方針を策定する。この基本方針に従って，主要工種について発注者の要求する品質を確保するとともに，安全を最優先とした施工方法を複数考え，施工順序や機械の組合せ，仮設備などの検討を行い，概略工程，概算工事費を作成し，これを評価して最適な施工方法を決定する。

施工方法の選定に当たっては，十分な事前調査により得た資料に基づき，安全を最優先としながら，契約条件を満足させ，請負者自身の適正な利潤の追求につながることを考慮する。

施工順序の検討は，全体のバランスを考えた上で，全体工期，全体工費に及ぼす影響の大きい重点工種を優先して十分に検討を行うとともに，重点工種に影響を及ぼす付随した従作業についても十分な検討を行う。

表 2-2-2 は基本計画の基本方針，重点工種，組合せ機械・設備の選択の留意事項を示したものである。

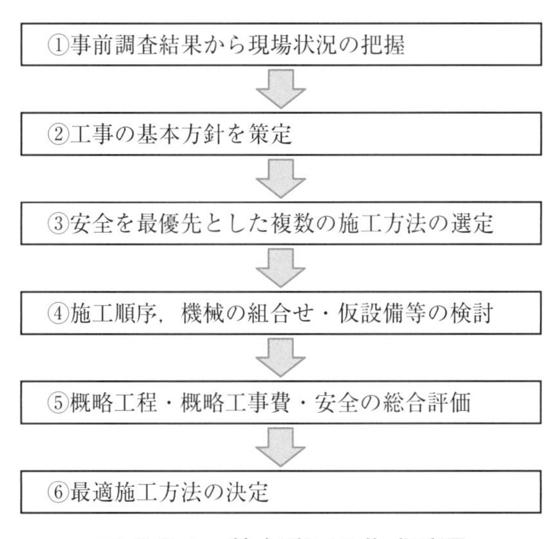

図 2-2-1　基本計画の作成手順

表 2-2-2　基本計画の基本方針，重点工種，組合せ機械・機械の選択の留意事項

基本方針	・全体工期，全体工費に及ぼす影響の大きい工種を優先して考える ・施工上の制約（立地，部分工程，調達能力）を勘案して，材料，労働力，機械などの工事資源の円滑な調達・転用を図る ・全体のバランスを考え，作業の過度な集中は避ける ・繰り返し作業により習熟を図り，効率を高める
重点工種 （クリティカルとなる工種）	・数量，工費の大きい工種 ・高度な技術が要求される工種 ・安全面で危険性の高い工種 ・環境に影響を及ぼすと考えられる工種
組合せ機械・設備の選択	・機械・設備の能力を最大限に発揮させるため作業全体の効率化を図る ・作業の平準化を図り，機械が遊休状態になることを防ぐ ・機械故障などによる作業の停滞を防ぐ ・主機械の能力を最大限に発揮させるために，従機械は主機械の能力と同等，あるいは若干高めにする

（3）詳細計画の作成

1） 工程計画

工種別工程計画の作成手順は図 2-2-2 に示すとおりであり，基本計画において最適工法と判断された主要工種の施工方法について，工事を構成する工種ごとに詳細計画を作成する。詳細計画では，施工方法および施工順序の検討，施工機械の選定，人員配置，仮設備の規模などの検討を行い，工種別の詳細な工程計画を作成する。

なお，工程計画作成の詳細については「第７章　工程管理」を参照されたい。

①施工方法の選定

各工種について，現場への適合性，経済性，組合せ機械・設備の検討により施工方法を選定する。

②作業可能日数の算定

工程計画を作成するために，まずは作業可能日数を明確にする。作業可能日数は，暦日による日数から休日と悪天候などによる作業不能日数を差し引いて推定する。

③１日平均施工量の算定

選定した施工方法の１日平均施工量を算定し，工事量を１日平均施工量で除して所要作業日数を求める。この所要作業日数が作業可能日数より少ないか等しくなるようにする。

④施工速度の算定

施工速度には，最大施工速度，正常施工速度，平均施工速度があり，最大施工速度および正常施工速度は，機械の組合せの計画において作業能力のバランスを取るために用いられ，平均施工速度は，工程計画および工事費見積りの算出に用いられる。

⑤実施工程表の作成

所要作業日数や施工速度を基に，工程計画を作成する。工程計画の作成では，主要工種の作業工程を積み上げ，直接工事の全ての作業に対する詳細計画を立てる。このとき，作業工程の重複などにより，工事に投入される資源が過度に集中することを避けるために，資源の山積みおよび資源の山崩しを行う。資源の山積みとは，各作業の１日当たりに必要な人数，機械，資材などの量を算出し，作業全体の日々の累計を算出するものである。この山積みの結果は凹凸が大きく，効率の悪い場合となることが多いので，平準化を図るために山崩しを行う。資源の山崩しとは，工期内で施工順序や施工時期を変えながら，人員や資材や機材など資源の投入量が最も効率的な配分となるよう調整し，工事のコストダウンを図るものである。

この試行錯誤を，合理的な工程計画が出来上がるまで何度も繰り返し行う。工程計画が出来上がったら全体のバランスを考え，機械の仕様や台数，労務，資材の調達計画を立案し，工事費の積算を行う。これらもまた検討を繰り返し行い，施工計画全体の精度を高めていくことが重要である。

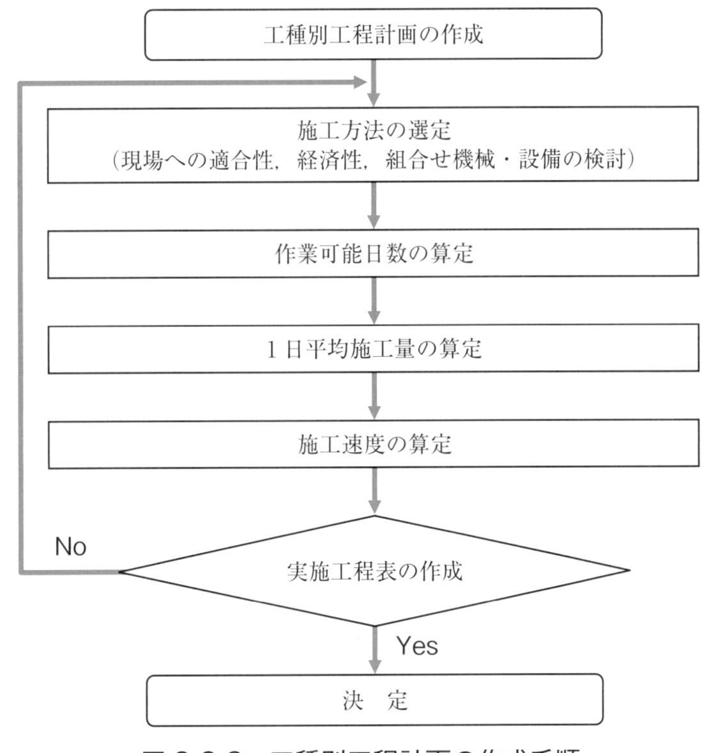

図 2-2-2　工種別工程計画の作成手順

2）　仮設備計画

仮設備とは工事目的物ではなく，工事施工に必要な臨時的な工事用施設であって，工事完成後に原則撤去されるものである。一般に指定された配置図や設計図はなく，その計画・設計は施工業者に任されている。仮設備が適切であるか否かで現場の作業性が変わるため，仮設備計画は極めて重要である。

仮設備計画は，仮設備の配置計画および設計が主な内容であるが，設置と維持管理ならびに撤去，後片付け工事も含まれる。計画に当たっては，必要に応じて工事予定場所の踏査を行い，必要な事項を把握する。また，地形その他の現場諸条件を考慮し，作業や工事用材料の流れを検討し，運搬距離の短縮，流れ作業化，手戻り作業の排除など，作業の効率化を図ることに留意する。

①直接仮設と共通仮設

仮設備には，直接仮設と共通（間接）仮設があり，本工事施工のために直接必要なものを直接仮設といい，各工事目的物の施工に共通して使用する（工事に係る間接的に必要な）仮設備を共通仮設という。直接仮設と共通仮設については，相互に関連するところを十分把握し，工事の安全性を重視した計画・施工とすることが重要である。

表 2-2-3 に直接仮設と共通仮設の例を示すが，工事の種類などにより，必要な仮設備の内容は異なる。

表2-2-3　直接仮設と共通仮設の例

分類	仮設備の種類
直接仮設	(1) 工事用道路　(2) 工事用軌道　(3) 索道，クレーン　(4) コンベア類　(5) その他運搬設備　(6) 荷役設備　(7) 桟橋　(8) 支保工足場　(9) 材料置場　(10) 電力設備　(11) 給水設備　(12) 排水・止水設備　(13) 給気・排気設備　(14) 土留，締切り　(15) コンクリートの打設設備　(16) バッチャープラント　(17) 砕石プラント　(18) ケーソン，シールド用圧気設備　(19) 防護設備，安全施設　(20) その他機械の据付・撤去
共通仮設	(1) 現場事務所　(2) 連絡所　(3) 現場見張所　(4) 下請事務所　(5) 各種倉庫　(6) 車庫　(7) モータープール　(8) 修理工場　(9) コンプレッサー，ウインチ，ポンプ，その他各種機械室　(10) 鉄筋，型枠などの下拵え小屋　(11) 試験室　(12) 社員宿舎　(13) 労務者宿舎　(14) 医務室　(15) 厚生施設

②指定仮設と任意仮設

直接仮設には発注者が指定する指定仮設と，施工業者に全てが委ねられる任意仮設があり，その違いは表2-2-4のとおりである。

表2-2-4　指定仮設と任意仮設の違い

分類	発注者による構造等の指定	契約上の取扱いおよび経費	仮設の規模，仕様，施工方法　など
指定仮設	あり	設計仕様，数量，設計図面などが明示。設計変更の場合，契約変更の対象となる。	設計仕様，数量，設計図面，施工法，配置などが指定されている。
任意仮設	なし	仕様が明示されていないか，参考資料扱いになっている。契約上一式で計上され，契約変更の対象とならないことが多い。	構造等の条件は明示されない。内容は施工業者の自主性と企業努力に委ねられる。

③仮設備計画における留意事項

・仮設備は，工事内容や現地条件に合った適正な規模のものにすることが大切で，工事規模に対して過大・過小にならないようにする。

・使用期間・目的などに応じて構造計算を行い，労働安全衛生規則の基準に合致するかそれ以上の計画としなければならない。

・仮設備の材料は，一般の市販品を使用して可能な限り規格を統一し，その主要な部材については他工事にも転用できる計画にする。

・仮設備計画は，本工事の工法・仕様などの変更にできるだけ追随可能な柔軟性のある計画とする。

・仮設構造物設計における安全率は，使用期間が短いなどの要因から一般に本体構造物よりも割引いて設計することがあるが，使用期間が長期にわたるものや重要度が高い場合は，相応の安全率を取る必要がある。

- 仮設構造物設計において，仮設構造物に繰返し荷重や一時的に大きな荷重が作用する場合は，安全率に余裕を持たせた検討が必要であり，補強などの対応も検討する。
- 仮設構造物設計における荷重は短期荷重で算定する場合が多いが，転用材を使用するときには一時的な短期荷重扱いは妥当ではない。
- 型枠支保工に作用する鉛直荷重のうち，型枠，支保工，コンクリートおよび鉄筋などは死荷重として扱い，それ以外は作業荷重および衝撃荷重として扱う。
- 仮設備計画は，仮設構造物に適用される法律や規則を確認し，施工時に計画の手直しが生じないように立案する。
- 仮設備計画では，取扱いが容易でできるだけユニット化することを心がけるとともに，作業員不足を考慮し，省力化が図れるものとする。
- 仮設備計画の策定に当たっては，仮設物の運搬，設置，運用，メンテナンス，撤去などの面から総合的に考慮する。

3） 調達計画

調達計画は，工程計画において作成した工種別の実施工程表を基に労務予定表，資材予定表，機械予定表などを作成し，外注計画（下請発注計画），労務計画，資材計画・機械計画ならびに輸送計画を策定するのが主な内容である。特に建設資材と建設機械の調達および輸送費用は，工事費の約40～70％を占めることから，資材および機械の調達計画が原価管理の良否を決める重要な計画となる。

①外注計画（下請発注計画）

下請発注計画は，全ての職種の作業員を常時確保するリスクを避け，これを下請業者に分散するように計画することが多い。下請負業者の選定に当たっては，技術力，過去の実績，労働力の供給，信用度，安全管理能力などについて調査することが重要である。

②資材計画

資材計画では，各工種に使用する資材の仕様，必要数量を月別にまとめ，納期・調達先・調達価格などを明確に把握し，資材使用予定に合わせて適時現場に搬入し，手待ちや不要な保管など，無駄な費用の発生を最小限に減らすように計画する。また，特別注文品など長い納期を要する資材の調達は，施工に支障を来すことのないよう品質や納期に注意する。

③機械計画

機械計画も資材計画と同様に，適時現場に搬入し，手待ち時間や無駄な保管費用などの発生を最小限にする。そのためには機械台数を平準化することが重要であり，機械予定表を作成し，機械台数が月や週ごとに大きく変動しないか，全体のバランスを考え調整する。

④輸送計画

輸送方法は輸送する資機材の種類・大きさ・重量・輸送距離・経路・荷卸し設備能力などを総合的に勘案して決定する。また，特殊車両（限度超過車両）による陸上輸送の場合は，道路管理者，警察，地元関係者と協議し，法令上必要な措置を取るとともに，経路や時間などについて安全と環境保全に十分配慮した計画とする。また，船舶による海上輸送の場合についても，港湾管理者，河川管理者，漁業関係者などと協議し，港則法や海上交通安全法などの法令上必要な届出および措置を講じ，安全で効率的な計画を立案する。

（4）管理計画

以上の計画を実行するためには，現場組織計画，安全衛生管理計画，品質管理計画，工程管理計画，原価管理計画，環境保全計画などの管理計画が必要となる。

1） 現場組織計画

工事の成否は，実際に現場を担当する技術者の管理能力や技術力にかかっているため，それぞれの工事に適した技術者を配置した組織作りが重要である。また人材の育成も会社の持続的な運営にとって重要な課題であることから，人材の育成も考慮した計画とする。

2） 安全衛生管理計画

安全衛生管理計画は，各工程における危険性を過去の災害事例などを参考に，それぞれの現場の状態に応じて検討し，作成するものであり，実際に施工に携わる職員や現場監督者などの意見を尊重，反映することが重要である。

安全衛生管理は計画的に進めることが大切であり，着工から竣工までの各工程に応じて，重要事項を定めて着実に行う必要がある。また安全衛生管理は，現場だけではなく，本社，支店，営業所，下請会社，さらには労働災害防止関係団体，各種工事業団体，発注者などがそれぞれ役割を分担して，系統的に災害防止活動を実施することが大切である。

なお，施工計画の中で考慮しなくてはならない安全衛生管理上の事項は以下のとおりである。

- 安全衛生管理重点目標
- 災害防止の具体的実施計画
- 安全衛生管理機構
- 安全衛生委員会組織
- 安全衛生協議会組織
- 安全衛生行事計画
- 安全衛生管理業務分担表
- 緊急連絡先一覧表
- 緊急時業務分担表

3） 品質管理計画

品質管理とは，設計図書，共通仕様書，特記仕様書に示された，発注者が要求する形状，品質を満足する構造物を経済的に築造するための，施工の各段階における品質の管理体系であり，PDCAサイクルを回しながら取り組むことが重要となる。

品質管理計画の作成に当たっては，まず発注者が要求する品質を的確に把握することが重要であり，設計図書，共通仕様書，特記仕様書から，築造する構造物の目的，形状，特長，特筆すべき事項，要求される精度・品質などを十分理解し，不明な点は発注者との打合せにより，明確にしておく必要がある。

①品質検査・試験

工事材料の品質を確保するために行う検査・試験であり，各々の材料の品質が管理基準値を満足しているかチェックし，不適合品の混入を未然に防止する。

②工事写真

工事完成後，目視で確認できない各種材料，作業内容，作業方法や出来形は，施工中に写真撮影を行って記録として残す必要がある。なお，工事写真は次のように分類される。

- ・着手前および完成写真（既済部分写真などを含む）
- ・施工状況写真
- ・安全管理写真
- ・使用材料写真
- ・品質管理写真
- ・出来形管理写真
- ・災害写真
- ・その他（公害，環境，補償など）

③出来形管理

出来形管理は，工事目的物が設計図書に示された形状，寸法を満足しているかを確認し，欠陥がなく信頼度の高いものを完成させるように管理するものである。

工事施工中に測定した各記録は速やかに整理し，その結果を常に施工に反映し，管理基準を常に満足するよう心がけることが必要となる。

4） 工程管理計画

工程管理には，施工計画の立案，計画を施工の面で実施する統制機能と，施工途中で計画と実績を評価，欠陥や不具合等があれば処置を行う改善機能とがある。

工程管理計画では，工事の各過程が計画どおりに遂行されているか常に比較対照し，計画とのずれが生じた場合に必要な是正措置が適切に講じられるようにしておくことが重要である。なお，工程の進捗状況の把握には，工事の施工順序と進捗速度を表すいくつかの工程表を用いるのが一般的である。

5） 原価管理計画

原価管理の実施期間は，実行予算の作成，工事材料の発注および労務契約の締結から始まって，工事決算時点までとなり，ほかの管理（品質，工程，安全）と同様に，PDCAサイクルを回して行う。原価管理を有効に実施するには，管理の重点をどこに置くかの方針を持ち，あらかじめどのような手順・方法でどの程度の細かさでの原価計算を行うかを計画しておくことが重要である。

原価管理の基礎資料である資材，労務，機械などの実勢価格は常に変動しているため，工程が当初の計画どおりに進行している場合でも，実際原価と実行予算の比較・検討を行い，当初計画を常に見直すことが必要である。また，設計変更などがあった場合は，施工の安全性や工事の品質，工期を確保した施工計画に修正し，当初の実行予算を再検討し，見直した実行予算に基づき原価管理を行う。

原価管理の実施体制は，工事の規模・内容によって担当する工事の内容ならびに責任と権限を明確化し，各職場，各部門を有機的，効果的に結合させて構築する。

6） 環境保全管理計画

建設工事に当たっては，周辺環境を十分に調査するとともに，以下に示す各種関係法令を遵守し，環境に与える影響を最小限に抑えるよう環境保全管理計画を立案し，事前に地域住民に対して工事の目的，内容，環境保全対策などについて説明を行い，工事の実施に協力が得られるよう努める。

特に建設工事においては騒音・振動が問題となることから，施工前に状況を把握し，工事による影響を事前に予測して，騒音・振動の大きさを下げるほか，発生期間を短縮するなど全体的に影響が小さくなるように対策を講ずるとともに，施工中も騒音・振動の状況を把握して追加対策を講ずる。また工事対象地域において，騒音規制法および振動規制法に定められた特定建設作業以外の作業についても地方公共団体の定める条例などにより規制，指導を行っていないか把握する必要もある。

建設工事に伴って発生する濁水に対して処理が必要な場合は，濁水の放流水域の調査，水質汚濁防止法に基づく排水基準に関する調査，濁水の性質の調査などをあらかじめ実施する必要がある。

また労働安全衛生法の観点から，労働環境についても適切な対策を講じなければならない。

騒音対策・・・・・・騒音規制法
振動対策・・・・・・振動規制法
水質汚濁対策・・・・水質汚濁防止法
大気汚染対策・・・・大気汚染防止法
土壌汚染対策・・・・土壌汚染防止法
地盤沈下対策・・・・工業用水法，ビル用水法

交通対策・・・・・・各種道路交通法関連法令，建設工事公衆災害防止対策要綱
労働環境・・・・・・労働安全衛生法他

7） 施工計画の作成における留意事項

以上，施工計画の作成における留意事項を改めてまとめると以下のとおりである。

・施工計画は，実際の工事を進める上で基本となるため，発注者側との協議により，その意図を理解して計画を立てることが重要である。

・発注者の要求品質を満足するためには，契約書，設計図書（図面，仕様書，現場説明書および質問回答書）などの内容の確認と，施工条件を理解することが重要である。

・施工計画は，契約条件や設計図書などに基づき，さまざまな社会的制約の中で工事目的物を完成させるため，品質・原価・工程・安全・環境保全に対する管理方法を総合的に計画する。総合的とは，施工手段を効率的に組み合わせ，品質の良いものを，最小のコストで，工期内に，安全に，環境に配慮しつつ，バランスの取れた施工計画を立てることである。

・十分な予備調査によって慎重に立案するだけでなく，工事の各段階において，計画と実施を比較・検討し，必要な是正処置が適切にとれるように計画する。

・発注者の要求品質を確保するとともに，安全を最優先した施工計画が基本である。

・施工計画の検討に当たっては，現場担当者のみならず，会社内の組織も活用して，全社的な高度な技術水準を活用する。

・契約工期が必ずしも最適工期になるとは限らないので，さらに経済的な工程を検討する。

・過去の実績や経験のみで満足せず，常に改良を試み，新工法，新技術を積極的に取り入れ，総合的に検討し，現場に最も合致した施工計画を大局的に判断する。

・計画は１つのみでなく，いくつかの代替案を考え，経済性，施工性，安全性などを比較検討し，最良の計画を採用する。

（5）施工計画書

土木工事共通仕様書では「請負者は，工事着手前に工事目的物を完成するために必要な手順や工法等についての施工計画書を監督職員に提出しなければならない。」と規定しており，次の事項について記載する必要がある。

（1）工事概要
（2）計画工程表
（3）現場組織表
（4）指定機械
（5）主要船舶・機械

（6）主要資材
（7）施工方法（主要機械，仮設備計画，工事用地等を含む）
（8）施工管理計画
（9）安全管理
（10）緊急時の体制及び対応
（11）交通管理
（12）環境対策
（13）現場作業環境の整備
（14）再生資源の利用の促進と建設副産物の適正処理方法
（15）その他

なお，施工計画書の内容に重要な変更が生じた場合には，その都度当該工事に着手する前に変更に関する事項について，変更施工計画書を作成し提出しなければならない。

3 施工体制台帳の作成

受注者は，公共工事を施工するために下請契約を締結した場合，国土交通省令および「施工体制台帳に係る書類の提出について」（平成30年12月20日付け国官技第62号，国営整第154号，平成27年3月27日付け国港技第123号，平成27年3月16日付け国空安保第763号，国空交企第643号）に従って施工体制台帳を作成し，工事現場に備えるとともに，その写しを発注者（監督職員）に提出しなければならない。また，施工体制台帳および施工体系図に変更が生じた場合は，その都度速やかに監督職員に提出しなければならない。

（1）施工体制台帳

施工体制台帳作成などに関しては，公共工事の入札及び契約の適正化の促進に関する法律第15条（施工体制台帳の作成及び提出等），建設業法第24条の8（施工体制台帳及び施工体系図の作成等）および同施行規則第14条の2（施工体制台帳の記載事項等）に以下のように規定されている。

・建設業者は，発注者から直接建設工事を請け負った場合において，当該建設工事を施工するために下請契約を締結したときは，建設工事の適正な施工を確保するため，当該建設工事について，下請負人の商号又は名称，当該下請負人に係る建設工事の内容及び工期，許可を受けて営む建設業の種類，健康保険等の加入状況などを記載した施工体制台帳を作成し，工事現場ごとに備え置かなければならない。（建設業法第24条の8第1項）
・建設工事の下請負人は，その請け負った建設工事を他の建設業を営む者に請け負わせたときは，建設業者に対して，当該他の建設業を営む者の商号又は名称，当該者の請け負った建設工事の内容及び工期その他の事項を通知しなければならない。(同条第2項)

・建設業者は，発注者から請求があったときは，施工体制台帳をその発注者の閲覧に供しなければならない。(同条第3項)

（2）施工体系図

受注者は，国土交通省令および「施工体制台帳に係る書類の提出について」(平成27年3月30日付け国官技第325号，国営整第292号，平成27年3月27日付け国港技第123号，平成27年3月16日付け国空安保第763号，国空交企第643号）に従って，各下請負者の施工の分担関係を表示した施工体系図を作成し，公共工事の入札及び契約の適正化の促進に関する法律に従って，工事関係者が見やすい場所および公衆が見やすい場所に掲げるとともにその写しを監督職員に提出しなければならない。

なお，施工体系図作成に関しては，建設業法第24条の8（施工体制台帳及び施工体系図の作成等）第4項に「建設業者は，当該建設工事における各下請負人の施工の分担関係を表示した施工体系図を作成し，これを当該工事現場の工事関係者が見やすい場所及び公衆が見やすい場所に掲げなければならない。」と規定されている。

4 関係機関への届出と許可

労働安全衛生法および各種の関連法規では，建設物や仮設構造物の設置，移転または主要構造部分の変更等をしようとする場合，一定の規模・種類の建設工事を開始する場合，あるいは危険物を取り扱う場合などは，事前にその計画内容を関係機関に届け出ることや許可が義務付けられている。その主な項目は表2-4-1のとおりである。詳細については，後述の「第9章　環境保全管理」および「第10章　土木関連法規」を参照されたい。

表2-4-1　関係機関へ必要な主な届出と許可

<table>
<tr><th>法律名</th><th>主な届出・許可等</th><th>参照箇所</th></tr>
<tr><td rowspan="3">労働安全衛生法</td><td>大規模な仕事における計画の届出（厚生労働大臣）</td><td rowspan="3">第10章　土木関連法規
3. 労働安全衛生法
（3）建設工事の計画の届出</td></tr>
<tr><td>厚生労働省令で定める工事を行う場合の計画の届出（労働基準監督署長）</td></tr>
<tr><td>型枠，足場等の設置，移転などの計画の届出（労働基準監督署長）</td></tr>
<tr><td rowspan="5">火薬類取締法</td><td>火薬庫の設置の許可</td><td rowspan="5">第10章　土木関連法規
5. 火薬類取締法</td></tr>
<tr><td>火薬類の運搬の届出</td></tr>
<tr><td>火薬類の消費の許可</td></tr>
<tr><td>火薬類の廃棄の許可</td></tr>
<tr><td>事故届等の届出</td></tr>
<tr><td rowspan="4">道路法</td><td>道路の占用の許可</td><td rowspan="4">第10章　土木関連法規
6. 道路法</td></tr>
<tr><td>道路の使用の許可</td></tr>
<tr><td>支障埋設物の立会い</td></tr>
<tr><td>特殊車両（限度超過車両）の通行の許可</td></tr>
<tr><td rowspan="5">河川法</td><td>流水の占用の許可</td><td rowspan="5">第10章　土木関連法規
7. 河川法</td></tr>
<tr><td>土地の占用の許可</td></tr>
<tr><td>土石等の採取の許可</td></tr>
<tr><td>工作物の新築等の許可</td></tr>
<tr><td>土地の掘削等の許可</td></tr>
<tr><td>騒音規制法</td><td>特定建設作業の実施の届出</td><td rowspan="2">第9章　環境保全管理
2. 建設工事の騒音・振動対策</td></tr>
<tr><td>振動規制法</td><td>特定建設作業の実施の届出</td></tr>
<tr><td rowspan="3">港則法</td><td>危険物の積込み，運搬等の許可</td><td rowspan="3">第10章　土木関連法規
10. 港則法</td></tr>
<tr><td>特定港への入港，出港，係船の届出</td></tr>
<tr><td>危険物を積載した船舶が特定港へ入港するときの港長の指揮</td></tr>
</table>

第3章 品質管理

1 品質管理とは

品質管理とは，設計図書や共通仕様書，特記仕様書に示された，発注者が要求する形状・品質を満たす構造物を経済的に作るための，施工の各段階における品質の管理体系であり，問題が発生しないように未然に防ぐ管理活動である。品質管理はPDCAサイクルを回し，常日頃から品質の向上に取り組むことが重要であり，適切な品質管理は高品質な構造物の築造につながるとともに，結果として無駄がなくなり，工期が短縮され，さらには原価を下げることにつながる。

品質管理には，TQC，TQM，QC活動，ISO9001といった方法が用いられる。

1） TQC（Total Quality Control）

総合的品質管理といい，経営者や関係者全員が連携して市場調査や研究・開発，企画・設計，購買，施工，アフターサービス等を含めた全プロセスで総合的に品質管理を実施する活動である。

2） TQM（Total Quality Management）

経営トップのリーダーシップにより，組織が一丸となって品質管理のみに限定せず，サービス等顧客満足度の向上を目指す組織的な活動をいう。トップダウン型の意思決定プロセスによる品質マネジメントを行う手法であり，ISO9001に近い。

3） QC活動

QCサークルという現場で働く人々の小集団で，「品質管理」，「品質改善」，「作業能率の改善」，「顧客満足度と従業員満足度の向上」などに関して，自発的にアイディアを出し合い議論する活動をいう。なお，QC活動は生じた問題に対して対応・改善する活動であり，品質管理よりも品質改善を目的としている。

4） QC7つ道具

QC活動を行うためには，現象を数値的・定量的に分析することが必要である。QC7つ道具は，問題点が誰にでも分かりやすく，説明を容易にするためのツール（道具）であり，①層別，②パレート図，③ヒストグラム，④散布図，⑤グラフ・管理図，⑥特性要因図，⑦チェックシートの7つの手法がある（図3-1-1）。

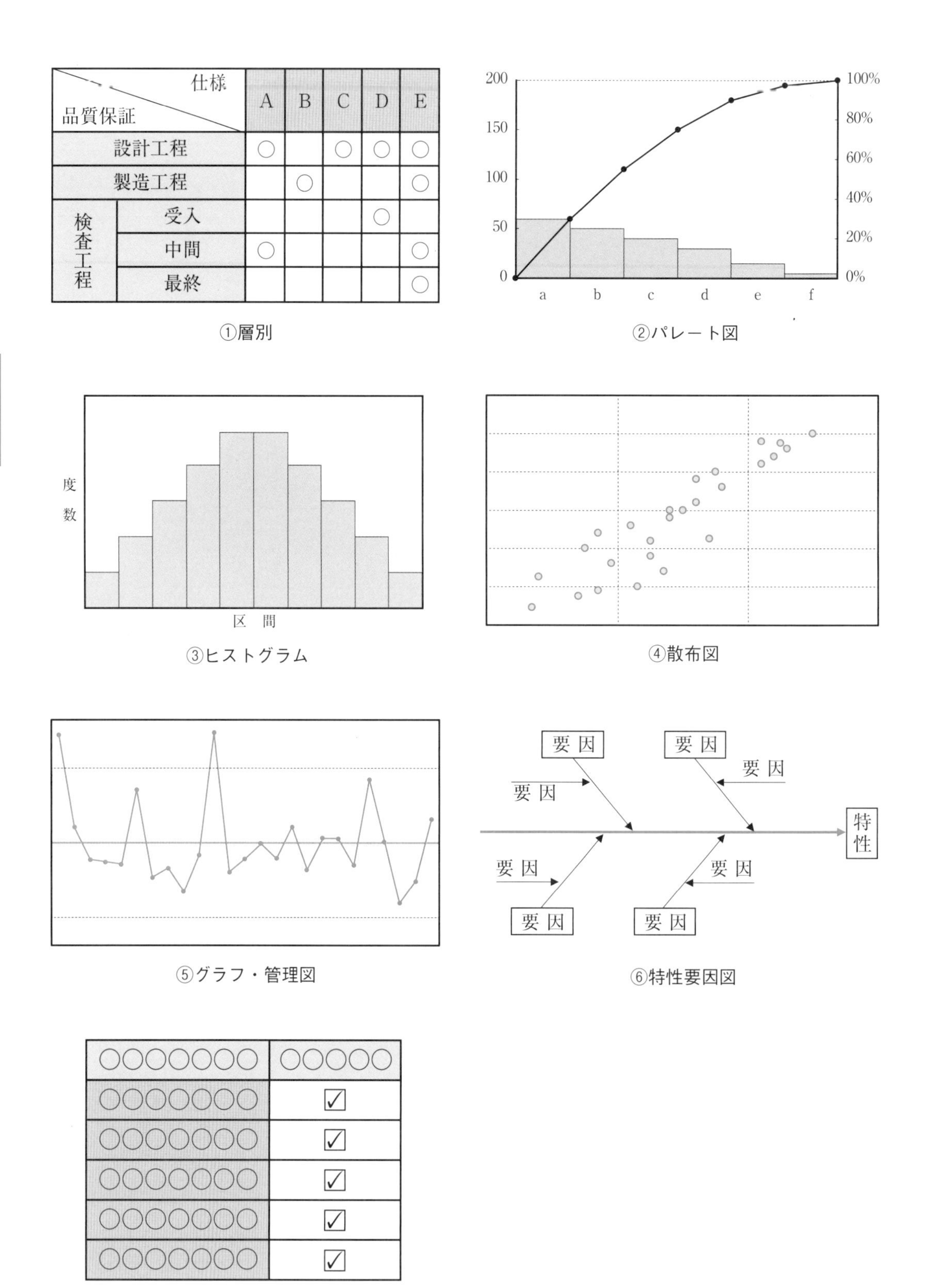

仕様
品質保証
A
B
C
D
E
設計工程
製造工程
検査工程
受入
中間
最終
①層別
200
150
100
50
0
100%
80%
60%
40%
20%
0%
a
b
c
d
e
f
②パレート図
度数
区間
③ヒストグラム
④散布図
⑤グラフ・管理図
要因
特性
⑥特性要因図
⑦チェックシート

図3-1-1　QC7つ道具

① 層別：データをグループ別に分けて比較することで，問題点を発見できる。
② パレート図：現象別に層別してデータを取ることにより，重要な不良や問題点を発見できる。
③ ヒストグラム：データのばらつきを把握することができる。
④ 散布図：二つのデータの関係性（相関関係）を知ることができる。
⑤ グラフ・管理図：グラフで表すことによってデータの全体像が把握しやすく，比較しやすい。また管理図は，データを統計処理したものであり，工程の安定状況の把握と，異常の判別ができる。
⑥ 特性要因図：「魚の骨」（フィッシュボーンチャート）とも呼ばれ，原因と結果の関係を整理することができる。
⑦ チェックシート：点検用と記録用があり，点検用は作業手順の抜け落ち防止のために用いられ，記録用はデータの分類や項目別の分布，出現状況を把握することができる。

5） ISO9001

ISO（International Organization for Standardization：国際標準化機構）による規格であり，ISO9001は品質マネジメントシステムの仕組みに関する国際規格である。すなわち，ISO9001は製品の品質を保証する規格ではなく，ISO9001の認証を受けた会社によって作られた製品は，一定水準以上の製品を作るための品質マネジメントシステム（社内組織や仕組み）に従った品質管理によって造られたことを示している。また，ISO9001では問題の発生を未然に防止することに重点が置かれており，問題発生後に対策を立てるのではなく，発生前に対策を立てることが要求されている。

ISO9001は，一貫した製品・サービスの提供，顧客満足の向上を実現するために，品質マネジメントシステムの要求事項として，①組織の状況，②リーダーシップ，③計画，④支援，⑤運用，⑥パフォーマンス評価，⑦改善で構成されており，各項目においてさらにより具体的な要求事項が規定されている。つまり，品質マネジメントシステムでは，管理対象ごとにPDCAサイクルを回し「継続的改善」を行っていくことが重要である。なお，ISO9001の認定は第三者審査登録機関が行う。

2 品質管理の方法

（1）設計品質と施工品質

品質には設計段階で決められた設計品質（ねらいの品質）と施工段階で実現する施工品質（設計品質に合致する品質）がある。

設計品質とは建設物の目的，機能，耐久性など，発注者の要求する品質をいい，施工品質とは設計品質のみでなく，施工性や維持管理なども満足する品質をいう。

（2）品質管理の効果

品質管理により以下の効果がもたらされる。

① 品質の向上（不良品，手直し，クレームの減少）
② 品質の信頼性向上（品質の均一化）
③ 原価の低下
④ 施工過程における問題点の把握

（3）品質検査

工事完成後に契約不適合箇所が見つかった場合の手直しは困難であり，多くの時間と費用が必要となる。このため，常日頃から品質の管理を徹底し，また施工の各段階において品質や出来形の検査を行うことが重要である。品質検査には以下に示す，受入検査，中間検査，最終検査がある。

・受入検査：材料などの受け入れ時に行う検査。不適合品の混入を未然に防ぐ。
・中間検査：配筋検査や型枠検査，埋戻し前の出来形検査など，要求される品質の構造物が確実に施工されているか，次工程に進むと見えなくなる箇所の検査を行う。
・最終（竣工）検査：発注者が要求した構造物であるか，出来形寸法などから確認を行う。

（4）品質管理手法

品質管理手法には，品質規定方式と工法規定方式がある。例えば盛土の施工については以下のとおりである。

1） 品質規定方式

盛土に必要な品質を仕様書に明示した上で締固めの施工方法については施工者に委ねる方式であり，現場における締固め後の乾燥密度を室内締固め試験における最大乾燥密度で除した締固め度や，空気間隙率，飽和度などの品質で規定する。

2） 工法規定方式

盛土材料の土質，含水比があまり変化しない場合や，岩塊や玉石など品質規定方式が適用困難なとき，締固めに使用する建設機械の機種や締固め回数，敷均し厚さなどの工法で規定する方法であり，経験の浅い施工業者に適している。

（5）品質管理の手順

1） 品質管理の目的

品質管理の目的は以下の２点を確認することである。

①構造物が規格を満足していること

ゆとりを持って規格値を満足すること。確認する方法として，ヒストグラムや工程能力図が用いられる。

②施工工程が安定していること

工程が安定していれば測定値のばらつきは少なくなる。確認する方法として，管理図が用いられる。

2) 品質管理に用いる図の特徴

品質管理に用いる図には，ヒストグラム，工程能力図，管理図（シューハート管理図）などがあるが，それぞれの図の特長，利点，欠点をまとめると表3-2-1のとおりである。

表3-2-1　品質管理に用いる図の特長・利点・欠点

	ヒストグラム（図3-2-1）	工程能力図（図3-2-2）	管理図（図3-2-3）
特長	横軸に区間分けした品質特性値，縦軸に度数を取り，各区間に属するデータを積み重ねた柱状図。 横軸に規格値を示す線を記入して管理する。	横軸に時間や測定位置，サンプル番号など，縦軸に品質特性値を取り，測定時間・位置におけるデータを打点したグラフ。 縦軸に規格値を示す線を記入して管理する。	横軸に日やロット番号など，縦軸に品質特性を取り，測定日やロット番号ごとのデータを統計的に処理し，平均値やばらつきの範囲を打点した折れ線グラフ。 縦軸に平均値(中心線)や管理限界を示す線を記入して管理する。
利点	分布の状態から規格値や平均値との関係が分かり，工程の状態を把握できる。	時間的な変化や変動の様子や，規格値との関係が分かる。	工程が安定しているか把握できる。
欠点	個々のデータの時間的な変化や変動の様子は分からない。	規格値を外れた場合，工程の異常か否かは判断できない。	規格値との関係は分からない。

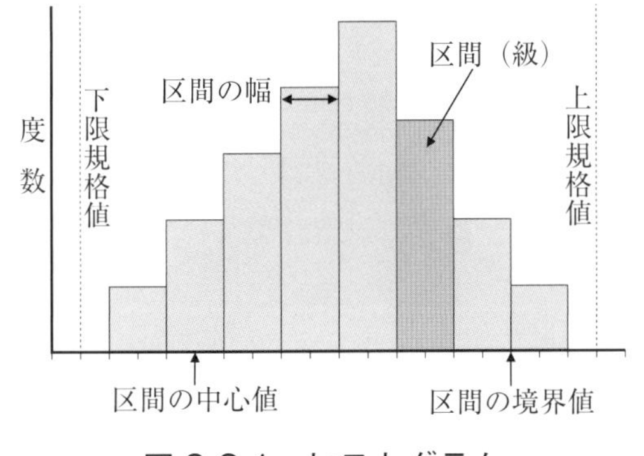

図3-2-1　ヒストグラム

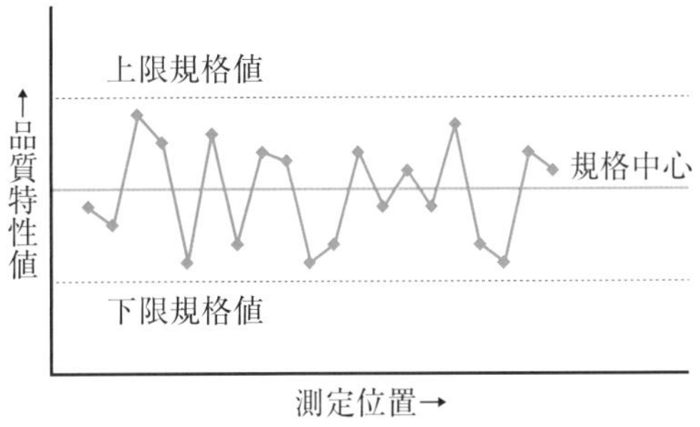

図3-2-2　工程能力図

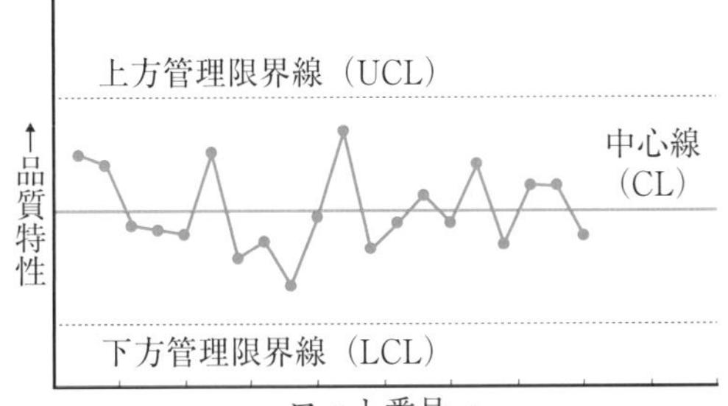

図3-2-3　管理図

3）品質管理の手順

品質管理を行うに当たっては，しっかりした技術によって施工することが重要であり，その施工した構造物の品質を統計的手法によって適切に管理・改善していかなくてはならない。品質管理の手順は，要求される品質・規格を正しく理解した上で，それらを満足させるために図3-2-4の手順で行う。

①品質特性の選定

品質特性は，具体的な数値（品質特性値）で表されるものが望ましい。また，最終品質（設計品質）に重要な影響を及ぼすと考えられるもののうち，測定が容易で，工程の初期に測定でき，すぐに結果が得られ，工程の状況が総合的に現れる，処置が取りやすいものがよい。

例えば，土工においては最大乾燥密度・最適含水比，自然含水比，締固め度や支持力値など，路盤工においては粒度，含水比，締固め度や支持力値など，コンクリート工においてはスランプ，空気量，圧縮強度など，アスファルト舗装工においては敷均し温度，密度（締固め度），平坦性などである。

なお，代用特性（工法規定方式など，品質特性の代わりとなるもの）を用いる場合は，品質特性との関係が明らかなものを用いる。

②品質標準の設定

品質標準とは品質の目標であり，設計・仕様書に定められた品質に余裕を持って満足させるための施工管理の目安である。一般的に，平均値とばらつきの幅を考慮し，余裕を持った値を設定する。

③作業標準（作業手順書）の決定

品質標準を満足する構造物を築造するための作業標準（使用材料，施工手順，施工方法等）を決定する。作業標準は異常の原因の追究や処置に対応しやすいように，できるだけ詳細に決める。

④施工・データ採取

作業標準に従って施工し，データ採取を行う。

⑤分析確認

ヒストグラム，工程能力図および管理図により，測定値が品質規格を満足しているかを確認する。

⑥作業方法の見直し・作業の継続

プロットが管理限界線を超えた場合，または管理限界線内でもクセがある場合は工程に異常が生じているとみなし，異常原因の究明，作業方法の改善などの処置を行う。安定している場合は作業を継続し，測定値を監視しながら測定値が一定の数に達したら，管理限界線を計算し直し，品質管理を続ける。

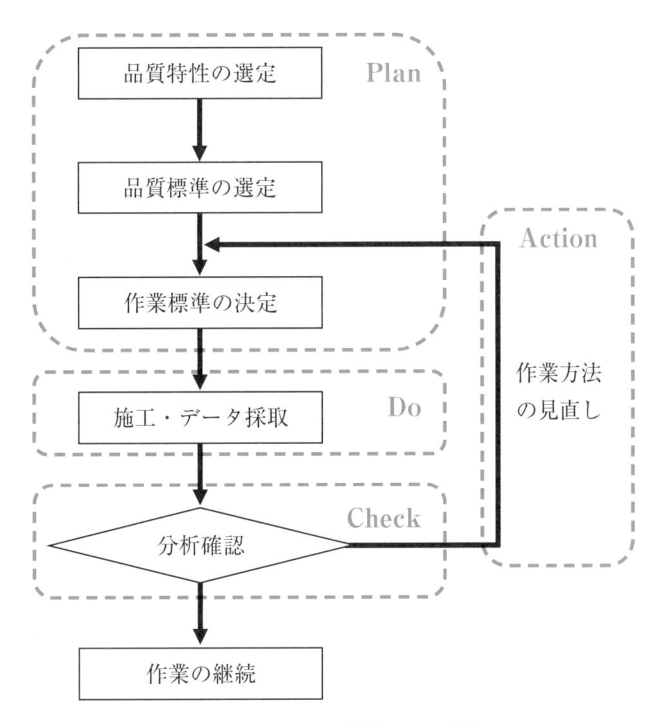

図 3-2-4　品質管理の手順

（6）分析確認における各図の見方

1）ヒストグラム

ヒストグラムは，工程が管理されている場合，先の図 3-2-1 のように中央が一番高く，中央から離れるほど度数が少なくなり，規格値に対してゆとりがある左右対称の正規分布となる。一方，工程に異常がある場合は図 3-2-5 の①～⑥に示すような形になる。

①はわずかな工程の変化によって規格値を割る可能性があるため，ばらつきを小さくするよう品質管理を行う必要がある。

②は2種類のデータが含まれているか二つの異なる工程が用いられた可能性がある。

③は区間幅の設定が良くない場合，測定にクセがある場合にみられ，データ採取方法やヒストグラム作成の方法を再検討する必要がある。

④は上限または下限規格値が抑えられた場合や平均値が偏っている場合に現れる。

⑤は規格値を外れたものを工程の途中で取り除いた場合に現れる。

⑥は測定に誤りがあった場合や工程に時折異常があった場合に現れる。

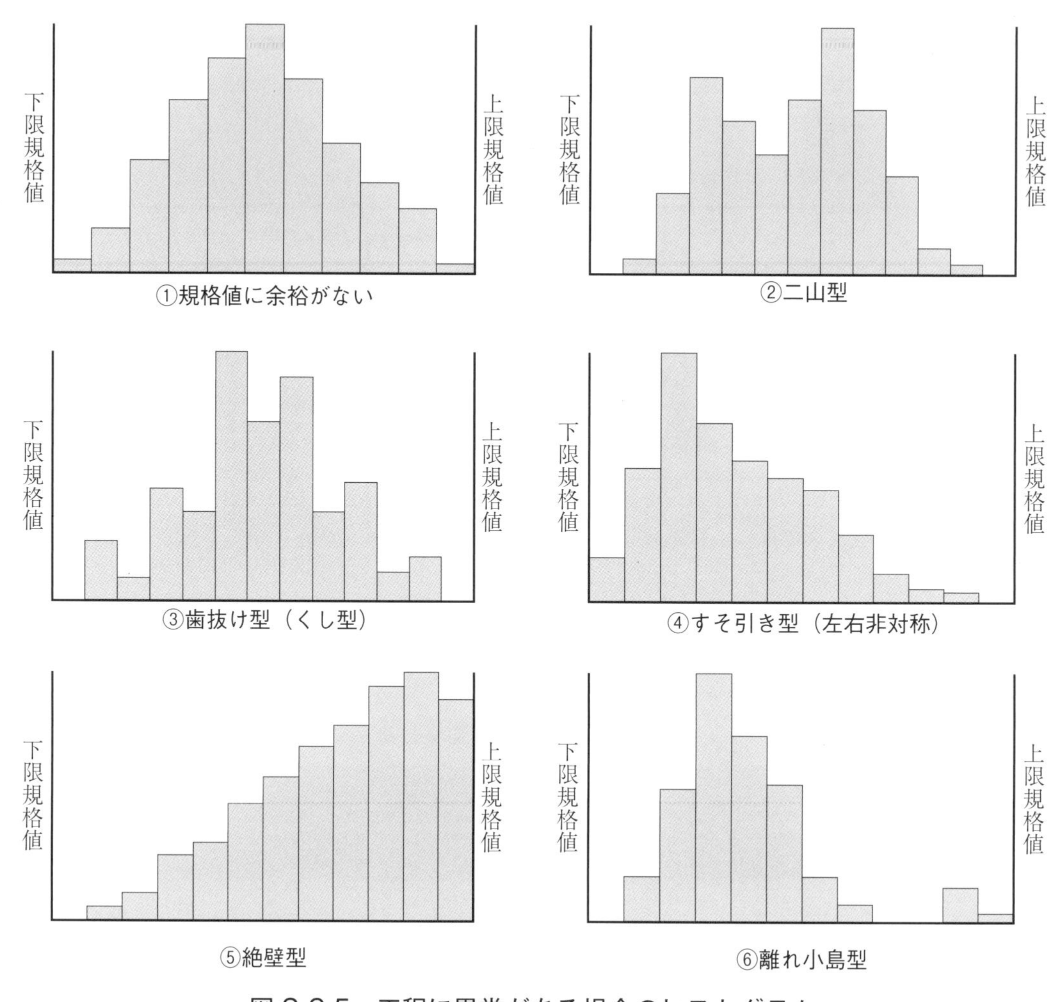

図 3-2-5　工程に異常がある場合のヒストグラム

2）　工程能力図

工程能力図は測定値が規格を満足しているかの確認に用いられ，測定値の並びに図3-2-6に示すようなクセがないか確認する。図のような特徴は，以下のようなときに現れる。

①は気温などの影響を受けたとき。

②は機械の精度が悪くなったときなど。

③は作業標準に慣れ，雑な作業をしたときや，計測器の精度が低下したときなど。

④は機械の調整や材料が変化したときなど。

また，工程能力図を確認する場合，次の㋑から㋥に注意して読み取る。

㋑　点が規格値の外に出ていないか。

㋺　点の並びが不安定でないか。

㋩　ばらつきが大きすぎないか。

㋥　中心がずれていないか。

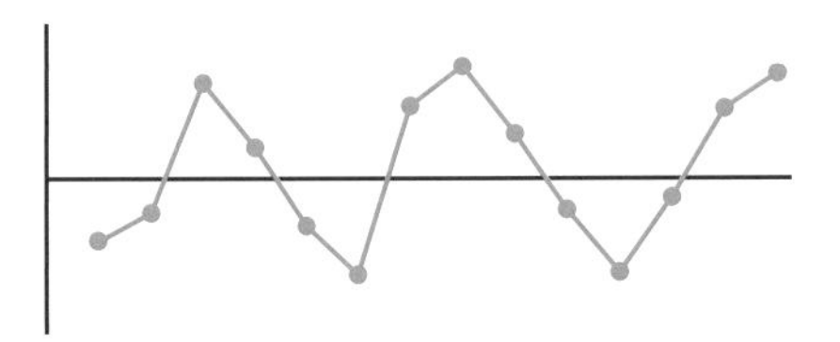

①周期的に変化する状態

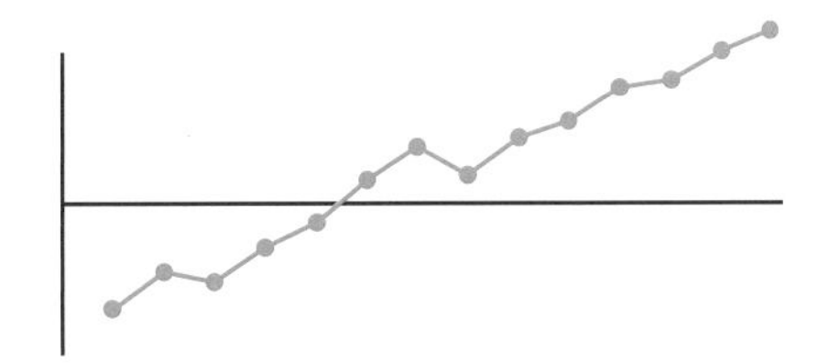

②次第に上昇するような状態

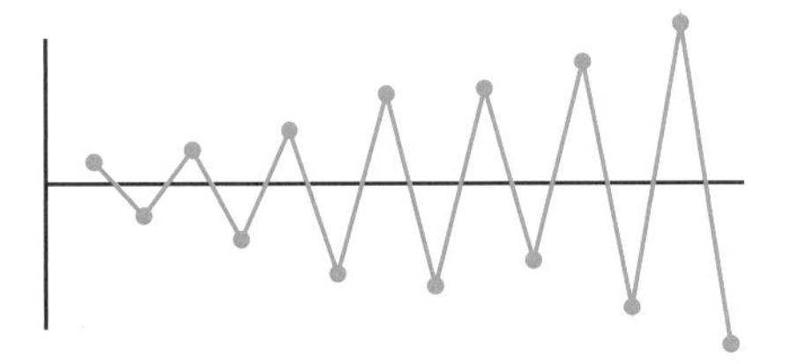

③ばらつきが次第に増大する状態

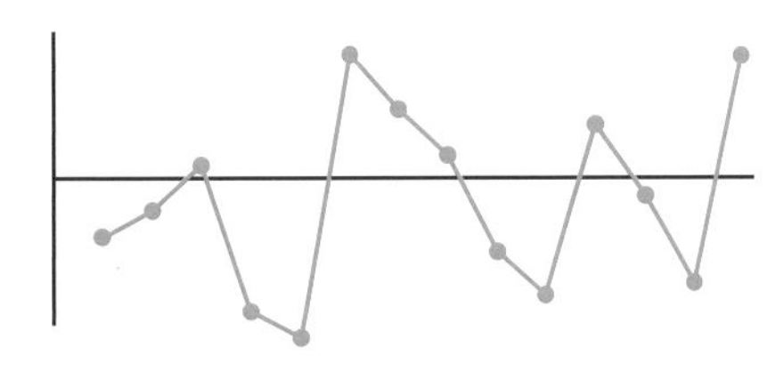

④突然高くなったり低くなったりする

図 3-2-6　測定値の並びにクセのある工程能力図

3）　管理図

管理図は，ヒストグラムからは分からない測定値の時間的変化を考慮して，測定値から統計的手法により中心線と上下の管理限界線を計算し，そのプロットより，工程が安定しているか確認するために用いられる。建設工事では $\bar{X}-R$ 管理図がよく用いられ，$\bar{X}$ は群の平均，R は群の範囲を表し，$\bar{X}$ 管理図では平均値の変化を管理し，R 管理図では群のばらつきを管理する。管理図においては，プロットした点が管理限界線に接近していないか，越えていないか，また図 3-2-7 に示すようなプロットした点の並びにクセがないか確認する。

図 3-2-7 ①の「連」とは，中心線の片側に点が連続している並ぶことをいい，連の長さ（点の数）が 5 以上の場合：要注意，6 以上の場合：原因を調査，7 以上の場合：工程に異常あり，として処置を取る。連続 11 点中 10 点，14 点中 12 点，17 点中 14 点の場合も異常と判断する。

②の「傾向がある」とは，点が連続で増加または減少していく並びをいい，連続して 7 点以上増加または減少を示す場合，クセがあると判断する。

③の「周期性がある」とは，点の現れ方に周期性があることをいい，周期性を示す場合，気温等の影響や，工程に異常があることが示唆される。なお，中心線付近に接近して点が現れる場合も，工程に変化があったものと見て異常と判断する。例えば，使用材料にばらつきの少ない高級なものを用いていたり，施工が必要以上に丁寧になっていたり，測定や計算過程に問題があることなどが考えられる。

なお，工程が安定していると判断される場合，これまでの測定値から再度管理限界線を求め，品質管理を続ける。

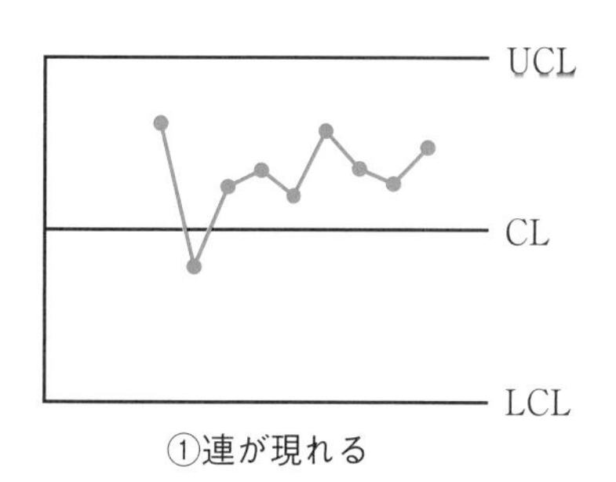

①連が現れる

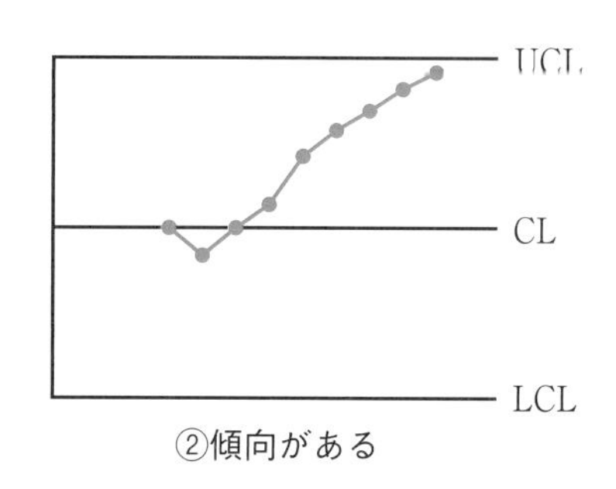

②傾向がある

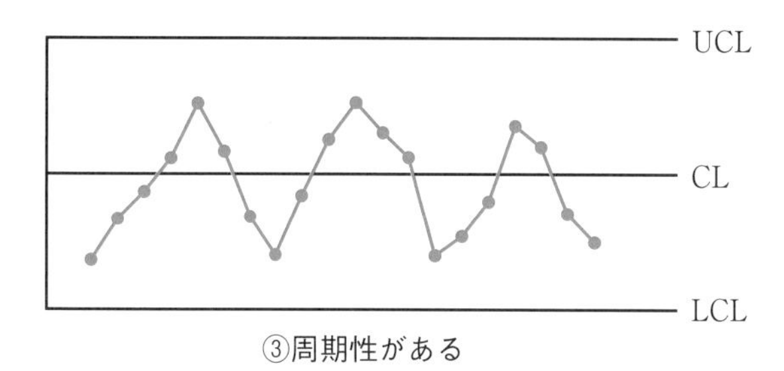

③周期性がある

図 3-2-7　プロットの並びにクセがある管理図

（7）ヒストグラム作成と統計量の計算

ヒストグラムは，柱状図，柱状グラフ，度数分布図ともいい，横軸にデータの範囲をいくつかの区間に分け，各区間に入るデータの数を度数として表したグラフであり，量的データの分布の状況が分かる。ただし，個々のデータの時間的変化や変動の様子は分からない。

ヒストグラムを用いた品質管理においては，ヒストグラムに品質管理の基準となる規格値を示す線を記入し，ヒストグラムの分布の中心値である目標値と規格値を比較するなどして，規則性や工程の状態を把握することができる。

なお，ヒストグラムからは分布の幅や中心値などは概略値しか分からず，正確に表現することは難しいため，統計量の計算によって数値として示し，比較判断する。

1）　統計量の計算

測定値を 3，4，5，5，5，6，7 の 7 個とすると以下のとおりとなる。

①平均値（$\bar{X}$：エックスバー）

測定値の算術平均

$$\bar{X}=\frac{3+4+5+5+5+6+7}{7}=5$$

②中央値（$\tilde{X}$ または Me：メジアン）

測定値を大きさの順に並べたとき中央に位置する値。測定値が偶数個の場合は中央の 2 つの算術平均。

$$\tilde{X}=5$$

③最頻値（Mo：モード）

最も多く現れる数値。ヒストグラムでは最大の度数を示す区間。

$Mo=5$

④範囲（R：レンジ）

測定値の最大値と最小値の差。

$R=7-3=4$

⑤平方和（S：残差平方和）

個々の測定値と平均値との差を二乗したものの総和。

$$S=\sum(X-\bar{X})^2=(3-5)^2+(4-5)^2+(5-5)^2+(5-5)^2+(5-5)^2+(6-5)^2+(7-5)^2$$

$$=10$$

⑥分散（s^2）

$$s^2=\frac{1}{n}\sum(X-\bar{X})^2=\frac{1}{7}\left\{(3-5)^2+(4-5)^2+(5-5)^2+(5-5)^2+(5-5)^2+(6-5)^2+(7-5)^2\right\}$$

$$=1.4$$

X：測定値

n：測定値の数

⑦標準偏差（σまたはs）

$$\sigma=\sqrt{s^2}=\sqrt{\frac{1}{n}\sum(X-\bar{X})^2}$$

$$=\sqrt{\frac{1}{7}\left\{(3-5)^2+(4-5)^2+(5-5)^2+(5-5)^2+(5-5)^2+(6-5)^2+(7-5)^2\right\}}=1.18$$

⑧変動係数（$C.V.$）

$$C.V.=\frac{\sigma}{\bar{X}}\times 100(\%)=\frac{1.18}{5}\times 100=23.6(\%)$$

2）規格値に対するユトリの計算

測定値が余裕を持って規格値を満足しているかどうかは，平均値が規格値を満足していることを確かめたのち，以下に示す計算方法によって，測定値がユトリを持って規格値を満足しているかどうかをチェックする。

$$\frac{|S_v(\text{または}S_L)-\bar{X}|}{s}\geqq 3\ (\text{できれば}4)$$

ここで，S_v：上限規格値，S_L：下限規格値であり，平均値±標準偏差の3倍（4倍）が上限規格値および下限規格値以内にあればユトリがあるということである。

（8）$\bar{X}-R$ 管理図

$\bar{X}-R$ 管理図は，品質特性値の平均値の管理を $\bar{X}$ 管理図，ばらつきの変化の管理を R 管理図により行う。

【コンクリートの圧縮強度の計算例】

表 3-2-2　コンクリートの圧縮強度結果

ロット No.	圧縮強度（N/mm^2）			計	平均	範囲
	1回目	2回目	3回目			
1	24	21	26	71	23.7	5
2	24	25	28	77	25.7	4
3	23	19	26	68	22.7	7
4	25	20	23	68	22.7	5
5	23	22	27	72	24.0	5
				平均	23.73	5.2

1）管理線の計算

総平均：$\bar{X}=\frac{1}{N}\sum_{i=1}^{N} x_i = 23.73$

範囲：$R=X_{max}-X_{min}$

範囲の平均：$\bar{R}=\frac{1}{N}\sum_{i=1}^{N} R_i = 5.2$

① $\bar{X}$ 管理図

中心線　$CL=\bar{\bar{X}}$（エックスバーバー）$=23.73$

上方管理限界線　$UCL=\bar{\bar{X}}+A_2\bar{R}=23.73+1.02\times5.2=29.03$

下方管理限界線　$LCL=\bar{\bar{X}}-A_2\bar{R}=23.73-1.02\times5.2=18.43$

※A_2 は1ロットのデータ数：n によって決まる定数（表 3-2-3）

② R 管理図

中心線　$CL=\bar{R}=5.2$

上方管理限界線　$UCL=D_4\bar{R}=2.58\times5.2=13.4$

下方管理限界線　$LCL=D_3\bar{R}=$ 考えない

※D_4，D_3 は1ロットのデータ数：n によって決まる定数（表 3-2-3）

表 3-2-3　品質管理係数

n	$A_2(\bar{\bar{X}})$	$D_3(R)$	$D_4(R)$	$E_2(X)$
2	1.88	考えない	3.27	2.66
3	1.02	〃	2.58	1.77
4	0.73	〃	2.28	1.46
5	0.58	〃	2.12	1.29
6	0.48	〃	2	1.18
7	0.42	0.08	1.92	1.11
8	0.37	0.14	1.86	1.05
9	0.34	0.18	1.82	1.01

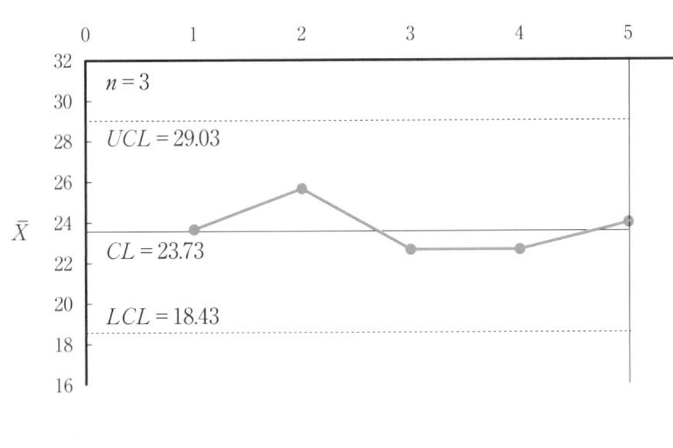

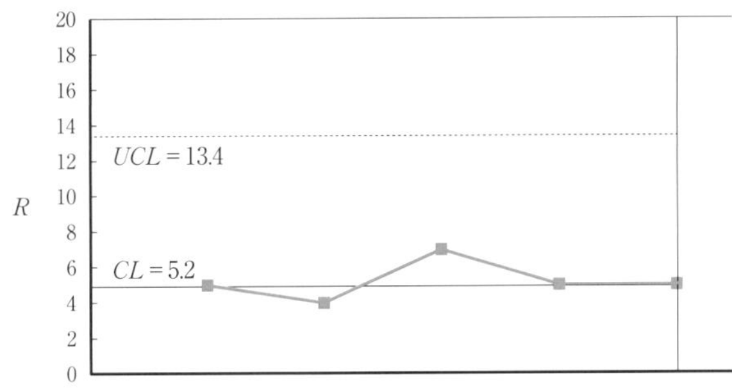

図 3-2-8　$\bar{X}-R$ 管理図

2）現場における管理方法

$\bar{X}-R$ 管理図は上記の方法で作成するが，建設工事のように事前にデータを取ることが困難な場合は，本工事における測定データを基に次のような方法で管理する。

最初の 5 つのデータで次の 5 つを管理し，それまでの 10 個のデータで次の 10 個を管理し，それまでの 20 個のデータで次の 20 個を管理し，その後は直近の 20 個のデータにより次の 20 個を管理する。このような管理方式を 5 − 5 − 10 − 20 − 20 方式という。

3 ISO9000

ISO 9000 シリーズは，構造物の品質を保証する規格ではなく，品質マネジメントシステム，すなわち，品質管理を行うための組織の「仕組み」を保証する規格である。

（1）ISO9000 ファミリー規格

ISO 9001 は，ISO（International Organization for Standardization：国際標準化機構）に設置された技術専門委員会の一つである TC176（品質管理および品質保証）において，品質マネジメントシステムの要求事項を規定したものである。ISO 9000 ファミリーとは，ISO 9000（用語），ISO 9001，ISO 9004（持続的成功のための運営管理）および ISO/TS 9002（ISO 9001 の適用に関する指針）のコア規格に品質マネジメントシステム（QMS）をさらに有効に運用するための支援規格（品質計画書，構成管理，顧客満足など）を加えたものであり，これらの規格群は ISO 9000 ファミリー規格と総称されている。

なお，日本では ISO 9000 の技術的内容および規格票の様式や対応国際規格の構成を変更することなく，あらゆる業種，形態および規模の組織が効果的な品質マネジメントシステムを実施し，運用することを支援するために，JIS Q 9000 ファミリー規格を作成している。

ISO9000 ファミリー規格の概略は以下のとおりである。

1） ISO9000

QMS の基本概念，原則および用語を示しており，また，他の QMS 規格の基礎となるものである。この規格では，組織がその目標を実現するのを助けるために，確立された品質に関する基本概念，原則，プロセスおよび資源を統合する枠組みに基づく明確に定義された QMS を示している。以下は，基本概念を支援する 7 つの品質マネジメントの原則であり，ISO9000 ファミリーにおける品質マネジメントシステム規格の基礎となる。

① 顧客重視：品質マネジメントの主眼は，顧客の要求事項を満たすことおよび顧客の期待を超える努力をすることにある。

② リーダーシップ：全ての階層のリーダーは，目的および目指す方向を一致させ，人々が組織の品質目標の達成に積極的に参加している状況を作り出す。

③ 人々の積極的参加：組織内の全ての階層にいる，力量があり，権限を与えられ，積極的に参加する人々が，価値を創造し提供する組織の実現能力を強化するために必須である。

④ プロセスアプローチ：活動を，首尾一貫したシステムとして機能する相互に関連するプロセスであると理解し，マネジメントすることによって，矛盾のない予測可能な結果が，より効果的かつ効率的に達成できる。

⑤ 改善：成功する組織は，改善に対して，継続して焦点を当てている。

⑥　客観的事実に基づく意思決定：データおよび情報の分析および評価に基づく意思決定によって，望む結果が得られる可能性が高まる。

⑦　関係性管理：持続的成功のために，組織は，例えば提供者のような，密接に関連する利害関係者との関係をマネジメントする。

2）ISO9001

品質マネジメントシステムに関する要求事項について規定している。PDCAサイクルおよびリスクに基づく考え方を組み込んだプロセスアプローチによって組織全体をマネジメントし，商品の品質や顧客満足度の向上を目的とした品質マネジメントシステムの規格である。

3）ISO9004

ISO9001の認証を受けた組織が，持続的成功を達成する能力を高めるための指針を提供する規格である。ISO9001は，組織の製品およびサービスについての信頼を与えることに重点を置いているが，ISO9004は，組織の持続的成功を達成する能力についての信頼を与えることに重点を置いている。

この規格は，組織の全体的なパフォーマンスへの体系的な改善を扱っており，効果的および効率的なマネジメントシステムの計画，実施，分析，評価および改善が含まれる。

（2）ISO9001活用モデル工事[1)]

国土交通省では，一般土木工事，アスファルト舗装工事を対象としたISO9001認証取得を活用した監督業務等の取扱いの工事（ISO9001活用モデル工事）において，受発注者双方の業務を対象として実施する監督業務の方法および受注者の品質マネジメントシステム運用状況を把握するための方法を「ISO9001活用モデル工事試行マニュアル（案）」（令和3年3月）に示している。

ISO9001活用モデル工事では，ISO9001認証を取得した工事受注者の品質マネジメントシステムに基づく自主的な品質管理業務を活用して，監督業務の一部を工事受注者の検査記録の確認に置き換えることで，工事の品質確保と効率化が図られる。

1）ISO9001活用モデル工事の目的と概要

ISO9001活用モデル工事は，公共工事の品質確保と効率化を目的に，受注者の品質マネジメントシステムに基づく検査記録等を監督業務の確認等に積極的に活用すると同時に，第三者機関（ISO認証審査登録機関）の監査を取り入れ，工事の品質確保と受発注者双方の業務の効率化を図るものである。

2）実施の手順

図3-3-1にISO9001活用モデル工事の実施手順，受発注者および第三者機関の役割分担を示す。また，図3-3-2に通常の監督業務とISO9001活用モデル工事における監督業務の内容の比較を示す。

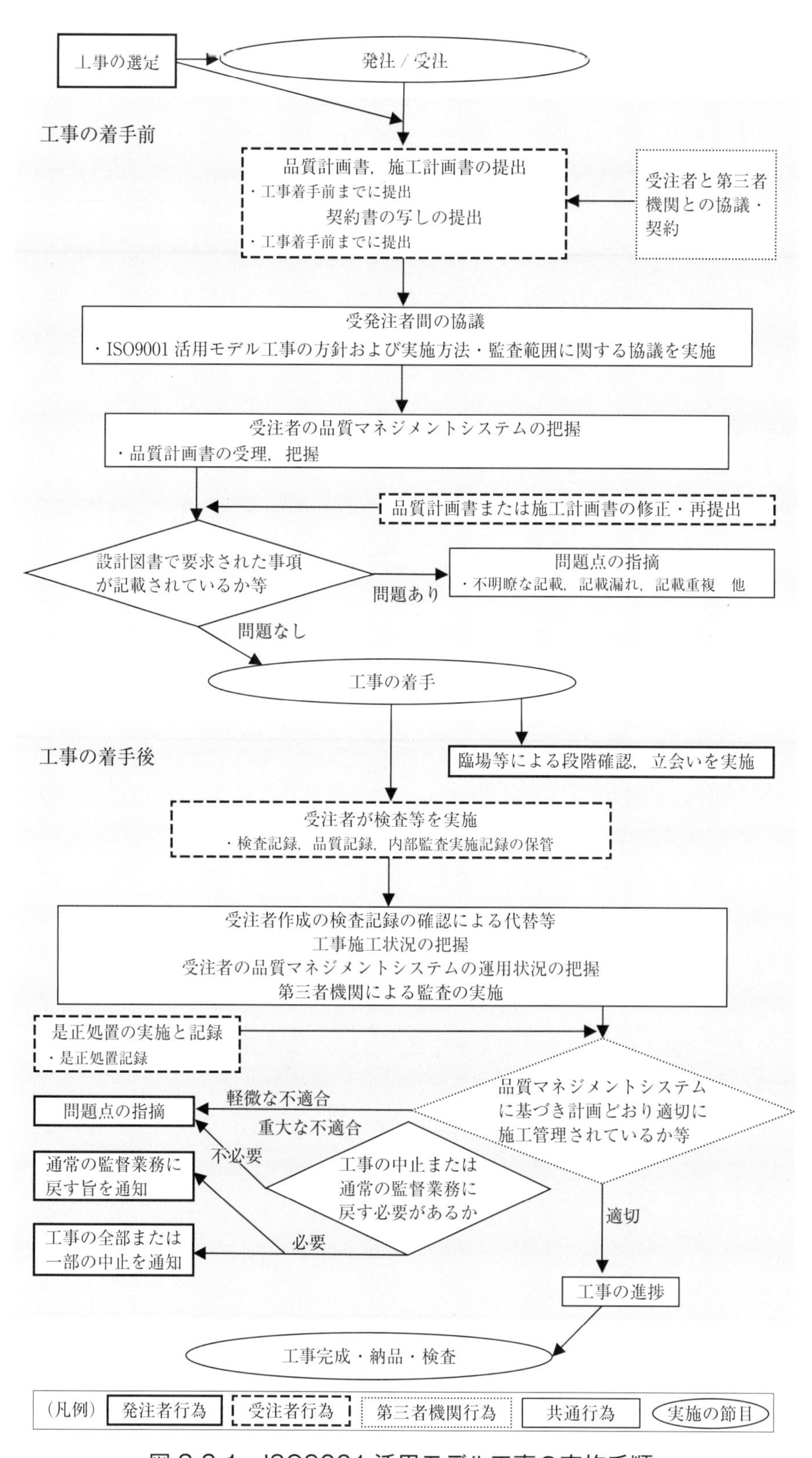

図 3-3-1　ISO9001 活用モデル工事の実施手順

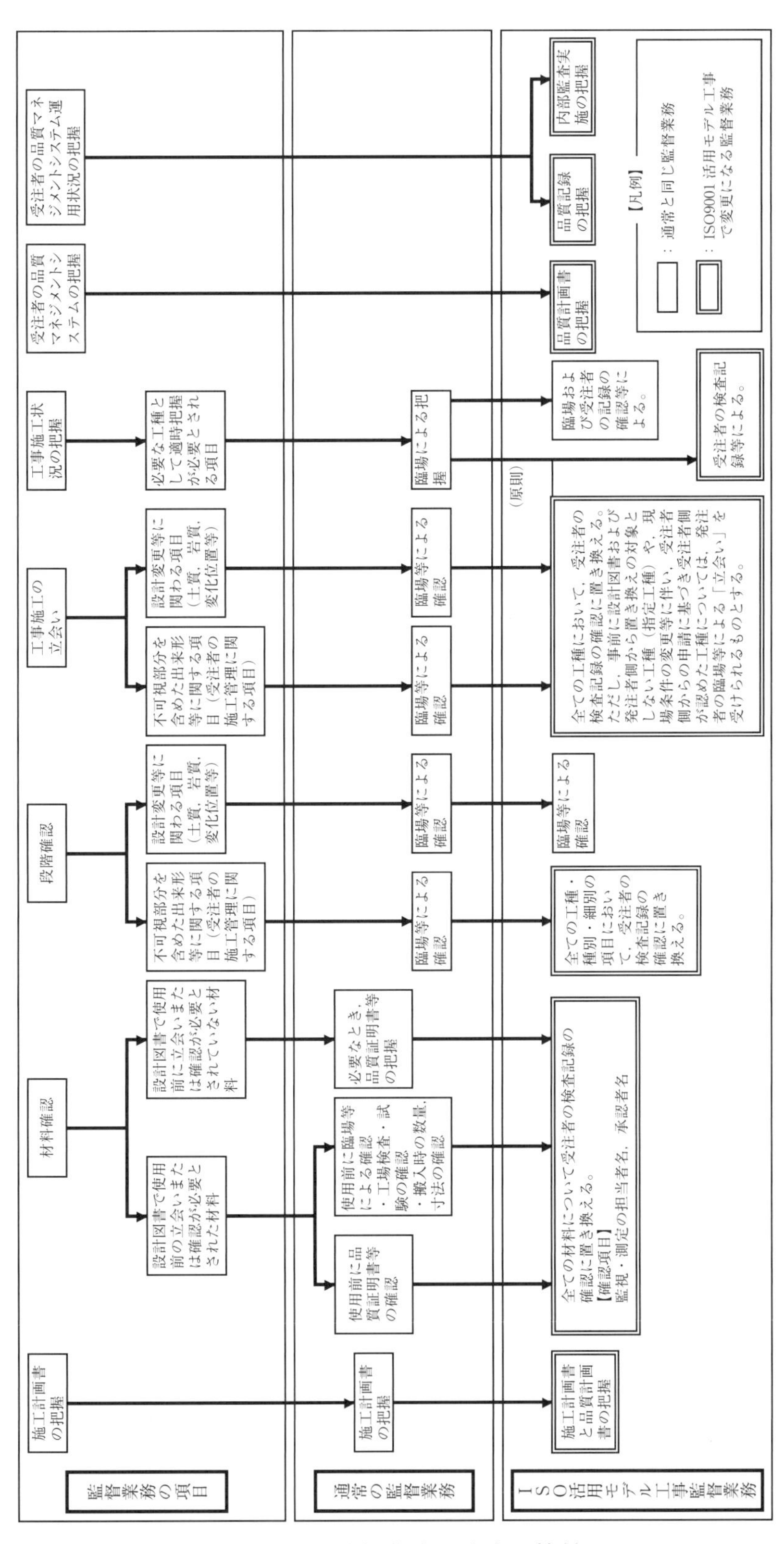

図 3-3-2　監督業務の内容の比較

3） 実施方法の概略

①品質マネジメントシステムの把握

発注者は，工事着手前に品質計画書または施工計画書に記載された品質計画について，受注者の品質マネジメントシステムに基づく当該工事への適用状況について把握する。また受注者が作成する検査記録が，発注者が求める品質・出来形を確認できるようになっているか確認する。検査記録より品質・出来形を確認できない項目については，従来の臨場等による確認をするものとする。

②品質計画書の提出

受注者は，工事の着手前に品質計画書を作成し提出する。品質計画書は，施工計画書との統合も可能とし，それぞれ作成する場合は記載事項の重複は避け，一方の記載において他方の記載を参照すべき旨を記載し，二重の作成はしない。

③品質計画書の記載内容

品質計画書には下記の項目を記載する。なお，共同企業体に当たっては，各構成員の施工上の役割分担その他必要事項を記載する。

a）品質方針および品質目標
b）検査計画および確認・立会（指定工種のみ）計画
c）各監視・測定（検査）の担当者および承認者，資格
d）当該工事における内部監査計画
e）監視機器および測定機器管理計画
f）トレーサビリティ管理計画
g）不適合管理計画
h）外部委託（協力会社）に対する管理計画

4） 第三者機関による品質マネジメントシステムの監査の概略

受注者は，第三者機関により品質マネジメントシステムの運用状況について，工事着手の当初段階および工事施工中において，それぞれ書類監査および施工中監査を受けるとともに，その結果を，第三者機関による報告書を添付した上で，速やかに発注者に報告する。

《参考・引用文献》

1）国土交通省大臣官房技術調査課：「ISO9001 活用モデル工事試行マニュアル（案）令和３年３月」

第4章 土工事の品質管理

1 土の基本事項

1） 土を構成する要素（土の相構成）

土はさまざまな粒径の鉱物粒子（土粒子）が骨組をなし，その隙間に水や空気が存在している（図 4-1-1）。すなわち，土は空気，水，土粒子の三相から成っている。

2） 含水比

土の三相のうち，土粒子に対する水の質量比を百分率で表したものを含水比という。

3） 土のコンシステンシー（液性限界・塑性限界）

コンシステンシーとは土の変形の難易（外力による変形，流動による抵抗の度合い）のことをいい，土は含水比が減少するにつれて液体，塑性体，半固体，固体へと状態が変化する（図 4-1-2）。

この各状態に変化する境界の含水比により以下のように定義される。

- 液性限界 W_L ：土が塑性体から液体に移るときの境界の含水比
- 塑性限界 W_P ：土が塑性体から半固体に移るときの境界の含水比
- 収縮限界 W_S ：土の含水比をある量以下に減じても体積が減少しない状態になるときの境界の含水比
- 塑性指数 I_P ：液性限界と塑性限界の差（$I_P = W_L - W_P$）を塑性指数といい，塑性を示す幅を表す。塑性状態の含水比の幅が大きい土ほど塑性指数が大きい。

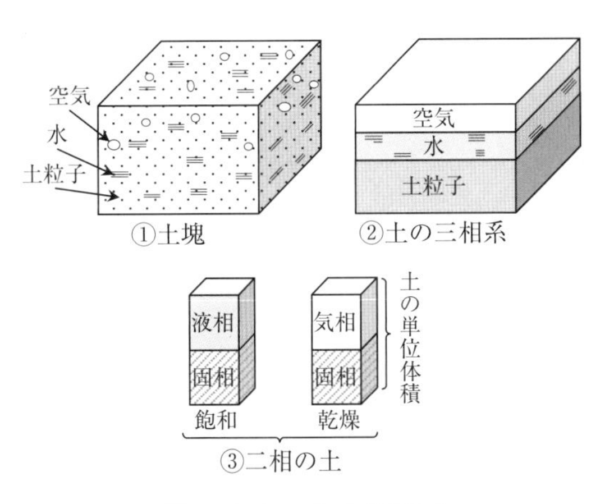

図 4-1-1　土の相構成

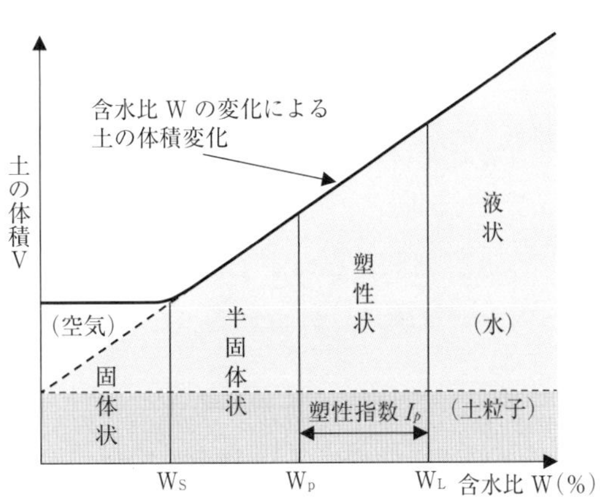

図 4-1-2　土のコンシステンシー限界

4） 最適含水比

図 4-1-3 は，土の締固めの含水比と乾燥密度の関係をプロットして作成した土の締固め曲線であり，土の締固めにおいて最も重要な特性である。この曲線は，同一の土を同一の方法で締固めても，土の含水比により得られる土の乾燥密度は異なることを示している。すなわち一定の締め固めエネルギーにおいて最も効率よく締まる含水比が存在し，この含水比を最適含水比といい，そのときの乾燥密度を最大乾燥密度という。

土の締固め曲線は土質により異なり，一般に礫（れき）や粒度の良い砂質系の土ほど締固め曲線は鋭く立った形状を示し，左上方に位置する。このため最適含水比は低く，最大乾燥密度は高い。またシルトや粘性土など細粒土分が多い土ほど締固め曲線はなだらかな形状を示し，右下方に位置する。このため最適含水比は高く，最大乾燥密度は小さくなる（図 4-1-4）。

なお，図中のゼロ空気間隙曲線は，締固めた土中の間隙に空気がない理想的な状態を表している。

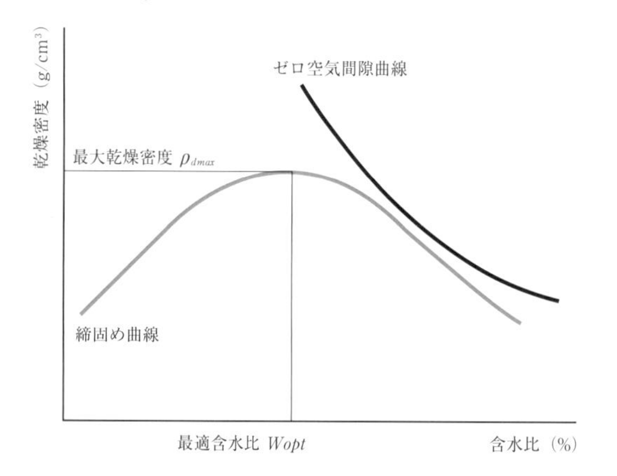

図 4-1-3　土の締固め曲線

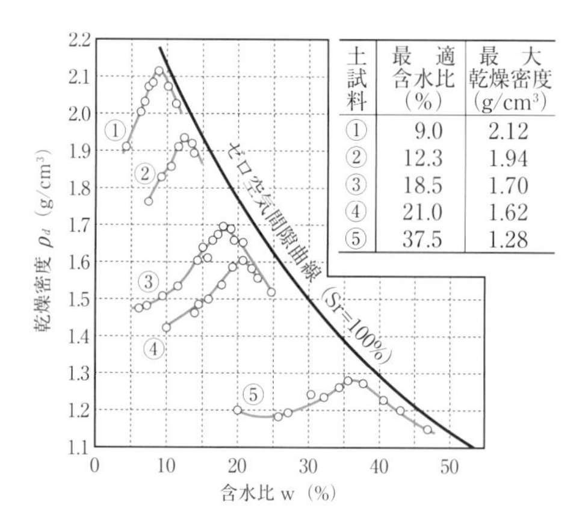

土試料	最適含水比（%）	最大乾燥密度（g/cm³）
①	9.0	2.12
②	12.3	1.94
③	18.5	1.70
④	21.0	1.62
⑤	37.5	1.28

図 4-1-4　各土試料の締固め曲線

2 地盤調査

構造物完成後の安定性の確認や，施工中の安全性を検証するためには，理論計算が必要となる。この理論計算には，現場の土の性質を表すさまざまな土質定数が必要であり，この土質定数を求めるのが土質試験である。土質試験の方法は，図 4-2-1 に示す原位置試験と室内土質試験に分けられる。

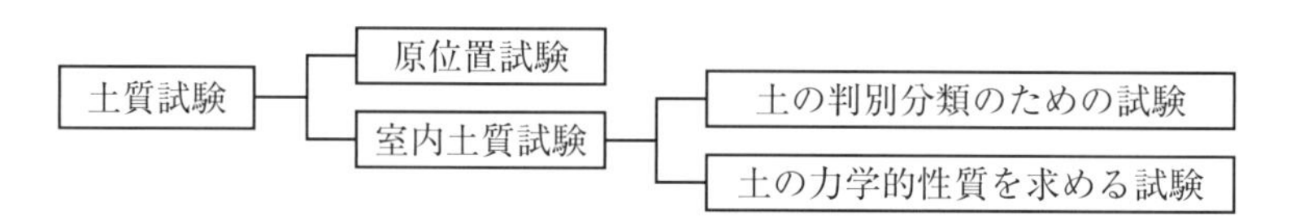

図 4-2-1　土質試験の方法

(1) 原位置試験

原位置試験は，調査地点の地表またボーリング孔を利用して地盤の性質を直接調べる試験であり，試料採取が困難である場合や，土層の状態によって原位置で直接，地盤の性質を求めた方が良い場合などに用いられる。表4-2-1が土工の調査に用いる主な原位置試験であり，代表的な試験方法を以下の1)～6) に示す。なお，原位置における概略調査で最もよく用いられる方法はサウンディング調査であり，ロッド先端に取り付けた抵抗体を地中に挿入し，貫入，回転，引抜き時の抵抗値から，土層の状態や土の強度などの力学的性質が推定できる。サウンディングには，標準貫入試験などの動的サウンディングと，スクリューウエイト貫入試験などの静的サウンディングがある。

表 4-2-1　土工の調査に用いる主な原位置試験

試験の名称	試験結果から求められるもの	試験結果の利用
弾性波探査	地盤の弾性波速度　V	地層の種類，性質，成層状況の推定
電気探査	地盤の比抵抗値	地層や地下水の状態の推定
単位体積質量試験（現場密度試験） （砂置換法：JIS A 1214）	湿潤密度　ρ_t 乾燥密度　ρ_d	締固めの施工管理
RI 計器による土の密度試験	含水比 現場密度等	締固めの施工管理
平板載荷試験（JIS A 1215）	地盤反力係数　K	締固めの施工管理
現場 CBR 試験（JIS A 1222）	CBR（支持力値）	締固めの施工管理
標準貫入試験（JIS A 1219）※	N 値	土の硬軟，締まり具合の判定
スクリューウエイト貫入試験 （旧スウェーデン式サウンディング試験） （JIS A 1221）※	静的貫入抵抗 静的貫入荷重　W_{sw} 半回転数　N_{sw}	土の硬軟，締まり具合の判定
オランダ式二重管コーン貫入試験 （JIS A 1220）※	コーン指数　q_c	土の硬軟，締まり具合の判定
ポータブルコーン貫入試験※	コーン指数　q_c	トラフィカビリティの判定
ベーン試験※	粘着力　c	細粒土の斜面や基礎地盤の安定計算
現場透水試験	透水係数　k	透水関係の設計計算 地盤改良工法の検討

※はサウンディング調査

1） 標準貫入試験

標準貫入試験（JIS A 1219）は，図 4-2-2 に示すように，質量 63.5kg ± 0.5kg のハンマー（モンケン）を 76 ± 1cm の高さから自由落下させて，ボーリングロッド頭部に取り付けたノッキングヘッドを打撃し，ボーリングロッドの先端に取り付けられた標準貫入試験用サンプラーを 30cm 打ち込むのに要する打撃回数（= N 値）を求める試験である。

標準貫入試験用サンプラーは，中空で縦に 2 つに分割できる構造になっており，試験を実施した区間（深さ）の土質試料を直接採取，地質の状態を直接目視で確認することができる。サンプラーで採取した土質試料は，土質試験に用いられる。

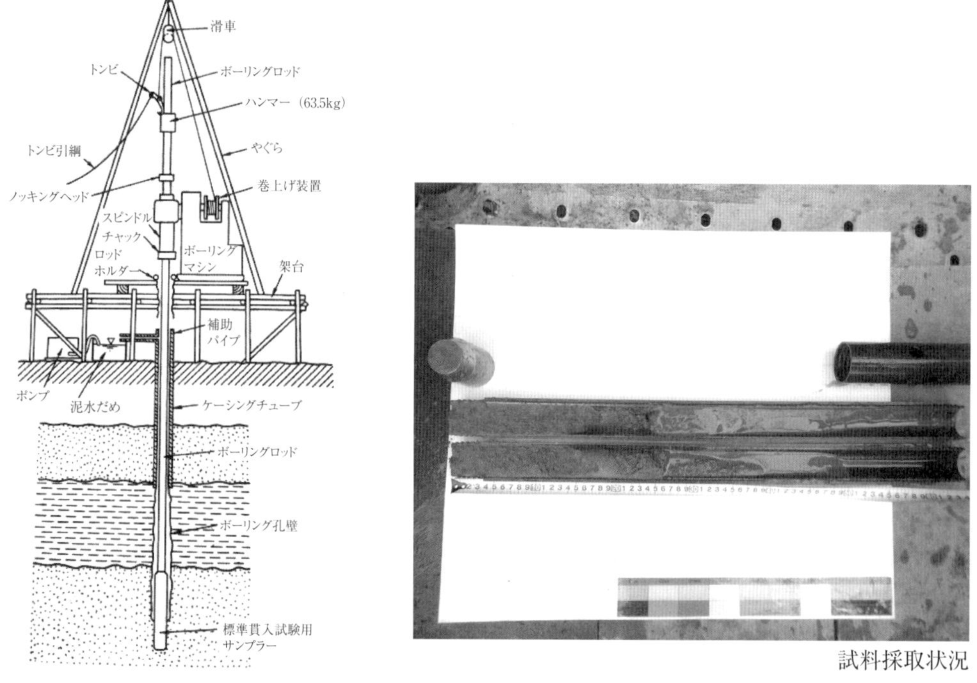

図 4-2-2　標準貫入試験 [1)]

2） 平板載荷試験

平板載荷試験（JIS A 1215「道路の平板載荷試験方法」）は，図 4-2-3 に示すように，原地盤に載荷板（直径 30cm の円盤）設置し，バックホウ等の反力装置により垂直荷重を加え，荷重と載荷板の変位量（沈下量）の関係から，基礎地盤の支持力特性などを求める試験である。道路の路床，路盤などの地盤反力係数が求められる。

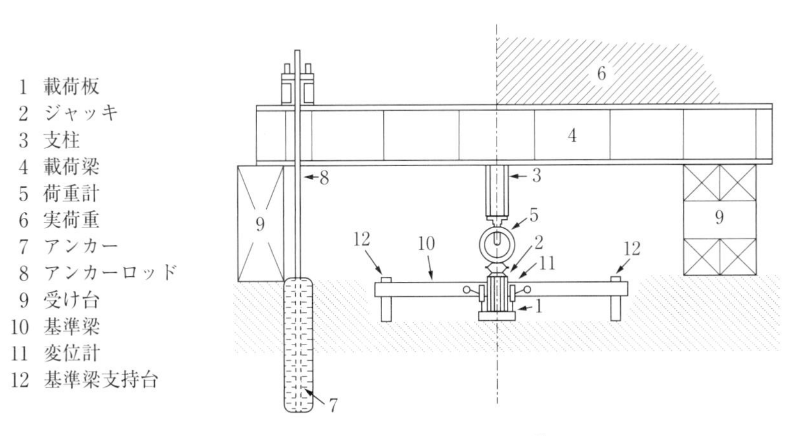

図 4-2-3 平板載荷試験 [2)]

3) 単位体積質量試験（現場密度試験）（砂置換法）

土の密度を求めるためには，土の質量と体積の測定が必要であるが，原位置において土の体積を直接測定することは困難な場合が多いため，土の体積をはかる方法として他の材料と置き換える方法が用いられる。

砂置換法（JIS A 1214「砂置換法による密度試験方法」）は，図 4-2-4 に示すように，掘り取った土の質量と，掘った試験孔に充填した砂の質量から，原位置の土の密度を求める試験である。

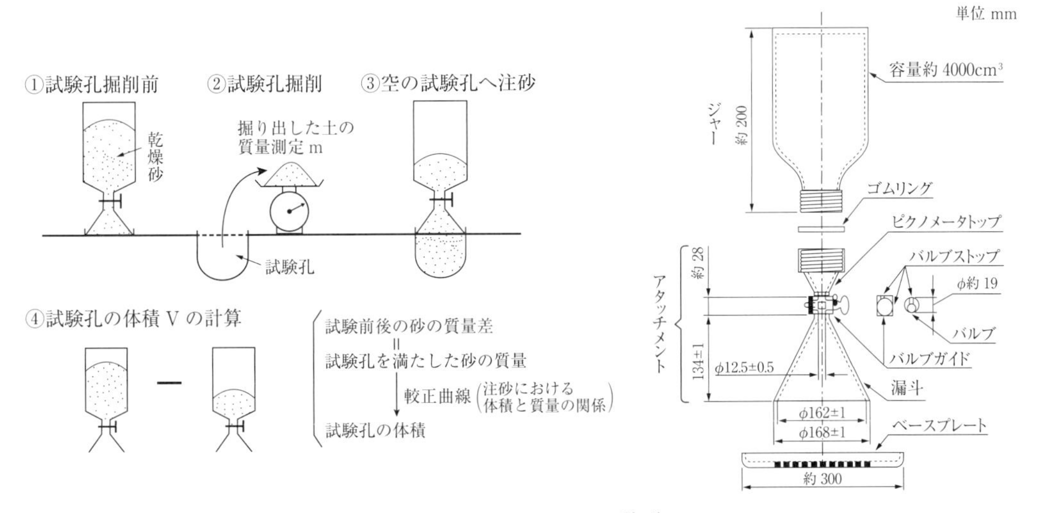

図 4-2-4 砂置換法 [3),4)]

4) RI 計器による土の密度試験

RI 計器による土の密度試験は，放射性同位元素を用いて土中の湿潤密度や乾燥密度，含水比，空隙率，締固め率等を同時に測定できる。砂置換法に比べ測定時間が格段に短く，従来は１つの代表値を用いていた盛土面積で複数回測定することができる合理的な締固め管理手法である。

計測方法は透過型と散乱型があり，以下に示す特徴があるが，測定結果はどちらともほぼ砂置換法と同様である。しかし，締固めにおいては一般にまき出し層全体の密度を問題とすることが多いことから，透過型を用いる場合が多いようである[1)]。

①透過型 RI 計器

透過型は図に示すように，先端に熱源を密封した長さ 20cm の線源棒を地盤中に貫入し，線源棒の先端から放出し，地盤内を透過してくるガンマ線を計測することにより，その深度の密度の情報が分かる。透過型は RI 計器本体，線源棒，標準体，線源筒，ハンマー，打ち込み棒，ベースプレートが必要であり，測定時には線源棒の挿入作業を伴うため，散乱型に対して少し測定作業時間が長くなる。

②散乱型 RI 計器

散乱型は図に示すように，地表面から地盤に向けてガンマ線を放出し，地盤を透過してきたガンマ線を検出する方法であり，計器本体だけで測定が可能である。線源が地表面にあるため，測定前の作業が測定面の平滑整形だけでよく，作業性は良いが，地盤と計器底面との空隙の影響を受けやすいため注意を要する。また，地表面付近の浅い部分の密度をより強く計測することになるため，まき出し層内の深部の密度が反映されないという課題がある。

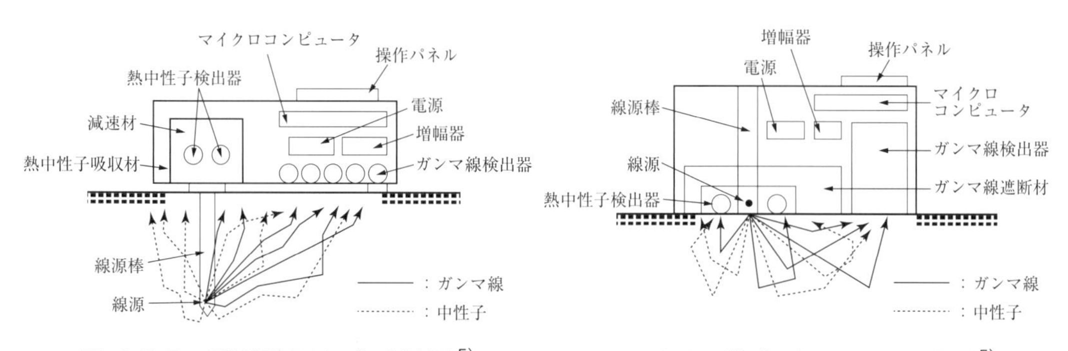

図 4-2-5　透過型 RI による計測[5)]　　図 4-2-6　散乱型 RI による計測[5)]

5）ポータブルコーン貫入試験

ポータブルコーン貫入試験は，粘性土や腐植土などの軟弱地盤に人力で静的コーンを貫入させ，コーン貫入抵抗から，深さ方向の硬軟，軟弱層の地盤構成や厚さ，粘性土の粘着力，コーン指数などを簡便かつ迅速に推定する試験であり，建設機械のトラフィカビリティ（走行性）や，盛土の締め固め管理，戸建住宅地の地耐力の判定などに使用される。貫入深さは，単管式は３～5m 程度まで適用できるが，5m 以上の場合は，二重管式を用いる。

6) スクリューウエイト貫入試験（旧スウェーデン式サウンディング試験）

スクリューウエイト貫入試験方法（SWS試験：JIS A 1221）は，原位置における土の硬軟，締まり具合，および土層の構成を判定するための静的貫入抵抗を求める試験である。ハンドルの回転数から地盤の強さを表すN値を推定できる。一般的に，戸建住宅の地盤調査方法として最も用いられている。

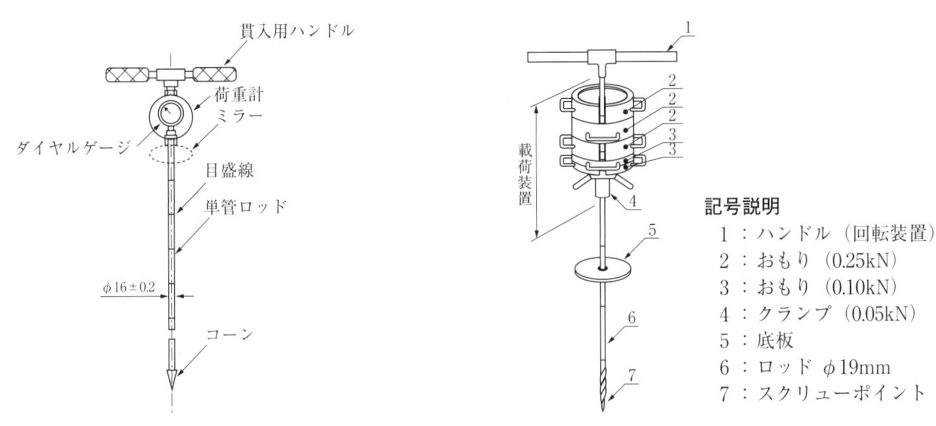

図4-2-7　ポータブルコーン貫入試験機[6)]　　図4-2-8　スクリューウエイト貫入試験機[7)]

（2）室内土質試験

室内土質試験は，調査地点でサンプリングした土の試料について室内で試験を行うものであり，表4-2-2に示す土の判別分類のための試験と，表4-2-3に示す土の力学的性質を求める試験に分けられる。また，室内土質試験における土の試料の状態は，現地における土の構造と状態が保持されていない「乱された状態」でいい場合と，土の構造と状態ができるだけ現地に近い状態にある「乱さない状態」が必要な場合がある。乱された状態の土は，主として物理的性質（粒度，土粒子の密度，液性限界，塑性限界など）の試験に用いられ，乱さない状態の土（不撹乱試料）は，主として力学的性質（土の強さ，土の圧縮性など）の試験に用いられる。

表4-2-2　室内土質試験（土の判別分類のための試験）

試験の名称	試験結果から求められるもの	試験結果の利用
含水比試験（JIS A 1203）	含水比　w	土の基本的性質の計算
湿潤密度の測定	湿潤密度　ρ_t 乾燥密度　ρ_d	土の締固め度の算定
土粒子の密度試験（JIS A 1202）	土粒子の密度　ρ_s 間隙比　e 飽和度　S_r 空気間隙率　v_a	粒度，間隙比，飽和度，空気間隙率の計算

試験の名称	試験結果から求められるもの	試験結果の利用
相対密度試験（JIS A 1215）	最大間隙比 e_{max} 相対密度 D_r	自然状態の粗粒土の安定性の判定
粒度試験（JIS A 1204） ふるい分析 沈降分析	粒径加積曲線 有効径 D_{10} 均等係数 U_c	粒度による土の分類，材料としての土の判定
コンシステンシー試験（JIS A 1205）	液性限界 W_L 塑性限界 W_P 塑性指数 I_P	塑性図による細粒土の分類 自然状態の細粒土の安定性の判定

表 4-2-3　室内土質試験（土の力学的性質を求める試験）

試験の名称		試験結果から求められるもの	試験結果の利用
せん断試験	一面せん断試験	せん断抵抗角 ϕ 粘着力 c	砂質土地盤や粘性土地盤の安定計算
	一軸圧縮試験（JIS A 1216）	一軸圧縮強さ q_u 粘着力 c 鋭敏比 S_l	地盤の土圧，支持力，斜面安定などの計算 改良の効果の判定
	三軸圧縮試験	せん断抵抗角 ϕ 粘着力 c	支持力・土圧の算定 砂質土地盤や粘性土地盤の安定計算など
圧密試験（JIS A 1217）		e-log p 曲線 圧縮係数 a_v 体積圧縮係数 m_v 圧縮指数 C_c 透水係数 k 圧密係数 c_v	粘土層の沈下量の計算 沈下量の判定 間隙比の変化量 粘土透水係数の実測 粘土層の沈下速度の計算
透水試験（JIS A 1218）		透水係数 k	透水関係の設計計算
締固め試験（JIS A 1210）		含水比―乾燥密度曲線 最大乾燥密度 $\rho_{d\ max}$ 最適含水比 w_{opt}	路盤および盛土の施工方法の決定・施工の管理・相対密度の算定
CBR 試験（JIS A 1211）		支持力値	たわみ性舗装厚の設計

3 土量の配分計画[II]

（1）土量の計算方法（土量の変化率）

土を掘削し，運搬し，盛土を構築しようとする場合，土は地山の状態と，掘削してほぐした状態，ほぐした土を締め固めた状態によって体積が変化するため，この変化をあらかじめ推定しないと土工の施工計画を立てることができない。土工において土量の配分を行う場合は，土量の体積変化を地山の土量とほぐした状態の土量，または締め固めた状態の土量の体積比から求められる土量の変化率を用いて計算を行う。なお，変化率 L および変化率 C は，以下の式により定義されている

$$\text{変化率 L（Loose：ほぐし率）} = \frac{\text{ほぐした土量（m}^3\text{）}}{\text{地山土量（m}^3\text{）}} \quad \cdots \quad \text{土の運搬計画}$$

$$\text{変化率 C（Compact：締固め率）} = \frac{\text{締固めた土量（m}^3\text{）}}{\text{地山土量（m}^3\text{）}} \quad \cdots \quad \text{土の配分計画}$$

地山土量：地山の状態の土量

ほぐした土量：掘削されほぐされた状態の土量

締固めた土量：締め固められた状態の土量

一般的にダンプトラックの荷台（平積容量）は，運搬時の土の密度を1.5t/m^{3}未満と仮定して造られている。したがって，地山の密度と変化率Lが分かれば，土の運搬計画を立てることができる。

また，地山を掘削して盛土材に利用するとき，地山の土量が盛土に換算するとどう変化するか推定できないと土の配分計画を立てることができない。したがって，盛土の体積と変化率Cが分かれば必要とする地山土量が分かり，土の配分計画を立てることができる。

（2）土量変化率の求め方

土量の変化率は，地山土量，ほぐした土量，締め固めた土量のそれぞれの状態の体積を測定すれば求めることができる。変化率の求め方には，簡易な測定方法から試験施工による方法あるいは過去の工事のデータから推定する方法などがあるが，実際の土工の結果から推定するのが最も正確である。表4-3-1は過去のデータから示される各土質の平均的変化率である。

地山土量は，比較的正確に測定することができる。測定において信頼できる地山土量としては200m^{3}以上，できれば500m^{3}以上が望ましいが，地山土量が多くなると土質は均一でなくなる可能性があり，土質ごとの変化率を正確に求めることが困難になる。

ほぐした土量は，規格化された測定の方法がなく，また，ほぐした状態によっても差があるため，変化率Lは信頼性が低い。一般的な測定の方法としては，ほぐした土をダンプトラックの荷台に平積みしたり，平らな地面の上に積み上げたりして行う。

締固めた土量は，かなり正確に測定できるが，盛土によって締固めの程度が異なることに注意する。また，変化率には掘削・運搬中の損失，基礎地盤の沈下による盛土量の増加は原則として含まない。しかし，通常避けられない土量の損失や，一般的に予想される程度の少量の地盤沈下に基づく土量の増加は，変化率に含ませる方が合理的である。なお，変化率Cについては，類似現場の実績を活用することが実用的である。

表 4-3-1　土量の変化率 8)

名称		L	C
岩または石	硬岩 中硬岩 軟岩 岩塊・玉石	1.65 ～ 2.00 1.50 ～ 1.70 1.30 ～ 1.70 1.10 ～ 1.20	1.30 ～ 1.50 1.20 ～ 1.40 1.00 ～ 1.30 0.95 ～ 1.05
礫まじり土	礫 礫質土 固結した礫質土	1.10 ～ 1.20 1.10 ～ 1.30 1.25 ～ 1.45	0.85 ～ 1.05 0.85 ～ 1.00 1.10 ～ 1.30
砂	砂 岩塊・玉石まじり砂	1.10 ～ 1.20 1.15 ～ 1.20	0.85 ～ 0.95 0.90 ～ 1.00
普通土	砂質土 岩塊・玉石まじり砂質土	1.20 ～ 1.30 1.40 ～ 1.45	0.85 ～ 0.95 0.90 ～ 1.00
粘性土等	粘性土 礫まじり粘性土 岩塊・玉石まじり粘性土	1.20 ～ 1.45 1.30 ～ 1.40 1.40 ～ 1.45	0.85 ～ 0.95 0.90 ～ 1.00 0.90 ～ 1.00

（3）土量変化の計算

変化率 L = 1.20，変化率 C = 0.85 の土質の地山を，100m^3 を掘削したときおよび締め固めたときの土量は以下のように変化する。

①ほぐした土量

$$\text{変化率 L} = \frac{\text{ほぐした土量（m}^3\text{）}}{\text{地山土量（m}^3\text{）}}$$ より，

ほぐした土量(m^3) = 地山土量(m^3) × 変化率 L = 100 × 1.20 = 120(m^3)

②締め固めた土量

$$\text{変化率 C} = \frac{\text{締固めた土量（m}^3\text{）}}{\text{地山土量（m}^3\text{）}}$$ より，

締め固めた土量(m^3) = 地山土量(m^3) × 変化率 C = 100 × 0.85 = 85(m^3)

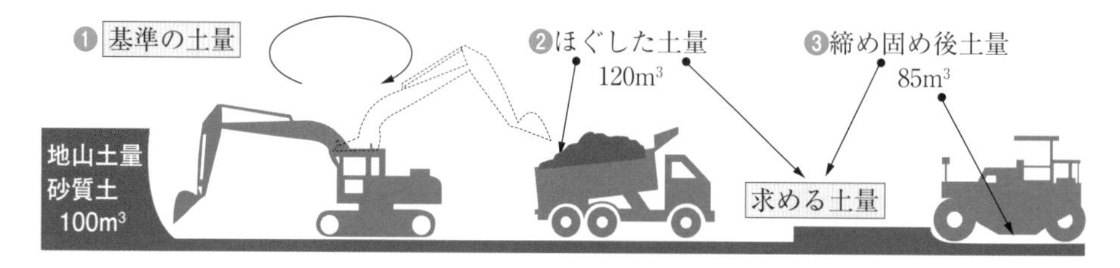

図 4-3-1　土の容積変化と土量変化の例

4 土積図（道路土工）

道路土工における土量の配分方法には，土積図（マスカーブ）による方法と土量計算書のみによる方法がある。土積図による方法は，比較的土工量の多い場合に，運搬距離と土量のバランスの関係を的確に把握できることから，土量配分とそれに必要な建設機械の運用を計画するために多く用いられている。また，土量計算書のみによる方法は，単純な土量配分の場合や，土工量の少ない場合に用いられる。

図 4-4-1 に土積図（マスカーブ）の例を示す。上図の縦断面図は，横軸に道路縦断方向の距離（測定位置），縦軸に地盤面の高さを取り，縦断面の曲線が現況地盤面，土工計画面が土工の完成地盤面を表している。下図の土積図は，横軸に道路縦断方向の距離（測定位置），縦軸に始点（基線）からの累加土量を示し，土積曲線がプラス方向（a ～ c, e ～ g）の場合は切土，マイナス方向（c ～ e，g ～ i）の場合は盛土，また土積曲線の頂点（c，g）は切土から盛土，底点（e）は盛土から切土への変移点を表している。なお，土積図は，土量変化率を考慮して求めなければならないため，これらの変移点は必ずしも縦断図の地盤面と土工計画面の交差点（C，E，G）の直下にはならない。

土積図は，土量のバランス区間を示しており，切土と盛土がほぼ平衡している区間で平衡線を引き，この平衡線を上下させるだけで切土，盛土のバランス区間を自在に変更でき，客土や捨土の調整区間の設定が容易に行える。

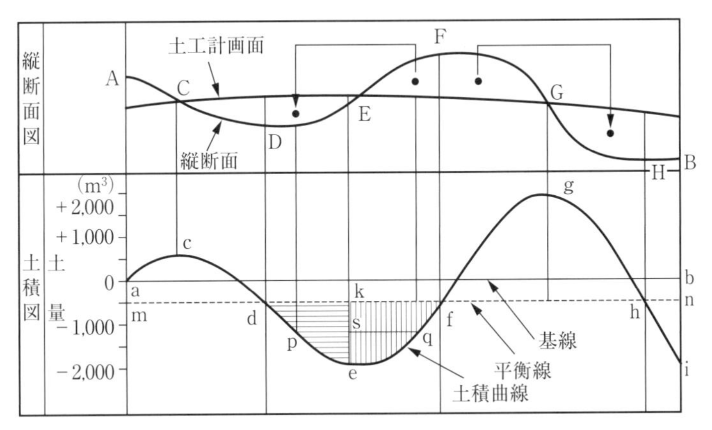

図 4-4-1　土積図（マスカーブ）の例[9]

5 盛土の施工

（1）盛土の締固めの目的

盛土の締固めの目的は以下の３つであり，盛土材料および盛土の構成部分などに応じた適切な締固めにより，設計上の盛土の所要力学特性を確保することである。

① 土の空気間隙を少なくして透水性を低下させ，水の浸入による軟化，膨張を小さくして土を最も安定した状態にする。

② 盛土法面の安定や土の支持力の増加等，土の構造物として必要な強度特性が得られるようにする。

③ 盛土完成後の圧密沈下等の変形を少なくする。

すなわち，これらの目的を満足させるために，土の締固めで最も重要なことは，図4-5-1 に示す管理基準値以上の乾燥密度となる含水比の範囲で土を締め固めることである。

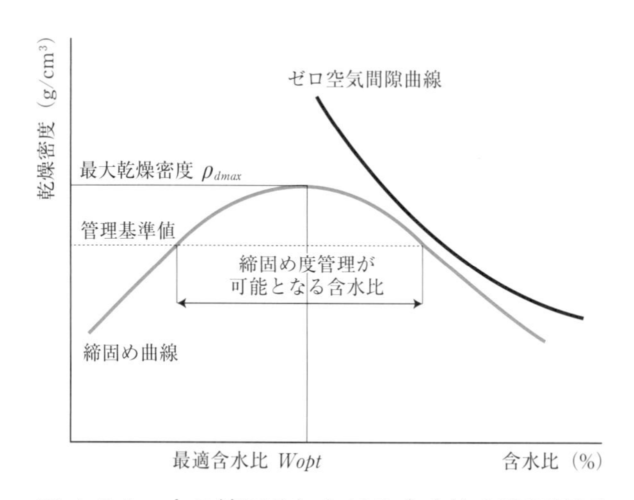

図 4-5-1　土の締固めにおける含水比の適用範囲

（2）盛土材料の要件

盛土材料は，施工が容易で盛土の安定を保ち，かつ有害な変形が生じないような，以下の要件を満たすものとする。

① 敷均しや締固めが容易

② せん断強さが大きい

③ 圧縮性が小さい

④ 透水性が小さい

⑤ 吸湿による膨潤性が低い

⑥ 施工機械のトラフィカビリティが確保できる

（3）盛土の施工

所定の品質の盛土を造成するためには，締固め機械の種類，まき出し厚，転圧回数，含水比などの施工条件を適切に設定するとともに，盛土が所定の品質を有することを確認するための施工管理を行わなければならない。

施工管理は，盛土が所定の機能を有するように施工管理基準を決定する必要があり，通常，締固め度の基準を設定し，盛土がこの基準を満たしているかを確認して行う。締固め度の基準は，現場の土を用いて室内試験を行い，それにより得られる締固め特性や締め固めた土の強度，剛性，遮水性などに基づいて決定される。

なお，盛土の施工において締固めの効果や性質は，土の種類，含水比および施工方法によって大きく変化するが，最も効率よく土を密にできる最適含水比での施工が望ましい。

6 盛土の品質管理

盛土施工の品質管理手法には，大きく分けて品質規定方式と工法規定方式があり，そのほかに，ある程度工法を指定した上で品質も確認する工法推奨・品質規定方式がある。

（1）品質規定方式

品質規定方式は，盛土に必要な品質を仕様書に明示し，締固めの施工方法については原則，施工者に委ねる方式である。盛土の品質を規定する方式には以下のものがある。

① 基準試験の最大乾燥密度，最適含水比を利用する方法

② 空気間隙率または飽和度を規定する方法

③ 締固めた土の強度，変形特性を規定する方法

品質規定方式による盛土の締固め管理においては，所要の品質を満足するように，施工部位，材料に応じて管理項目，基準値，頻度等を適切に設定し，これらを日常的に管理する。

（2）工法規定方式

盛土材料の土質，含水比があまり変化しない場合や，岩塊や玉石など品質規定方式が適用困難な場合に，締固めに使用する建設機械の機種や転圧回数，まき出し厚などの工法で規定する方法であり，経験の浅い施工業者に適している。施工に当たっては，試験盛土などにより，所定の品質を有する盛土を造成するために必要な工法を決めておく必要がある。

工法規定方式には，タスクメータ等により締固め機械の稼働時間で管理する方式や，締固め機械の走行位置をTS（トータルステーション）やGNSS（衛星測位システム）でリアルタイムに計測することにより，転圧回数を管理する方法がある。

（3）締固め管理方式と主な試験・測定方法

表4-6-1に，品質規定方式および工法規定方式における盛土の代表的な締固め管理方式と，主な試験・測定方法，原理・特徴および適用土質を示す。なお，品質規定方式，工法規定方式に関わらず，試験施工を実施し，適応性を確認した上で利用することが望ましい。

表 4-6-1　盛土の代表的な締固め管理方式と主な試験・測定方法[10)]

区分		試験・測定方法	原理・特徴	適用土質		
				礫	砂	粘
品質規定	密度	ブロックサンプリング	掘り出した土塊の体積を直接（パラフィンを湿布し，液体に浸すなどして）測定する		←	→
		砂置換法	掘り出し跡の穴を別の材料（砂置換法－乾燥砂，水置換法－水等）で置換することにより，掘り出した土の体積を知る		←	→
		水置換法		←	→	
		RI 法	土中での放射線（ガンマ線）透過減衰を利用した間接測定。線源棒挿入による非破壊的な測定法		←	→
		衝撃加速度試験	重錘落下時の衝撃加速度から間接測定		←	→
	含水量	炉乾燥法	一定温度（110℃）における乾燥	←	─	→
		急速乾燥法	フライパン，アルコール，赤外線，電子レンジ等を利用した燃焼・乾燥による簡便・迅速な測定方法	←	→	
		RI 法	放射線（中性子）と土中の水素元素との錯乱・吸収を利用した間接測定，非破壊測定法		←	→
	強度・変形	平板載荷試験	静的載荷による変形支持特性の測定	←	─	→
		現場 CBR 試験			←	→
		ポータブルコーン貫入	コーンの静的貫入抵抗の測定		←	→
		プルーフローリング	タイヤローラ等の転圧車輪の沈下・変形量（目視）より締固め不良箇所を知る		←	→
		衝撃加速度 重錘落下試験 HFWD 衝撃加速度試験	重錘落下時の衝撃加速度，機械インピーダンス，振動載荷時の応答加速度等からの間接測定		←	→
工法規定	タスクメータ		転圧機械の稼働時間の記録をもとに管理する方法	←	─	→
	TS・GNSS を用いた管理		転圧機械の走行記録をもとに管理する方法	←	─	→

7 建設機械の選定・組合せ

(1) 建設機械の最近の動向

建設機械用エンジンとして，小型の建設機械には一般に負荷に対する即応性が良好なガソリンエンジンの機器が多用されているが，中型や大型の機械では燃料消費率，耐久性および保全性などが良好であるディーゼルエンジンが多用されている。なお，建設機械用ディーゼルエンジンは自動車用ディーゼルエンジンより大きな負荷が作用するので，耐久性，寿命の問題などからエンジンの回転速度を下げている。排出ガスに関しては，ガソリンエンジンは，エンジン制御システムの改良に加え排出ガスを触媒（三元触媒）に通すことにより，窒素酸化物（NOx），炭化水素（HC），一酸化炭素（CO）をほぼ100%取り除くことができる。一方ディーゼルエンジンは，排出ガス中に多量の酸素を含み，かつ，すすや硫黄酸化物（SOx）を含むことから後処理装置（触媒）によって排出ガス中の各成分を取り除くことが難しいため，エンジン自体の改良を主体とした対策を行っている。また，ディーゼルエンジンの熱効率が40%程度であるのに対して，ガソリンエンジンの熱効率は30%程度であり，正味仕事として取り出せるエネルギーは，ガソリンエンジンの方が小さい。

建設機械の省エネルギーの技術的な対応としては，エネルギー効率を高めることやアイドリング時にエンジン回転数を抑制することで，燃費を改善することが行われている。ハイブリッド型油圧ショベルは，機械の旋回制動時等に発生するエネルギーを旋回モータで電気エネルギーに変換・蓄電しエンジンをアシストする方式である。

また，熟練オペレータの不足に対応するための機械の自動化としては，ICTを活用したマシンコントロールやマシンガイダンスの開発・導入により，一般の運転でも一定の作業レベルを確保できるような運転の半自動化，電子化された操作機構などの活用が進められ，非熟練オペレータでも一定品質以上の施工が可能となっている。

（2）建設機械の走行方式

建設機械の走行方式には，クローラ式とホイール式があり，それぞれ以下の特徴がある。

1）　クローラ式（履帯式）（図4-7-1）

履帯の接地幅，接地長が長く，接地圧が低いため，軟弱地盤の走行や，不整地等の作業条件が悪い場所に適する。

- ・コーン指数の小さい地盤に適する。
- ・摩擦力が大きくスリップすることが少ない。
- ・その場で旋回可能。
- ・掘削力が大きい。

2）　ホイール式（車輪式）（図4-7-2）

走行性が良く，機動性に富み，運搬距離が長い場合は有利であるが，接地圧が高い。

- ・コーン指数の大きい地盤に適する。
- ・その場では旋回できない。
- ・掘削力はクローラ式に比べて劣る。

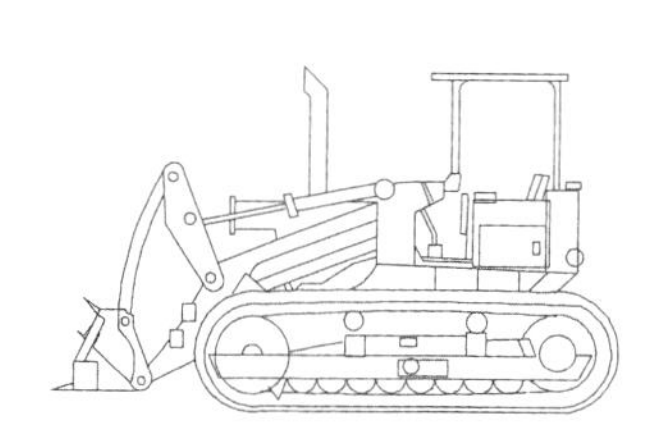
図 4-7-1　クローラ式（履帯式）

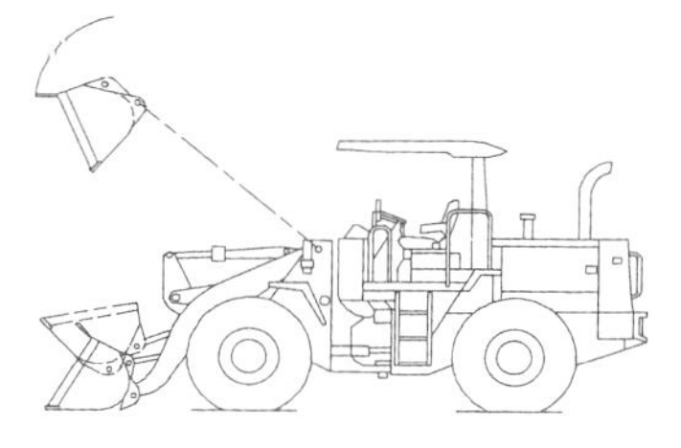
図 4-7-2　ホイール式（車輪式）

（3）建設機械の種類・用途

建設機械は，図 4-7-3，4-7-4 に示すように，掘削，運搬，積込，敷均し・整地，伐開除根，締固め等の用途に分けられる。建設機械によっては複数の作業が可能なものもあり，また作業の種類は同じでも，掘削する土の硬さや岩のリッパビリティや盛土材料のトラフィカビリティなどの作業条件により，使用される建設機械の種類や大きさ，機能が異なってくる。なお建設機械の選定では，運搬距離，勾配，工事規模，工期，建設機械の普及度などの条件を考慮する。

掘削機械の代表的なものとしてショベル系掘削機があり，バックホウは，機械が設置された地盤より低い所を掘るのに適した機械で水中掘削もでき，機械の質量に見合った掘削力が得られる。また，バックホウは，クローラ式のものが圧倒的に多く，都市部の土木工事において便利な超小旋回型や後方超小旋回型が普及し，道路補修や側溝掘りなどに使用される。

敷均し・整地機械としてはブルドーザやモーターグレーダがある。ブルドーザは，操作レバーの配置や操作方式がメーカーごとに異なっていたが，誤操作による危険をなくすため，標準操作方式建設機械の普及活用が図られている。また，モーターグレーダは，近年GPS 装置，ブレードの動きを計測するセンサーや位置誘導装置の搭載など，ICT の活用により，オペレータの技量に頼らずとも高い精度の施工が可能になり，品質確保，施工効率の向上，施工時間の短縮等につながっている。

締固め機械は車輪式締固め機（ローラ）が多く用いられており，それぞれ以下の特徴がある。

- タンピングローラは，ローラの表面に突起を付けることで先端に荷重を集中でき，土塊や岩塊などの破砕や締固め，粘質性の強い粘性土の締固めに効果的である。転圧した跡にくぼみができることから，次の層との接合が良好になる。
- 振動ローラは，ローラに起振機を組み合わせ，振動によって小さな重量で大きな締固め効果を得るものであり，一般に粘性に乏しい砂利や砂質土の締固めに効果的である。しかし，粘性のある地盤に使用すると，こね返しにより，転圧が困難となる。
- ロードローラは，表面が滑らかな鉄輪であり，高含水比の粘性土を締固めると，地盤をこね返すこととなり，締固まらない。また，鉄輪に粘性土が付着し，作業に支障を来す。

・タイヤローラは，タイヤの空気圧を変えて接地圧を調整し，バラストを付加して輪荷重を増加させることにより締固め効果を大きくすることができ，アスファルト舗装の仕上げや，路床，路盤の締固めに用いられる。機動性に富み，比較的種々の土質に適用できる。

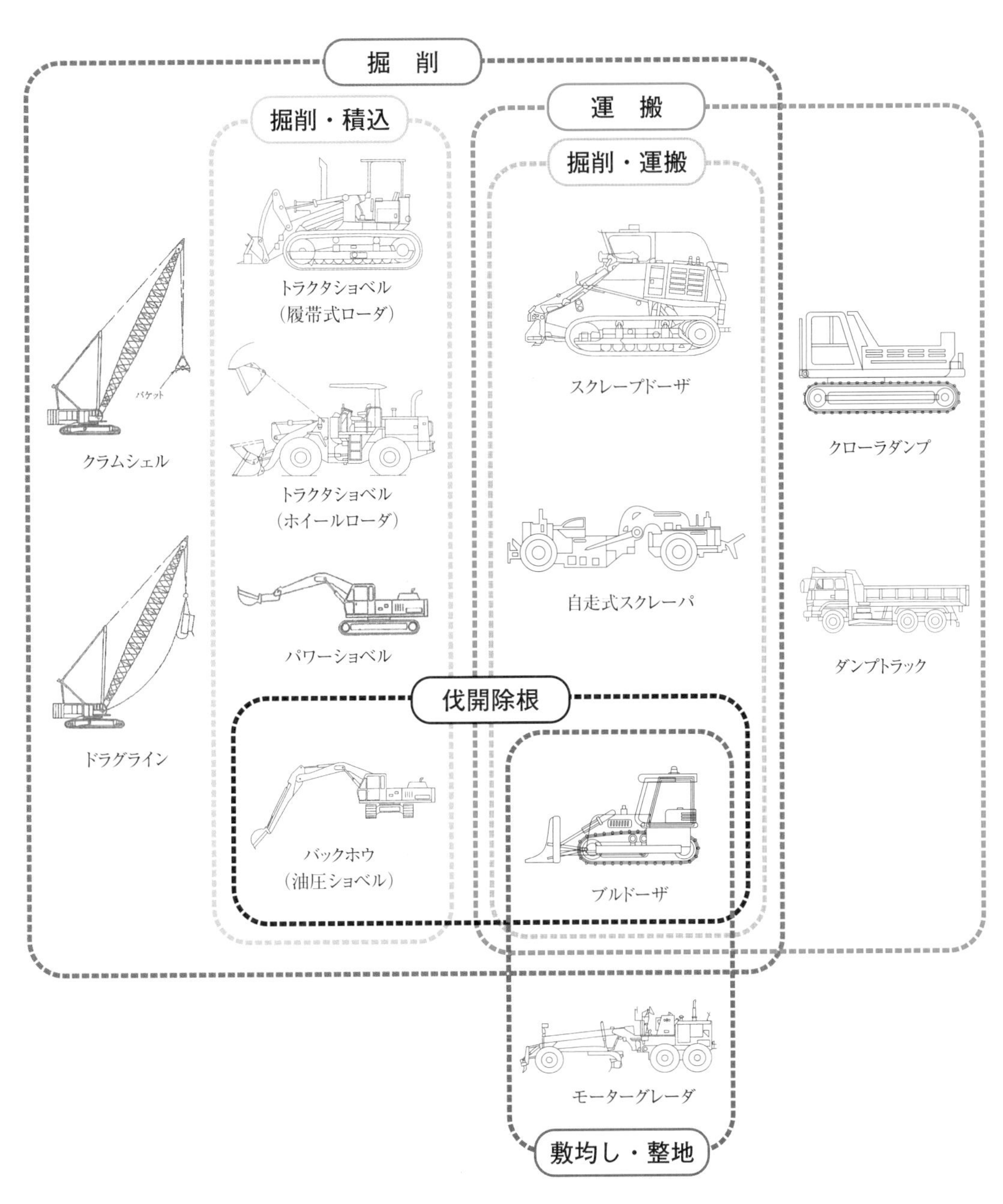

図 4-7-3　建設機械の用途による分類①

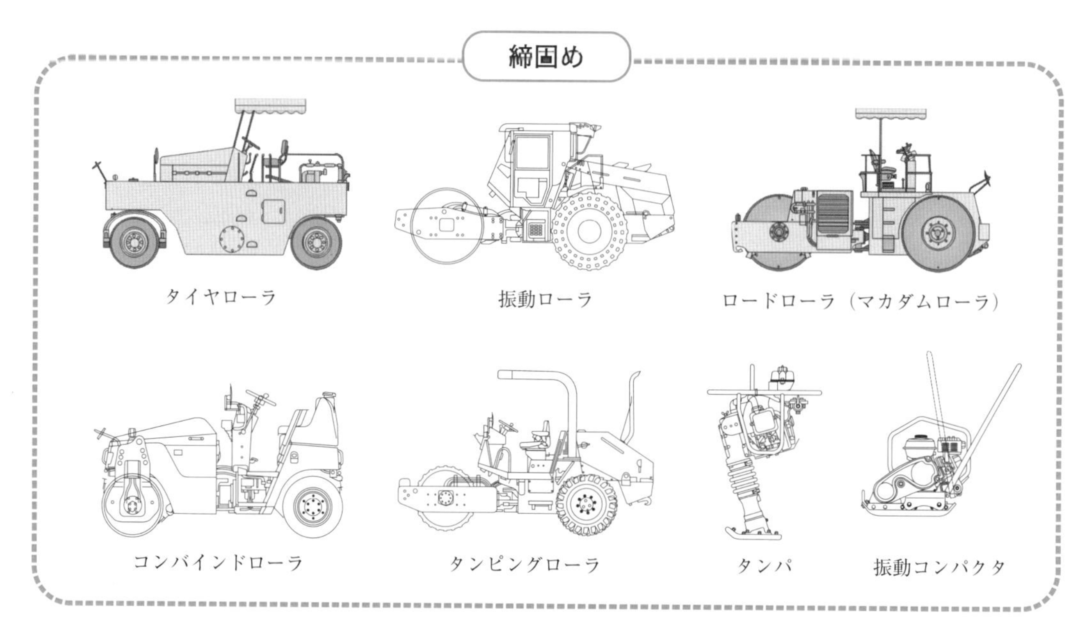

図 4-7-4　建設機械の用途による分類②

（4）建設機械の性能表示方法

建設機械の性能は表 4-7-1 に示す単位で表される

表 4-7-1　建設機械の規格

建設機械の名称	性能表示方法
ブルドーザ（スクレープドーザを含む）	機械質量（t）
パワーショベル，バックホウ	機械式：平積みバケット容量（m^3） 油圧式：山積みバケット容量（m^3）
トラクタショベル	山積みバケット容量（m^3）
クラムシェル	平積みバケット容量（m^3）
ドラグライン	平積みバケット容量（m^3）
スクレーパ	ボール容量（m^3）
モーターグレーダ	ブレード長（m）
タイヤローラ，振動ローラ， ロードローラ，タンピングローラ	質量（t）
タンパ，振動コンパクタ	質量（kg）
ダンプトラック	最大積載重量（t）
クレーン	最大定格総荷重（t）

（5）建設機械の走行に必要なコーン指数

軟弱地盤における建設機械の走行性（トラフィカビリティ）は，土の種類や含水比によって大きく異なる。特に高含水比の粘性土等では，建設機械の走行によるこね返しにより土の強度が低下し，走行不能になることがある。一般にトラフィカビリティはコーン指数qcで示される。表4-7-2は建設機械の走行に必要なコーン指数である。

表4-7-2　建設機械の走行に必要なコーン指数

走行方式	建設機械の種類	建設機械の接地圧（kN/m^2）	コーン指数qc（kN/m^2）
クローラ式	超湿地ブルドーザ	15～23	200以上
	湿地ブルドーザ	22～43	300以上
	普通ブルドーザ（15t級）	50～60	500以上
	スクレープドーザ	41～56 （超湿地型は27～）	600以上 （超湿地型は400以上）
	普通ブルドーザ（21t級）	60～100	700以上
ホイール式	自走式スクレーパ（小型）	400～450	1,000以上
	ダンプトラック	350～550	1,200以上

（6）作業能力・効率の計算

単独の建設機械または組み合わされた一群の機械の作業能力は，一般に運転時間当たりの平均作業量で表現するのが実用的であり，日当たりまたは月当たりの作業能力を表す場合の基本となる。

建設機械の作業能力の算定方法には以下の2つの方法がある。

① 類似現場の作業実績からの推定

② 実用算定式による推定

なお，運転時間当たり作業量は以下の一般式で表される。

$$Q = q \cdot n \cdot f \cdot E = \frac{q \cdot f \cdot E \cdot 60}{Cm}$$

ここで，

Q：時間当たり作業量

※m^3/hで表すことが多い

q：1作業サイクル当たりの標準作業量

n：時間当たりの作業サイクル数

$$n = \frac{60}{Cm}$$

f：土量換算係数（地山の状態の土量に換算する係数：表4-7-3に求め方を示す）

E：作業効率

Cm：サイクルタイム（min）

表 4-7-3　土量換算係数（f）の求め方

	地山	ほぐし（L）	締固め（C）
地山	1	L	C
ほぐし（L）	1/L	1	C/L
締固め（C）	1/C	L/C	1

（7）建設機械の組合せ

建設機械の使用計画を立てる場合は，作業量をできるだけ平滑化し，施工期間中の使用機械の必要量が大きく変動せず機械の台数が平準化するように，機械工程表を作成し，機械台数が月や週ごとに大きく変動しないか，全体のバランスを考え調整する。

建設機械は，機種・性能により適用範囲が異なり，同じ機能を持つ機械でも作業の種類，工事規模，土質条件，運搬距離などの現場条件により施工能力が異なる。このため，工事施工上の制約条件や建設機械の普及度，作業の安全性が確保できるかなども考慮し，その作業に最も適した建設機械を選定し，その機械の最大限の作業能率を発揮できる施工法を選定することが重要である。

建設機械の合理的な組合せを行うためには，組合せ作業のうちの主作業を明確に選定し，主作業を中心に，各分割工程の施工速度の検討が必要である。また組合せ建設機械の選択では，主要機械の能力を最大限に発揮させるため作業体系を並列化し，可能な限り繰り返し作業を増やすことにより習熟を図り効率を高めるとともに，従作業の施工能力を主作業の施工能力と同等，あるいは幾分高めにし，全体的に作業能力のバランスがとれるよう計画することが重要である。

なお，建設機械の組合せ作業能力は，組み合わせた各建設機械の中で最小の作業能力の建設機械によって決定されるので，各建設機械の作業能力に大きな格差を生じないように規格と台数を決定することが重要である。

8 アスファルト舗装の品質管理[III]

（1）品質管理の方法

受注者は，所定の品質を確保するために，検査基準や過去の施工実績などを考慮し，品質管理の項目，頻度，管理の限界を，最も能率的にかつ経済的に行えるように定める。

品質管理に当たっての留意事項は以下のとおりである。

- 各工程の初期においては，品質管理の各項目に関する試験の頻度を適切に増やし，その時点の作業員や施工機械等の組合せにおける作業工程を速やかに把握しておく。
- 各工程の進捗に伴い，工程の安定と受注者が定めた品質管理の限界を十分満足できることが明確であれば，品質管理の各項目に関する試験頻度を減らしてよい。

・品質管理の結果を工程能力図にプロットし，その結果が管理の限界を外れた場合または一方に片寄っている等の結果が生じた場合，直ちに試験頻度を増して異常の有無を確認する。
・施工途中で作業員や施工機械等の組合せを変更する場合は，品質管理の各項目に関する試験頻度を増やし，新たな組合せによる品質の確認を行う。
・管理の合理化を図るために，現地において非破壊で密度や含水比等の測定が行えるRI（ラジオアイソトープ）計器等の使用や，ICTの活用により生産性の向上と品質の確保を図ることを目的とした情報化施工技術が推進されており，舗装工事ではTSを用いた工法規定方式による施工管理や出来形管理等が行われている。

（2）アスファルト舗装の品質管理に関する試験とその概要

アスファルト舗装の品質管理に関する試験名称とその概要の一例を表4-8-1に示す。

表4-8-1　アスファルト舗装の品質管理に関する試験とその概要

区分	試験名称	試験概要
路床・路盤	締固め試験	試験により乾燥密度と含水比を求め，締固め曲線を作成し，締固め曲線から最大乾燥密度および最適含水比を求める。
	平板載荷試験	直径30cm，厚さ30mm程度の鉄板を整形した地盤に置き，載荷板に加えた荷重と沈下量の関係から支持力係数（K値）を算出。
	RI（Radioisotope）による密度測定	放射性同位元素を利用して路盤の湿潤密度や含水量を測定。
	浸透水量	舗装において直径15cmの円形の舗装路面の路面下に15秒間に浸透する水の量。雨水を路面下に円滑に浸透させる。舗装の構造とする場合における舗装の必須な性能指標。
	プルーフローリング	タイヤローラ等の転圧車輪の沈下・変形量（目視）より締固め不良箇所を知る。
アスファルト舗装	3mプロフィルメータ	3mのはりの両端に移動用の車輪があり，中央部に設置された凹凸測定用の車輪と測定器により，路面の平坦性を測定。
	ベンケルマンビームによるたわみ量測定	車両の移動により生じるアスファルト舗装のたわみ量を測定。
	FWD（Falling Weight Deflectometer）試験	舗装面に錘を落としたときのたわみ量から舗装各層の強度の推定，舗装の構造評価などを行う。
	アスファルトのコア採取	切取りコアの密度を測定し，基層，表層（加熱アスファルト混合物）の締固め度の管理を行う。
	路面すべり抵抗試験	動的摩擦係数の測定。

区分	試験名称	試験概要
アスファルト混合物	ホイールトラッキング試験	アスファルト混合物に荷重調整した小型のゴム車輪を繰り返し走行させ，そのときの変形量から動的安定度や耐流動性を測定。
	ラベリング試験	舗装の耐摩耗性を評価。
	針入度試験	アスファルトの硬さを調べる試験。所定の容器に入ったアスファルトが25℃のときの標準針の貫入量を1/10mmの単位で測定。
	マーシャル安定度試験	アスファルト混合物の配合設計に利用。直径約10.2cm，高さ約6.3cmの円筒形供試体を寝かせた状態で荷重をかけ，供試体が破壊する最大荷重（マーシャル安定度）とそのときの変形量（フロー値）を求める。

また，各工種の品質管理に当たっての留意事項は以下のとおりである。

・構築路床の品質管理には，締固め度，飽和度および強度特性などによる方法（品質規定方式）のほかに，締固め機械の機種と転圧回数による方法（工法規定方式）がある。

・下層路盤の締固め度の管理は，1,000m^{2}程度に1回の密度試験を行うのが一般的であるが，試験施工や工程の初期におけるデータから，所定の締固め度を得るのに必要な転圧回数が求められた場合，現場の作業を定常化して転圧回数で管理することができる。転圧回数による管理に切り替えた場合には，密度試験を併用する必要はない。

・セメント安定処理路盤の品質管理は，セメント量の定量試験または使用量により管理する。

・表層，基層の締固め度の管理は，通常は切取りコアの密度を測定して行うが，コア採取の頻度は工程の初期は多めに，それ以降は少なくして，混合物の温度と締固め状況に注意して行う。

（3）アスファルト舗装の出来形管理

受注者は，道路舗装の出来形管理の項目，頻度，管理の限界を，検査基準と施工能力を考慮し，過去の施工実績などを参考に最も能率的に行えるように定める。一般的には道路舗装の出来形管理は，基準高さ，幅，厚さ，延長，平坦性等について行い，出来形が管理基準を満足するような工事の進め方や作業標準は，事前に決めるとともに，全ての作業員に周知徹底させる。また，出来形測定の各記録は，速やかに整理するとともに，その結果を常に施工に反映させることが大切である。

9 情報化施工（ICT 施工）

近年，施工の効率化や構造物の高品質化，性能発注などの流れを受け，建設工事ではより正確な施工管理や出来形管理が求められている。

土の締固めにおいては，締固め度などによる品質規定方式に加え，情報通信技術（ICT: Information and Communication Technology）を用い，締固め機械の走行軌跡管理や振動ローラの振動挙動から締固め土の品質を評価する情報化施工の導入が進められている。情報化施工は工法規定方式の１つであり，より高効率・高精度な施工，および連続的かつ多くのポイントでの施工データの取得が可能であり，これまで以上の品質確保が期待できる。また施工管理においても，施工データの取得によりトレーサビリティが確保されるとともに，データ管理の簡略化・書類の作成に係る負荷の軽減等が可能となる。

1） TS・GNSS を用いた盛土の締固め

情報化施工の一方法に，TS・GNSS を用いた盛土の締固め管理がある。これは，従来の締固めた土の密度や含水比等を点的に測定する品質規定方式を，事前の試験施工において規定の締固め度を達成する施工仕様（まき出し厚，締固め回数）を使用予定材料の種類ごとに確定し，その施工仕様に基づき TS や GNSS を用いて建設機械を追尾し，位置情報を得ることにより，施工管理を行うものである。

図 4-9-1 に TS を用いた盛土の締固め管理システムの構成例，図 4-9-2 に GNSS を用いた盛土の締固め管理システムの構成例を示す。

TS・GNSS を用いた盛土の施工は，まき出し厚の適切な管理，締固め回数を面的に管理するため，品質の均一化や過転圧の防止等に加え，締固め状況の早期把握による工程短縮が図られる。

なお，TS・GNSS を用いた盛土の締固め管理システムにおける管理項目では，事前の試験施工で確認された所定の締固め回数を確実に管理し，所定の締固め度を確保することが基本となる。この所定の締固め度は，締固め機械の種類（締固め性能）・土質・含水比・まき出し厚・締固め回数が，当初の土質試験・試験施工で決定したとおりのものとなっていることによって確保されるので，TS・GNSS を用いた盛土の締固め管理システムの管理項目は，締固め回数となる。

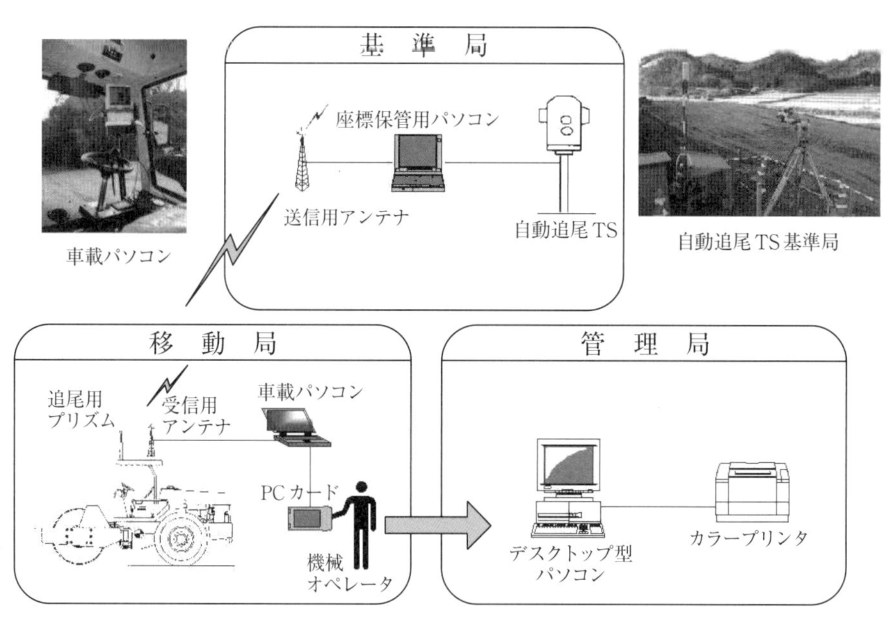

図 4-9-1　TSを用いた盛土の締固め管理システム（例）[11)]

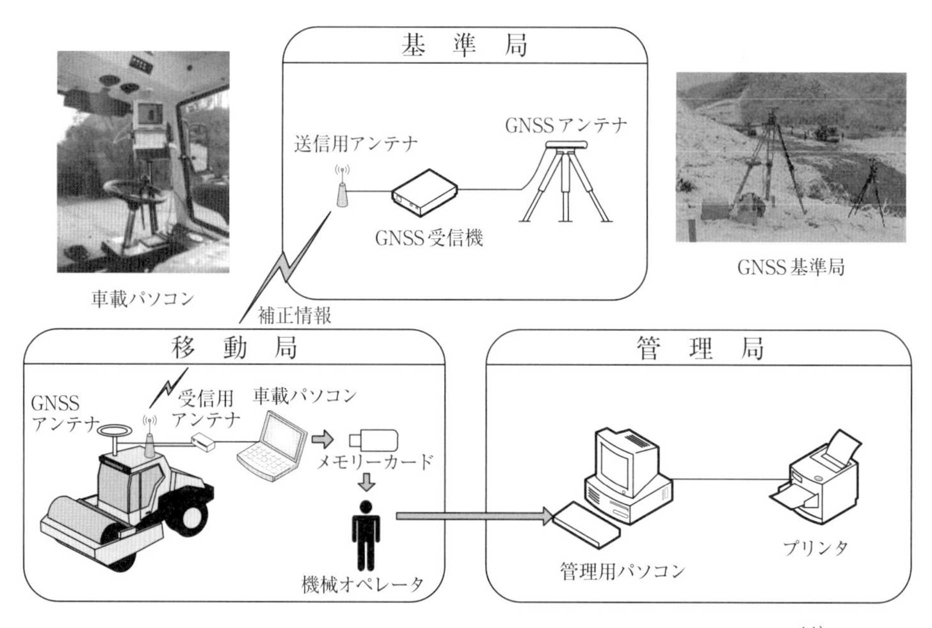

図 4-9-2　GNSSを用いた盛土の締固め管理システム（例）[11)]

※TSを用いたシステムは，締固め機械とTSが1対1の組合せのため，締固め機械の台数に応じて基準局と移動局の機器を増設する必要がある。
※GNSSを用いたシステムでは，締固め機械の台数に応じて移動局の機器のみを増設すればよいため，複数台のシステムを用いる場合はGNSSを用いたシステムの方が適する場合がある。

2) TS・GNSSを用いた盛土の締固めにおける事前管理・確認項目

①システム運用障害の有無

基準局（座標既知点）・移動局（建設機械）間の無線通信に障害が出ない環境であることを確認する。

- ・TSの場合，当該現場でTSから自動追尾用全周プリズムへの視準が遮られないことを確認する。
- ・GNSSの場合，当該現場でFIX解のための十分な衛星捕捉数が得られることを確認する（基本は5個以上）。

②土質試験

使用予定の盛土材料の適性をチェックするほか，突固め試験で得られる締固め曲線により，所定の締固め度が得られる含水比の範囲を確認する。

③試験施工

使用予定の盛土材料の種類ごとに，締固め回数と締固め度・表面沈下量の関係を求め，所定の締固め度および仕上り厚（一般に30cm以下）が得られるような，まき出し厚・締固め回数を確認するとともに，過転圧が懸念される土質では，締固め回数の上限値を確認する。

《参考文献》

Ⅰ）RI計器を用いた盛土の締固め管理要領（案），建設省技調発第150号，平成8年8月16日
Ⅱ）日本道路協会編：『道路土工要綱（平成21年度版）』5-3-2 土量の配分計画（pp.270-273）
Ⅲ）日本道路協会編：『舗装施工便覧（平成18年度版）』10－5品質管理（pp.261-267）

《引用文献》

1）写真提供：サンコーコンサルタント（株）
2）JGS 1521-2012，図1
3）左図『土の締固めと管理』，p.191 図-3.10，土質工学会，1991.8
4）右図 JIS A 1214：2013，図1
5）JGS 1614-2012，図1，図2
6）JGS 1431-2012，図1
7）JIS A 1221：2020，図1
8）日本道路協会編：『道路土工要覧（平成21年度版）』，p.272 解表5-1，2009.6
9）渡部正／滝口健一／清水英樹：『土木施工の基礎技術』，p.69 図2-2-10，経済調査会，2020.3
10）日本道路協会編：『道路土工 - 盛土工指針（平成22年度版）』，p.215 解表5-4-1，2010.4
11）国土交通省：「TS・GNSSを用いた盛土の締固め管理要領（令和2年3月）」，p.14 図2.5，p.15 図2.6

第5章 コンクリート工事の品質管理

1 レディーミクストコンクリート

(1) レディーミクストコンクリートの種類と選定

レディーミクストコンクリートは，整備されたコンクリート製造設備を持つ工場から，荷卸し地点における品質を指定して購入することができるフレッシュコンクリートであり，その購入は，原則としてJIS A 5308「レディーミクストコンクリート」に適合したJIS表示許可工場から行うことが望ましい。

1) レディーミクストコンクリートの種類

レディーミクストコンクリートの種類は，表5-1-1に示すとおりであり，普通コンクリート，軽量コンクリート，舗装コンクリートおよび高強度コンクリートの四つに区分されている。それぞれの区分において，粗骨材の最大寸法，スランプまたはスランプフロー，呼び強度を組み合わせた表中の○から選定して購入する。

表5-1-1 レディーミクストコンクリートの種類（JIS A 5308）

コンクリートの種類	粗骨材の最大寸法(mm)	スランプまたはスランプフロー a) (cm)	呼び強度													
			18	21	24	27	30	33	36	40	42	45	50	55	60	曲げ4.5
普通コンクリート	20，25	8，10，12，15，18	○	○	○	○	○	○	○	○	○	○	−	−	−	−
		21	−	○	○	○	○	○	○	○	○	○	−	−	−	−
		45	−	−	−	○	○	○	○	○	○	○	−	−	−	−
		50	−	−	−	−	−	○	○	○	○	○	−	−	−	−
		55	−	−	−	−	−	−	○	○	○	○	−	−	−	−
		60	−	−	−	−	−	−	−	○	○	○	−	−	−	−
	40	5，8，10，12，15	○	○	○	○	○	−	−	−	−	−	−	−	−	−
軽量コンクリート	15	8，12，15，18，21	○	○	○	○	○	○	○	○	−	−	−	−	−	−
舗装コンクリート	20，25，40	2.5，6.5	−	−	−	−	−	−	−	−	−	−	−	−	−	○
高強度コンクリート	20，25	12，15，18，21	−	−	−	−	−	−	−	−	−	−	○	−	−	−
		45，50，55，60	−	−	−	−	−	−	−	−	−	−	○	○	○	−

注a）荷卸し地点での値であり，45cm，50cm，55cmおよび60cmはスランプフローの値である。

2) 粗骨材の最大寸法の選定

単位水量や単位セメント量が少ない経済的なコンクリートを製造するには，粗骨材最大寸法を大きくする方が有利である。しかしながら，鉄筋量が多くあきが小さい場合には，粗骨材の最大寸法が大きすぎると鉄筋間を通過できなくなり充填不良が生ずるおそれがあるので，粗骨材の最大寸法は，部材の寸法，鉄筋のあきおよびかぶりなどを考慮して決める必要がある。

一般的には，無筋コンクリートあるいは鉄筋量が少ない部材では粗骨材の最大寸法を40mmとし，それ以外の鉄筋コンクリートでは20mmまたは25mmとしている場合が多い。

3）スランプまたはスランプフローの選定

スランプまたはスランプフローは，主として水量の多少によって左右されるフレッシュコンクリートの変形または流動に対する抵抗性のことであり，図5-1-1のような試験によって測定する。スランプコーンにコンクリートを3層に分けて詰め，スランプコーンを静かに鉛直に引き上げたときのコンクリート中央部の下がりがスランプであり，コンクリートの広がりがスランプフローである。

コンクリート打込み時のスランプあるいはスランプフローは，構造部材の種類と形状・寸法，鉄筋量，配筋条件，最小あきおよび締固め作業高さなどの構造条件や施工条件を考慮して設定するのがよく，その目安についてはコンクリート標準示方書を参考にするのがよい。一般的な鉄筋コンクリート構造物の設計図書では，スランプの参考値として12cmが示される場合が多い。

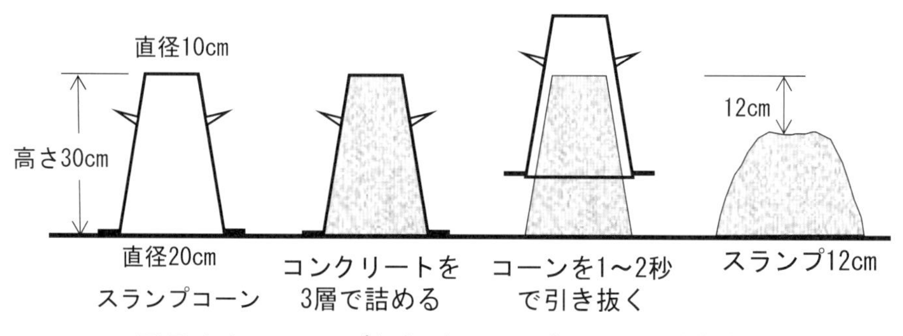

図5-1-1　スランプおよびスランプフローの測定方法

4）呼び強度の選定

呼び強度は，材齢28日または指定の材齢まで，20 ± 2℃の水中養生を行った供試体の強度を保証する数値の呼称であり，強度とは，一般の構造物の場合には圧縮強度，舗装コンクリートの場合には曲げ強度のことである。通常の土木工事では，設計図書で示された設計基準強度の値を満足するためには，設計基準強度と同じ値の呼び強度のコンクリートを指定すればよい。

ただし，一般のコンクリート構造物では，劣化に対する抵抗性（塩害，凍害，化学侵食など）ならびに物質の透過に対する抵抗性（中性化，水の浸透，塩化物イオンの浸透など），化学作用に対する抵抗性などを確保するため，水セメント比の上限が規定される場合が多い。その場合には，設計基準強度も含めたそれら要求性能を満足するよう，最小の水セメント比としなければならない。国土交通省土木工事共通仕様書では，構造物の耐久性を向上させるため，一般の環境条件の構造物に使用するコンクリートの水セメント比を，鉄筋コンクリートについては55％以下，無筋コンクリートについては60％以下と規定している。例えば，構造物の設計基準強度が21N/mm^{2}で，水セメント比の上限が55％と規定されている場合，呼び強度21のコンクリートを指定すると，強度の要求性能は満足するが耐久性の確保から規定される水セメント比の上限55％を満足しない場合が生じる。そのような場合には，配合計画書の水セメント比を確認し，水セメント比の上限55％を満足するよう，1ランクあるいは2ランク上の呼び強度24あるいは27のコンクリートを指定する必要がある。

5）レディーミクストコンクリートの呼び方

レディーミクストコンクリートの呼び方は，下記に示すように，コンクリートの種類による記号，呼び強度，スランプまたはスランプフロー，粗骨材の最大寸法およびセメントの種類による記号の順に表示される。

表示例：　普通　24　12　20　N

ここに，普通：コンクリートの種類による表示（普通，軽量，舗装，高強度）

24：呼び強度

12：スランプまたはスランプフロー

20：粗骨材の最大寸法

N：セメントの種類による記号

N：普通ポルトランドセメント

H：早強ポルトランドセメント

BB：高炉セメントB種

6）購入者と生産者の協議事項

表5-1-1中の○印の組合せ以外の配合については,購入者（工事の施工者）と生産者（コンクリート工場）が協議して，混和材料の種類および使用量，呼び強度を保証する材齢，コンクリートの単位容積質量，コンクリートの最高または最低温度などを指定することができる。

（2）レディーミクストコンクリートの受入検査

1）現場までの運搬方法および運搬時間の限度

レディーミクストコンクリートは，工場からトラックアジテータによって現場まで運搬し，荷卸し地点から打込み地点まで場内を運搬して打ち込まれる。フレッシュコンクリートは，練上がりからの時間の経過に伴って，スランプや空気量が減少するので，練上がり後のできるだけ短い時間内で打ち込むのが基本である。

JIS A 5308（レディーミクストコンクリート）では練混ぜから荷卸しまでの時間を，次のように規定している。

① 普通コンクリートのトラックアジテータ車による運搬は，練混ぜを開始してから1.5時間以内としなければならない。ただし，購入者と協議の上，運搬時間の限度を変更することができる。

② スランプ5cmのコンクリートは，トラックアジテータ車で運搬し，スランプ5cm未満の舗装コンクリートはダンプトラックで運搬しなければならない。

③ スランプ2.5cmの舗装コンクリートのダンプトラックによる運搬時間は，練混ぜを開始してから1時間以内としなければならない。

2） 受け入れ時の品質検査

レディーミクストコンクリートの品質の責任範囲は，荷卸しまでが生産者であり，それ以降は購入者となる。そのため，工事現場まで運搬されたコンクリートの受入検査は，荷卸し地点において購入者が自ら実施するのが原則である。

JIS A 5308（レディーミクストコンクリート）における品質規定は，強度，スランプまたはスランプフロー，空気量および塩化物含有量であり，試験頻度は普通コンクリート，軽量コンクリートおよび舗装コンクリートでは150m^{3}に1回，高強度コンクリートでは100m^{3}に1回の割合を標準としている。

①強度

コンクリートの強度は，次の条件を満足しなければならない。

ア．1回の試験結果は呼び強度の値の85%以上でなければならない。なお，1回の試験結果とは，採取したコンクリート試料から作製した3本の供試体の平均値のことである

イ．3回の試験結果の平均値は呼び強度の値以上でなければならない。

圧縮強度の測定は「JIS A 1108　コンクリートの圧縮強度試験方法」によって，曲げ強度の測定は「JIS A 1106　コンクリートの曲げ強度試験方法」に準拠して行う。

②スランプまたはスランプフロー

荷卸し地点でのスランプまたはスランプフローの許容差は，表5-1-2，表5-1-3でなければならない。スランプまたはスランプフローの測定は，「JIS A 1101　コンクリートのスランプ試験方法」および「JIS A 1150　コンクリートのスランプフロー試験方法」に準拠して行う。

表 5-1-2　荷卸し地点でのスランプの許容差

スランプ（cm）	スランプの許容差（cm）
2.5	±1
2.5 および 6.5	±1.5
8 以上 18 以下	±2.5
21	±1.5

（注）呼び強度27以上で高性能AE減水剤を使用する場合は，±2とする。

表 5-1-3　荷卸し地点でのスランプフローの許容差

スランプフロー（cm）	スランプフローの許容差（cm）
45，50 および 55	±7.5
60	±10

③空気量

荷卸し地点での空気量およびその許容差は，コンクリートの種類に応じて表5-1-4に示すとおりでなければならない。コンクリートの種類によって空気量の規定は異なるが，許容差は全て同一で±1.5%である。空気量の測定は，一般に「JIS A 1128　フレッシュコンクリートの空気量の圧力による試験方法-空気室圧力方法-」に準拠して行われる。

表 5-1-4　荷卸し地点での空気量およびその許容差

コンクリートの種類	空気量（%）	空気量の許容差（%）
普通コンクリート	4.5	±1.5
軽量コンクリート	5.0	
舗装コンクリート	4.5	
高強度コンクリート	4.5	

④塩化物含有量

コンクリート中に一定量以上の塩化物が存在すると，埋め込まれている鋼材の不動態被膜が破壊され腐食が生ずる。そのため，次のように塩化物イオン（Cl^-）量の上限が規定されている。

ア．塩化物イオン（Cl^-）量は0.30kg/m^3以下でなければならない。

イ．購入者の承認を受けた場合には，0.60kg/m^3以下とすることができる。

塩化物イオン量の測定は，公的機関などによって「精度が確認された塩化物含有量測定器」を用いる必要があり，（一財）国土開発技術研究センターから技術評価を受けた試験紙（モール法），検知管法，イオン電極法，電極電流測定法，電量測定法硝酸銀滴定法などがある。

なお，塩化物含有量の検査に限っては，工場出荷時でも，荷卸し地点でも異なることがないので，工場出荷時に行うことができる。また，塩化物含有量の規定値には，許容差が認められていない。

⑤スランプ，空気量の一方または両方が許容範囲を外れた場合の対応

試験の結果，スランプ，空気量の一方または両方が上記の許容範囲を外れた場合には，新しくコンクリート試料をトラックアジテータ車から採取して1回に限り試験を行うことができ，それぞれ両方が規格を満足すれば合格とすることができる。

3） 単位水量の検査

上記「2）受け入れ時の品質検査」は，JIS A 5308（レディーミクストコンクリート）における受入検査規定であるが，国土交通省の通知では単位水量の検査も義務付けている。これは，1日のコンクリートの打込み量が100m^{3}を超える工事では，1日2回（午前，午後各1回），重要な構造物では100～150m^{3}に1回単位水量を測定することを義務付けている。測定には「レディーミクストコンクリート単位水量測定要領」（平成16年3月）に示されているエアメータ法かそれと同等以上の精度を有する加熱乾燥法，単位容積質量法，RI法，静電容量法などがある。

測定結果に対する判定基準は次のとおりである。

① 測定単位水量が設計配合±15kg/m^{3}以下の場合は打設してよい。

② 測定単位水量が設計配合±15kg/m^{3}を超え±20kg/m^{3}の範囲にある場合は打設し，水量変動の原因を調査，改善を指示する。

③ 測定単位水量が設計配合±20kg/m^{3}を超えた場合は打設しない。

2 コンクリートの打込みから型枠・支保工の取外しまでの管理

コンクリート打込み前の準備，打込み，締固め，仕上げ，養生および型枠・支保工の取外しに関する管理項目・方法として，土木学会「コンクリート標準示方書　施工編」および，国土交通省「土木工事共通仕様書」では，以下のように示されている。

（1）打込み前の準備・確認

コンクリートの打込みに先立ち，以下のことを確認しなければならない。

① 鉄筋，型枠，その他が設計および施工計画で定められた配置であること，および堅固に固定されていることを確認する。

② 型枠内部を清掃し，ごみや木片，金属片などがないことを確認する。

③ 旧コンクリートやせき板面などの吸水するおそれのある所が湿潤状態にあることを確認する。

④ 溜まり水がある場合には取り除くとともに，水が流入しないような処置を講ずる。

（2）打込み・締固め・仕上げ時の管理

1）打込み時間の管理

コンクリートの品質は，時間の経過とともに変化するので，できるだけ速やかに打ち込まなければならない。

① コンクリートの練混ぜを開始してから打ち終わるまでの時間は，外気温が25℃を超えるときで1.5時間以内，25℃以下のときで2時間以内を標準とする。

② コンクリートを2層以上に分けて打ち込む場合，下層と上層の境目にコールドジョイントが発生しないよう，下層コンクリートが固まり始める前に上層のコンクリートを打ち重ねなければならない。許容される打重ね時間間隔の標準は表5-2-1に示すとおりである。

③ コールドジョイントとは，コンクリートを層状に打ち込む場合に，先に打ち込んだコンクリートと後から打ち込んだコンクリートとの間が完全に一体化していない不連続面のことであり，棒状バイブレータを先に打ち込んだコンクリートまで挿入しなかったり，先に打ち込んだコンクリートが固まり始めてから上層を打込んだりした場合に発生する。その例を写真5-2-1に示す。

表5-2-1　許容打重ね時間間隔[1)]

外気温	許容打重ね時間間隔
25℃以下	2.5時間
25℃を超える	2.0時間

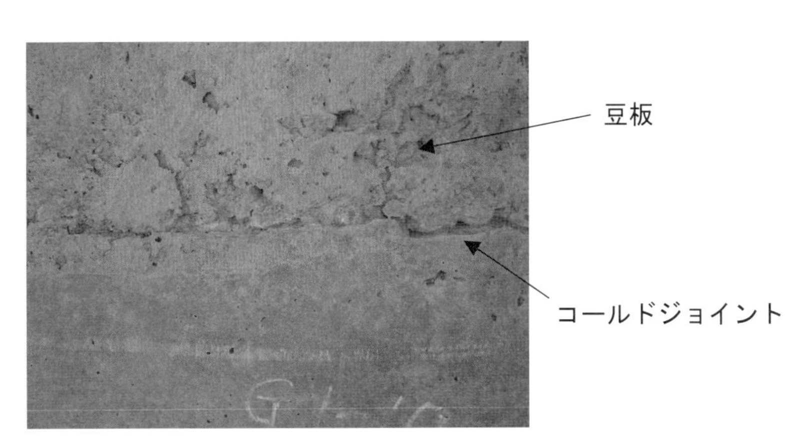

写真5-2-1　コールドジョイントおよび豆板（ジャンカ）の発生事例

2）材料分離を抑制するための打込み方法の管理

コンクリート打込み中に生ずる材料分離としては，写真5-2-1に示したような粗骨材分とモルタル分あるいはセメントペースト分が分離する現象（この状態で硬化したものを豆板あるいはジャンカと呼ぶ）と，固体材料の沈降または分離によって，練混ぜ水の一部が遊離して上昇する現象（ブリーディング）がある。このような現象を生じさせないために以下のような打込み管理が必要である。

① 打ち込んだコンクリートを棒状バイブレータなどで横移動させない。

② コンクリート表面が一区画内でほぼ水平になるよう，1 層の高さは 40 ～ 50cm 以下とし，打上がり速度は，30 分につき 1 ～ 1.5m 程度を標準とする。

③ 斜めシュートによる打込みは，図 5-2-1 に示すように材料分離が生じないようその傾きを水平 2 に対して鉛直 1 程度とし，吐出口に漏斗管やバッフルプレートなどを設けて落下時の材料分離を抑制する。

④ コンクリートの落下高が大きいと，コンクリートが型枠や鉄筋に衝突して材料分離を起こしやすいので，シュート，ポンプ配管，バケット等の吐出口から打込み面までの落下高さは図 5-2-1 に示すように 1.5m 以内とする。

⑤ コンクリートの打込み中にブリーディングが発生した場合は，スポンジやひしゃく，小型水中ポンプなど適当な方法で取り除いてから，新たなコンクリートを打ち込む。

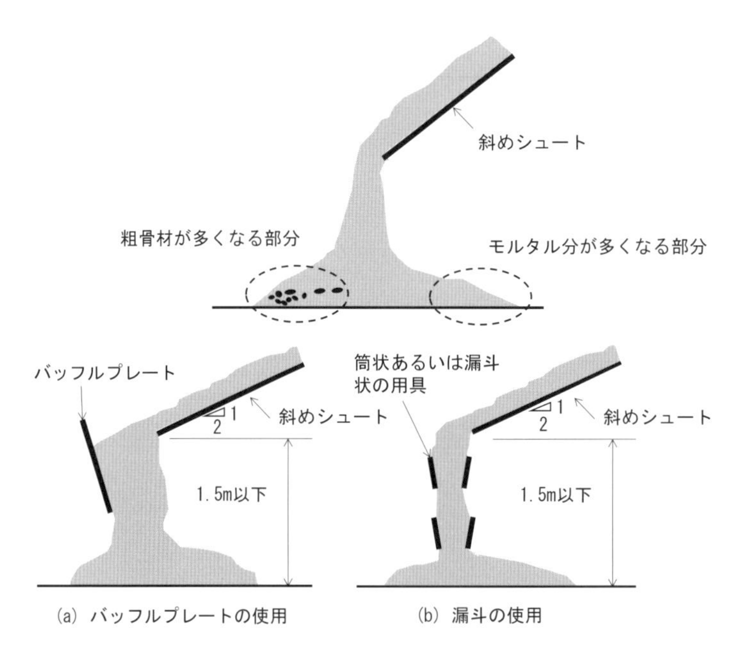

図 5-2-1　シュートによる打込み方法および落下高さの制限

3） 棒状バイブレータによる締固めの管理

コンクリートの締固めは，コンクリート打込み後速やかに棒状バイブレータや型枠バイブレータなどで，コンクリート内部に巻き込まれたエントラップトエアを追い出すとともに，鉄筋間および型枠の隅々までコンクリートを充填するために行う。コンクリートにある一定以上の振動を加えると，粘性が急激に低下して液状化することによって，内部の気泡を浮上させて密実な状態になる。

① 締固めには，棒状バイブレータ（内部振動機）を用いることを原則とするが，薄い壁などでその使用が困難な場合には，型枠バイブレータ（型枠振動機）を使用する。

② 棒状バイブレータは，なるべく鉛直に挿入し，その間隔は振動が有効と認められる範囲の直径以下とする。挿入間隔は図 5-2-2 に示すように一般には 50cm 以下が標準である。

③ 棒状バイブレータは，図 5-2-2 に示すように下層のコンクリート中に 10cm 程度挿入し，1 箇所当たりの振動時間は 5 ～ 15 秒とする。

④ 最適な締固め時間は，コンクリートの配合や使用する振動機の性能およびその他の施工条件によって異なるので,エントラップトエアが抜け,表面にセメントペーストが浮き上がって光沢が表れた時点を目視で確認しながら行うことが大切である。

⑤ 棒状バイブレータの引抜きは徐々に行い，穴が残らないようにする。

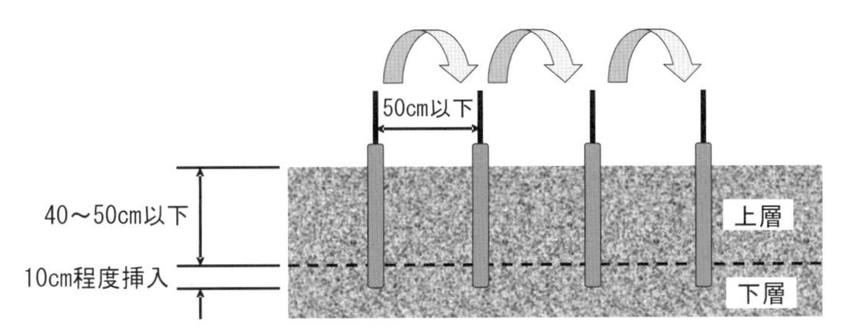

図 5-2-2　コンクリートの締固め方法の標準

4）表面仕上げおよび沈下ひび割れに対する処置

コンクリート打込み面の表面仕上げは,締固め直後にトンボなどで平坦に均したのちに,木ごてなどを用いた荒仕上げを行い，ブリーディングが引いた時点頃に木ごてあるいは金ごてで平滑に仕上げるのが一般的である。

① コテ仕上げを過度に行うと表面にセメントペーストが集まって収縮ひび割れ発生の原因となるので注意が必要である。

② 図 5-2-3 に示すように，硬化過程のコンクリートの沈下が水平鉄筋によって拘束されることで，沈下ひび割れが発生する場合がある。このような場合には，図 5-2-4 に示すように表面をコテでたたいて締固めるタンピングなどによってひび割れを消去してから仕上げを行う必要がある。

③ スラブまたははりのコンクリートが壁または柱のコンクリートと連続している場

合には，図5-2-5に示すような沈下ひび割れが発生する場合がある。高さの大きい柱あるいは壁を打ち込んで1～2時間して沈下が終了してからスラブのコンクリートを打ち込むようにするとよい。もし，沈下ひび割れが発生した場合には，直ちにタンピングや再振動により，沈下ひび割れを消去してから仕上げを行う必要がある。

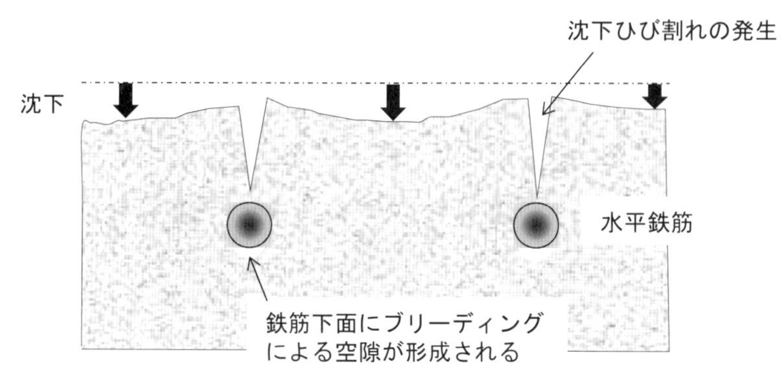

図5-2-3　水平鉄筋直上の沈下ひび割れ

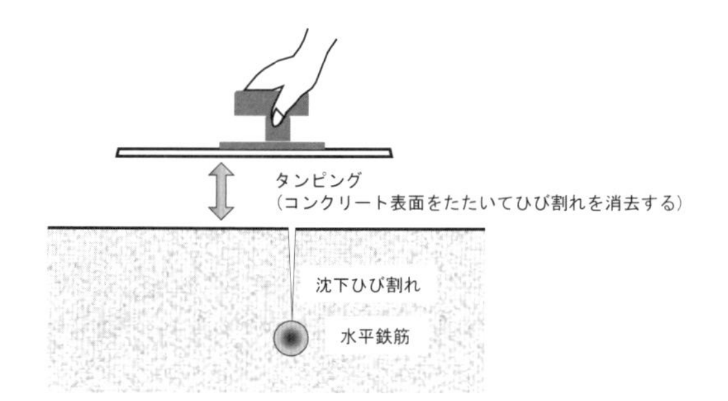

図5-2-4　コテ仕上げ時のタンピングによる沈下ひび割れの消去

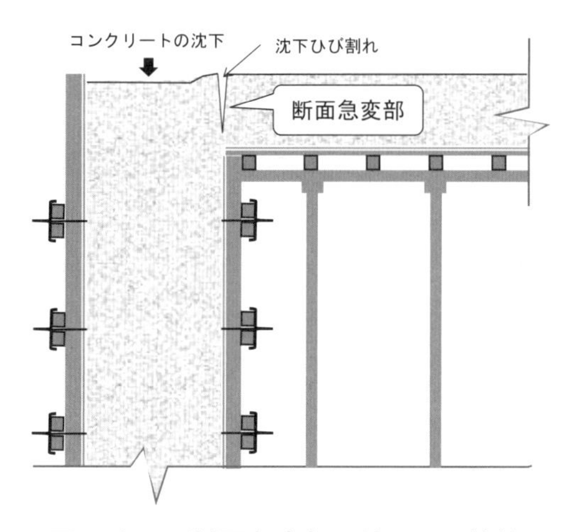

図5-2-5　断面急変部の沈下ひび割れ

（3）養生の管理

コンクリートの養生は，打込み終了後からの一定期間，適切な温度と湿度に保つことで，セメントの水和反応を確実にして，強度の発現および物質透過性に対する抵抗性を確保するとともに，荷重，振動，衝撃および強い降雨などの有害な作用から保護することを目的として行われる。

① 湿潤養生が必要な期間は，使用するセメントの種類と日平均気温に応じて表5-2-2のように定められている。

② 表5-2-2に示した期間中は，型枠・支保工の取外しに必要な強度に達した後（表5-2-3）であっても湿潤状態を保たなければならない。

表 5-2-2　湿潤養生期間の標準 2)

日平均気温	早強ポルトランドセメント	普通ポルトランドセメント	混合セメントB種
15℃以上	3日	5日	7日
10℃以上	4日	7日	9日
5℃以上	5日	9日	12日

（4）打継目の位置および打継面の処理

コンクリートの打継目には，水平方向に打ち継ぐ水平打継目と鉛直方向に打ち継ぐ鉛直打継目とがあり，打継目に求められる性能としては，構造的安全性と物質の透過に対する抵抗性がある。

① 打継目の位置およびその構造は，設計図書に従わなければならない。

② 設計図書で定められていない場合は，できるだけせん断力が小さい位置に設けるようにする。

③ はり部材および床版部材では，せん断力の小さいスパンの中央付近に，柱部材および壁部材ではその最下端に設けるのがよい。

④ やむを得ずせん断力の大きな位置に設ける場合には，ほぞまたは溝を造るか，あるいは鋼棒（ダウエルバー）を配置してせん断力を確実に伝達できるよう補強しなければならない。

⑤ アーチ状の構造物ではアーチ軸に直角に設けるのがよい。

⑥ 打継目を通して，水，酸素，塩分などの有害物質が浸透して鉄筋腐食を促進する可能性が高いので，海洋構造物では，感潮帯には打継目を設けないようにする。

⑦ コンクリートを新たに打ち継ぐ場合には，既設コンクリート表面のレイタンス，品質の悪いコンクリートおよび緩んでいる骨材を取り除き，コンクリート表面を粗にした後，十分に吸水させなければならない。

（5）型枠・支保工の取外し

型枠および支保工は，鉛直方向荷重，水平方向荷重およびコンクリートの側圧に対して，十分な強度と剛性を有するよう設計・組立てが行われ，その取外しは以下のとおりとしなければならない。

① コンクリートが自重および施工期間中に加わる荷重を受けるのに必要な強度に達するまで，型枠および支保工は取り外してはならない。

② 型枠および支保工の取外しの順序は，比較的荷重が小さい部材から行うことを原則とする。柱，壁などの鉛直部材の型枠・支保工は，スラブ，はりなどの水平部材のそれよりも先に取り外し，はりの両側面の型枠・支保工は，底面よりも先に取り外すのがよい。

③ 型枠および支保工の取外しに必要なコンクリートの圧縮強度の目安は表5-2-3のとおりである。

表5-2-3　型枠および支保工の取外しに必要なコンクリートの圧縮強度の参考値[3)]

部材面の種類	例	コンクリートの圧縮強度 (N/mm^2)
厚い部材の鉛直または鉛直に近い面，傾いた上面，小さいアーチの外面	フーチングの側面	3.5
薄い部材の鉛直または鉛直に近い面，45°より急な傾きの下面，小さいアーチの内面	柱，壁，はりの側面	5.0
橋，建物等のスラブおよびはり，45°より緩い傾きの下面	スラブ，はりの底面，アーチの内面	14.0

3 鉄筋工

（1）鉄筋の品質および加工の検査

鉄筋の加工は，専用の鉄筋加工場あるいは工事現場にて行われる。鉄筋の品質および加工の管理・検査の方法は次のとおりである。

① 鉄筋の受入検査は，鉄筋の製造会社が発行する鋼材検査証明書（ミルシート）が設計図書に示されている規格に適合しているかどうかを確認するとともに，鉄筋の荷札（メタルタグ）に記載されている内容が鋼材規格証明書と合致していることを確認する。

② 加工された鉄筋が現場に搬入されたときの受入検査としては，鉄筋に刻印されているロールマークにより所定の鉄筋であることを確認する。

③ 鉄筋の加工は常温で行うことを原則とし，曲げ加工は決められた所定の曲げ半径で行うものとし，曲げ戻しは行ってはならない。

④ 現場での鉄筋の保管は，直接地面に接しないように角材の上に置いて室内に貯蔵

するか，シートなどで覆いをして雨や潮風に直接当たらないように貯蔵する。

⑤ 鉄筋加工寸法の許容誤差は表 5-3-1 に示すとおりでなければならない。

表 5-3-1 鉄筋加工寸法の許容誤差 4)

鉄筋の種類		記号（右図による）	許容誤差（mm）
スターラップ，帯鉄筋，らせん鉄筋		a，b	±5
その他の鉄筋	径 28mm 以下の丸鋼・D25 以下の異形鉄筋	a，b	±15
	径 32mm 以下の丸鋼・D29 以上 D32 以下の異形鉄筋	a，b	±20
加工後の全長		L	±20

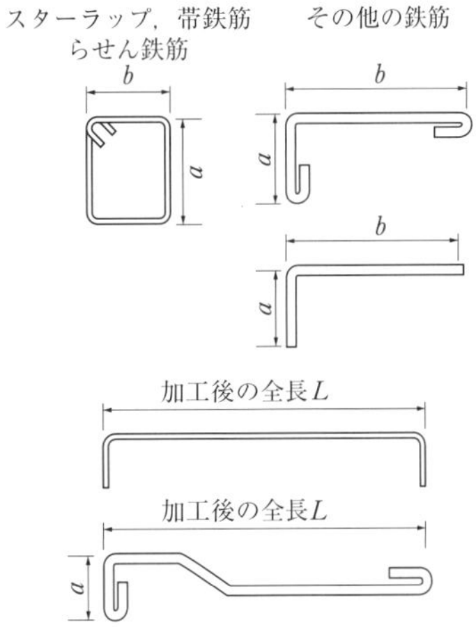

（2）鉄筋の組立て検査

鉄筋の組立ては，設計図書に定められている正しい形状・寸法で，材質を害さない適切な方法で所定の位置に配置するとともに，コンクリートの打込みが完了するまで移動しないよう堅固に組み立てなければならない。

① 鉄筋を組み立てる際の交点は，直径 0.8mm 以上の焼なまし鉄線あるいは専用のクリップなどで緊結するものとし，溶接は行ってはならない。

② 鉄筋とせき板との間隔はスペーサを用いて正しい位置に保つようにする。スペーサとしては本体コンクリートと同等以上の品質を有するコンクリート製あるいはモルタル製のものを使用する。鉄製はコンクリート表面に露出して腐食することや，プラスチック製はコンクリートとの熱膨張率の相違，付着および耐荷力不足等の問題があるため使用してはならない。

③ スペーサの数は，はり，床版等で 1m^2 当たり 4 個以上，ウェブ，壁および柱で 1m^2 当たり 2 ～ 4 個以上を配置するのが一般的である。

④ 鉄筋の組立て誤差は，柱・はり・壁などの一般的な構造物では，有効高さの設計寸法の±3%または±30mm のうち小さい値とする。また，鉄筋の中心間隔は±20mm 程度の範囲とし，継手部も含めて，全ての位置において最小のかぶりは確保しなければならない。

⑤ かぶりの測定値は，設計図書に明記されているかぶりから，設計時に設定した施工誤差を差し引いた値より大きくなければならない。

⑥ はり部材の軸方向鉄筋の水平あきは 20mm 以上，粗骨材最大寸法の 4/3 以上，

鉄筋の直径以上とし，棒状バイブレータを挿入するための広さを確保する。

⑦ 柱部材における軸方向鉄筋のあきは40mm以上，粗骨材最大寸法の4/3以上，鉄筋直径の1.5倍以上としなければならない。

⑧ 鉄筋の継手部と隣接する鉄筋とのあきまたは継手部相互のあきは，粗骨材の最大寸法以上としなければならない。

（3）鉄筋継手の検査

鉄筋の継手は，構造上の弱点となるおそれがあるため，断面力が大きい柱の基部や，はりのスパン中央部に設けることを避けなければならない。また，継手を同一断面に集めること（イモ継手）は避け，継手を互いにずらした千鳥配置とするのを原則とする。

1） 重ね継手

所定の長さの鉄筋を平行に重ね合わせて，焼なまし鉄線で複数箇所緊結する継手であり，周囲のコンクリートとの付着力を利用して鉄筋を一体化する継手である。

① なまし鉄線が長いとコンクリートとの付着を阻害するおそれがあるので，巻付け長さは必要最小限としなければならない。

② 重ね継手長さは，コンクリート標準示方書で示されている算出式から求められる長さ以上かつ鉄筋直径の20倍以上としなければならない。

③ 鉄筋の直径が大きくなると重ね継手の長さが不経済になり，コンクリート打込みなどの施工性が悪くなるため，D32程度までの鉄筋継手に採用されている。

2） ガス圧接継手

ガス圧接継手は，図5-3-1に示すように，鉄筋端面同士を突合せ，鉄筋軸方向に圧縮力を加えながら突合せ部分を酸素とアセチレンガスの炎で加熱し，接合端面を溶かすことなく赤熱状態にして直接接合する工法である

① 作業は，認証された技量資格者が行わなければならない。資格種別は，圧接作業を行う鉄筋の種類および鉄筋径によって1～4種に区分されている。

② 鉄筋の突合せ面および周辺にさび，油脂，塗料などが付着している場合は完全に除去するとともに，圧接面が直角かつ平滑であることを確認しなければならない。

③ 鉄筋圧接部の検査は，外観検査と超音波探傷検査によって行い，超音波探傷検査は，鉄筋軸方向から圧接部に向かって超音波を入射させる斜角二探触子法によるものとする。

④ 圧接部のずれが規定値を超えた場合は，圧接部を切り取って再圧接する。

⑤ 超音波探傷法で不合格と判定された場合は，圧接部を切り取って再圧接するか，規定の重ね長さを確保した添筋で補強する。

⑥ 外観検査で折れ曲がりが確認されて不合格となった場合は，再加熱して修正する。

⑦ 圧接部の膨らみが規定値を満たさない場合は，再加熱・加圧により修正する。

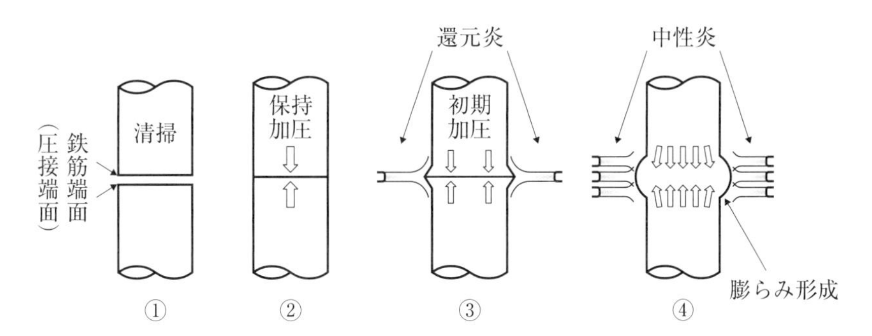

図 5-3-1　ガス圧接継手の概要

3)　熱間押抜ガス圧接継手

熱間押抜ガス圧接継手は，手動ガス圧接で膨らみを形成後，その膨らみ部がまだ赤熱状態のときにせん断刃で鉄筋径の1.2倍程度に押し抜き除去する工法である。

① 目視判定のみで精度の高い検査ができることが特徴である。

② 外観検査は全数行い，膨らみを押し抜いた後の圧接面の割れやへこみ，過熱（オーバーヒート）などによる表面不整，膨らみ長さ，その他有害と認められる欠陥を目視判定する。

4)　フレア溶接継手

フレア溶接継手は，鉄筋同士を平行して重ね合わせて鉄筋と鉄筋の片側のみを溶接する工法である。

① 重ね継手やガス圧接継手などに比べて安定した品質が得にくい。

② 超音波探傷などによる非破壊検査ができない。

5)　ねじ節鉄筋継手

ねじ節鉄筋継手は図5-3-2に示すように，鉄筋の製造段階（熱間圧延）で，鉄筋表面の節をねじ状に形成した異形鉄筋を，内側をねじ加工した鋼管（カプラー）で接合した後，鉄筋とカプラーの隙間にグラウト材を注入して固定する工法である。

① 超音波測定と外観目視によって検査する。

② 外観検査の項目は，カプラーに有害な損傷がないか，挿入マークが施されているか，カプラー端が挿入マークの所定の位置にあるか，合わせマークがずれていないか，カプラーの両端からグラウト材が溢れ出ているかなどである。

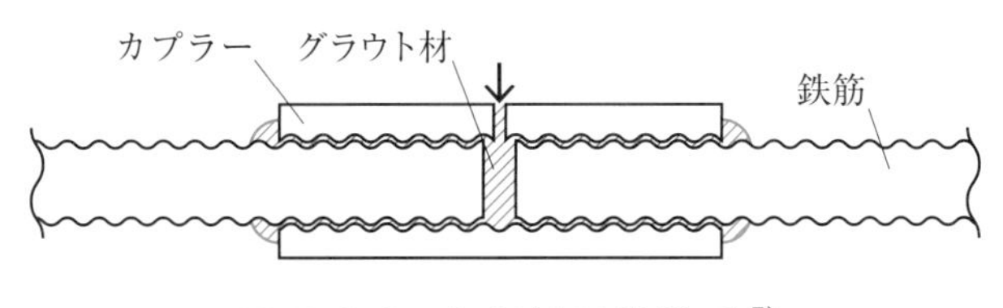

図 5-3-2　ねじ節鉄筋継手 [5)]

6） モルタル充填継手

モルタル充填継手は図 5-3-3 に示すように，内側をリブ加工した継手用鋼管（スリーブ）を鉄筋継手部に挿入し，鉄筋との隙間に高強度モルタルを充填して接合する工法である。

① 超音波測定と外観目視によって検査する。

② 外観検査の項目は，スリーブに有害な損傷がないか，挿入マークが施されているか，スリーブ端が挿入マークの所定の位置にあるか，空気排出孔よりモルタルが排出しているかなどである。

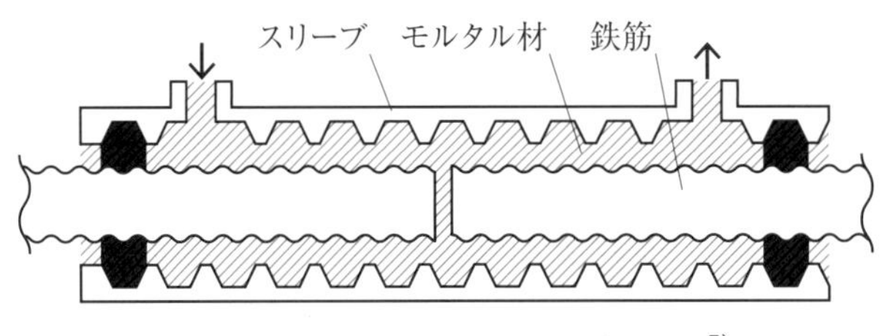

図 5-3-3 モルタル充填継手 5)

4 コンクリート構造物の検査

（1）コンクリート構造物の品質検査

コンクリート構造物の検査は，竣工検査で実施されるもののほかに，コンクリートの受入検査または施工の検査で合格と判定されない場合などでも実施される。

1） コンクリート構造体の圧縮強度

コンクリート構造体の圧縮強度の検査には以下の方法がある。

① 反発硬度法：テストハンマー試験とも称されており，バネなどの力を利用した重錘でコンクリート表面を打撃し，その反発硬度を測定して強度を推定する。一般に，竣工検査時に実施される。（写真 5-4-1）

② コア採取法：粗骨材最大寸法の 3 倍以上の直径のコンクリートコアを採取して圧縮強度試験を行い，構造体強度を直接的に測定する。

③ 小径コア法：直径 25mm 程度のコアを採取して圧縮強度試験を行い，小径コアと直径 100mm コアの関係式から補正して構造体強度を推定する。一般に，上記①の竣工検査時の反発硬度法による試験で合格と判定されない場合に実施されている。

④ 衝撃弾性波法：コンクリートの弾性波伝播速度を測定して圧縮強度を推定するほか，部材厚さおよびひび割れ深さなどを非破壊で推定する方法である。

写真 5-4-1　反発硬度法

2） 鉄筋の位置・かぶり

コンクリート内部に配置された鉄筋の直径，深さおよび間隔などを測定するには以下の方法がある。

① 電磁誘導法：銅線を円形に巻いたコイルに交流電流を流すと磁界が発生する（一次磁界）。この磁界内に鉄筋が存在すると，その鉄筋に誘導電流が発生し，別の磁界が発生する（二次磁界）。この磁束の変化により鉄筋の位置，深さ（かぶり），鉄筋径を測定する。コンクリート表面から深さ 150mm 程度の鉄筋探査に適用できる。

② 電磁波反射法（電磁レーダ法）：電磁波をアンテナから送信し，コンクリートと探査対象となる鉄筋との電気的性質の違いから発生する反射波を受信して鉄筋の位置，深さ（かぶり）を測定する。コンクリート表面から 300mm 程度までの鉄筋探査に適用できる。（図 5-4-1）

③ X 線透過撮影法：X 線を透過させ，内部の鋼材は放射線を透過しにくく，空洞等の気体は放射線を透過しやすいという性質を利用して，コンクリート内部を実体に近い状態で撮影することで，鉄筋位置や内部空隙を測定する。厚さ 300mm 程度の鉄筋コンクリートに適用できる。

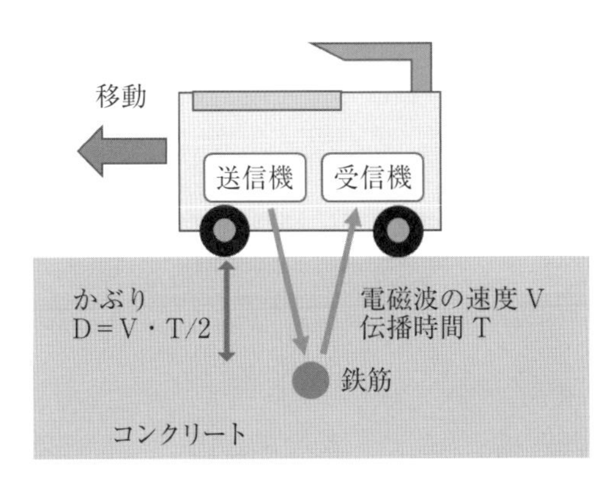

図 5-4-1　電磁波反射法（電磁レーダ法）による鉄筋位置の探査方法

3) その他の検査方法

上記以外に下記のような調査・検査法がある。

①超音波法によるひび割れ深さの測定

ひび割れを挟んで発振探触子と受振探触子を等距離に設置し，探触子をひび割れから離したときの受振波の立ち上がり（位相）が，ある距離で反転することを利用してひび割れ深さを測定する。

②赤外線法（サーモグラフィー法）による剥離・空隙の検出

コンクリート表面から放射される赤外線を放射温度計で測定し，温度分布を画像にて表示して，コンクリート内部の空隙や剥離箇所を検出する。

③自然電位法による鉄筋腐食の調査

鉄筋が腐食すると電位が変化することを利用し，電位差計と照合電極からなる装置を用いて電位差を測定して鉄筋の腐食状況を調査する。

（2）部材あるいは構造物の載荷試験による検査

構造物の施工段階あるいは完成時の検査で何らかの不合格があった場合や，検査が不十分な場合，または特に必要と認めた場合には，構造物の性能の確認を行い，構造的安全性の評価を行う。その方法の一つとして，部材あるいは構造物に荷重を作用させて，そのときの発生応力や変位を測定して評価する載荷試験がある。

5 コンクリート構造物の劣化とその抑制対策

コンクリート構造物における代表的な劣化原因と施工上の対策は下記のとおりである。

（1）中性化による劣化と対策

1) 劣化機構

中性化とは，コンクリート内部に大気中の二酸化炭素が浸透してpHが低下する現象である。コンクリートはpHが12～13の高アルカリ性であるが，二酸化炭素によって水酸化カルシウムなどのセメント水和物が炭酸カルシウムとなって細孔溶液のpHが低下する。高アルカリ環境のコンクリート中にある鉄筋表面には不動態被膜が形成されているが，pHが概ね11より低くなると不動態被膜が破壊されて鉄筋腐食が生じ，その膨張圧によってコンクリートのひび割れやかぶりの剥落および鉄筋の断面減少などによって構造物の性能が低下する。

2) 中性化の進行に及ぼす影響

コンクリートの中性化に影響する材料・配合の要因は，水セメント比，セメント・混和材料の種類などが挙げられ，密実なコンクリートほど中性化の進行は遅い。一般の環境下における中性化の深さは，構造物の供用年数ｔの平方根に比例して進行する（ルートｔ則）。その進行速度は，コンクリート表面が適度な乾燥と湿潤が繰り返される場合は速く，常時乾燥状態あるいは常時湿潤状態にある場合は極めて遅い。

3）かぶりの管理

中性化による鉄筋腐食の大きな原因の一つにかぶり不足が挙げられる。かぶりの検査は，鉄筋の組立て時およびコンクリート打込み前に行われるが，コンクリートの打込み作業時に鉄筋が動いてかぶり不足が生ずる場合がある。そのようなことが生じないよう，スペーサを確実に設置するとともに堅固に鉄筋を組み立てることが重要である。

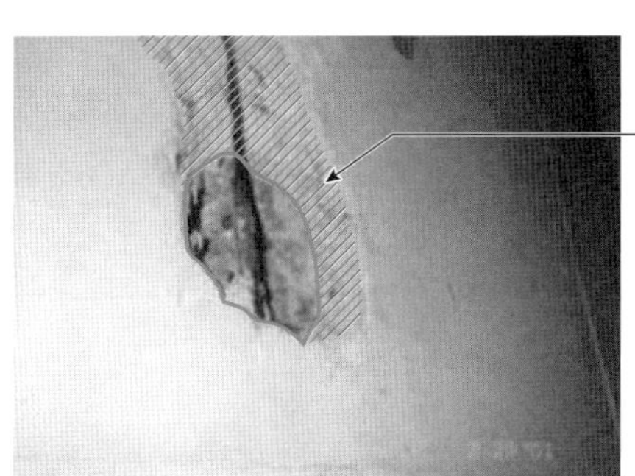

写真 5-5-1　中性化による鉄筋腐食の例

（2）塩害（塩化物イオンによる劣化）と対策

1）劣化機構

塩害とは，塩化物イオンによって鋼材が腐食して，コンクリートのひび割れやかぶりの剥落を誘発し，鋼材の断面減少により耐荷力などの性能が低下する現象である。塩化物イオンが存在する原因としては，コンクリート製造段階の材料（セメント，骨材，水など）に含まれている内在塩化物イオンと，海水，飛来塩分あるいは凍結防止剤などのようにコンクリートの外部から浸透する外来塩化物イオンとがある。

2）内在塩化物イオンの上限規制

コンクリート練混ぜ時に含まれる塩化物は，塩化物イオン量として，JIS A 5308（レディーミクストコンクリート）では0.3kg/m^{3}以下でなければならないと規定している。ただし，購入者の承認を受けた場合は0.6kg/m^{3}以下とすることができる。

3）外来塩化物イオンの浸透抑制対策，鋼材の防食

外来塩化物イオンによる塩害対策としては，かぶりコンクリートへの塩分浸透を抑制するために，水セメントをできるだけ小さくし，入念に施工することや，高炉スラグ微粉末などを適切に使用することが効果的である。また，表面被覆，表面含浸剤の塗布などで浸透を抑制することや，防食性の鋼材（エポキシ樹脂塗装鉄筋，ステンレス鉄筋など）を使用すること，鉄筋の電位制御（電気防食）などがある。

（3）アルカリシリカ反応（ASR）による劣化と対策

1） 劣化機構

アルカリシリカ反応とは，セメント中に含まれているアルカリ分と骨材中のシリカ分が化学反応を起こして膨張を生じさせる現象のことである。アルカリシリカ反応が生じるための三つの条件は，下記のとおりである。

ア．反応性の鉱物が存在すること

イ．十分なアルカリ量が存在すること

ウ．十分な水分が供給されること

アルカリシリカ反応によるひび割れは，建設後数年してから発生する場合が多く，その発生パターンは鉄筋などによる拘束状態によって異なる。鉄筋量が少ない構造物では網目状あるいは亀甲状となることが多く，鉄筋量が多い部材やプレストレストコンクリート部材では，拘束方向にひび割れが発生する場合が多い。劣化によってコンクリートの弾性係数が大きく低下するので，構造物の剛性が低下して変形する場合がある。また，橋梁の橋台や橋脚の配力筋の曲げ加工部ではコンクリートの膨張によって鉄筋破断して構造性能が低下する場合がある。

2） 配合・施工上の対策

アルカリシリカ反応を抑制するためには，上記のア～ウの三つの条件のうち一つ以上を制御する必要がある。JIS A 5308「レディーミクストコンクリート」では，上記三つの条件のうちアとイへの対策として，以下のいずれかを採用しなければならないとしている。

a．コンクリート中のアルカリ総量を 3.0kg /m^3 以下とする。

b．アルカリシリカ反応抑制効果のある混合セメント（高炉セメントB種，フライアッシュセメントB種など）を使用する。

c．反応が生じない安全と認められる骨材を使用する。

三つの条件のうちウに対しては，コンクリート表面に降雨や地下水などが供給されないような構造とすることや表面被覆を施すことが有効である。

写真 5-5-2　アルカリシリカ反応による劣化事例

（4）凍害（凍結融解作用による劣化）と対策

1） 劣化機構

凍害とは，コンクリート内部の毛細管空隙あるいは粗骨材の空隙の中に存在する水分が凍結と融解を繰り返すことによって劣化が生ずる現象である。コンクリート内部に存在する水分が凍結すると約9%の体積膨張が生じ，大きな空隙から小さな空隙へと順次凍結し，未凍結の水分を移動させ，そのときに発生する水圧によって周辺のコンクリートを破壊する。劣化の形態としては，スケーリング，ポップアウト，ひび割れなどがある。なお，コンクリートを打ち込んだ直後の硬化過程に凍結して劣化することを初期凍害と称して区別している。

2） 配合・施工上の対策

① 凍害に対して高い抵抗性を有する骨材を用いる。

② AE剤，AE減水剤あるいは高性能AE減水剤を使用して，コンクリートの空気量（エントレインドエア）を適正量（3～6%程度）連行する。

③ 水セメント比のできるだけ小さい配合のコンクリートを使用するとともに，密実な組織のコンクリートが得られるよう入念な打込み，締固め，養生などを行う。

写真5-5-3 凍害によるスケーリングの発生状況

（5）化学的侵食による劣化と対策

1） 劣化機構

化学的侵食とは，コンクリートに酸類，ある種の動植物油，ある種の無機塩，硫化水素，亜硫酸ガスなどが接触することにより，セメント硬化体，骨材あるいは鋼材などが溶解・分解する現象と，硫酸塩などが接触してセメント水和物と反応して化合物を生成して体積膨張を引き起こすものとがある。下水道施設や温泉施設では，硫化水素がセメント硬化体中の水酸化カルシウムと反応して溶解するとともに，硫化水素が微生物の作用によって酸化して硫酸に変化することで，さらにコンクリートを劣化させる事例が多い。

2） 配合・施工上の対策

化学的侵食に対しては，コンクリートの水セメント比を小さくすることや，フライアッシュや高炉スラグ微粉末の使用により抵抗性を向上させることもできるが，酸や塩類に対して材料や配合で対応するのには限界がある。このため，コンクリート表面を樹脂などの適切な材料で被覆する方法が効果的である。

6 配筋図の見方

(1) 配筋の表し方の基本

配筋図は，鉄筋コンクリート構造物の鉄筋の種類，直径，長さおよび間隔などを示した図面である。

1) 鉄筋の種類に関する記号

鉄筋は次に示す丸鋼と異形棒鋼（異形鉄筋）とに分類される。

① SR：丸鋼（Steel Round bar）

表面に凹凸を持たない鉄筋であり，ϕの記号で直径を表す。呼び名ϕ 16は丸鋼で直径16mmであることを表す。

② SD：異形棒鋼（異形鉄筋）（Steel Deformed bar）

表面に節とリブの凹凸を有する鉄筋であり，Dの記号で直径を表す。呼び名D16は異形棒鋼で，直径16mmであることを表す。

また，鉄筋の記号は，SR235あるいはSD345などのように記される。SR235は，丸鋼で降伏点または耐力が235N/mm^{2}以上，SD345は，異形棒鋼で降伏点または耐力が345～440N/mm^{2}の範囲であることを示している。

2) 配筋図の記号

配筋図における鉄筋の長さおよび間隔は次のように表される。

10 × 250 ＝ 2,500　あるいは　10 @ 250 ＝ 2 500

これは，「250」あるいは「@ 250」が鉄筋の間隔（鉄筋の芯々距離）が250mmであることを，「10」は鉄筋の間隔が10（鉄筋の本数は11本）であることを表している。「2 500」は両端の鉄筋の距離（間隔）が2,500mmであることを表している。単位は，特に断りがない場合は「mm」が基本となる。

3) 鉄筋の役割

鉄筋は役割によって主に次のようなものがある。

① 主鉄筋：主に曲げモーメントによって発生する引張力を負担する引張鉄筋。圧縮力を負担する圧縮鉄筋がある。

② 配力鉄筋：主鉄筋に応力を均等に伝達するために，主鉄筋に直交させて配置する鉄筋

③ せん断補強鉄筋：せん断力に対して抵抗するよう配置した鉄筋で，スターラップ，折り曲げ鉄筋，帯鉄筋などがある。

（2）片持ばり式擁壁の配筋例

片持ばり式擁壁のうち，逆T型擁壁を例とした配筋方法の基本は，図5-6-1に示すとおりであり，各部材の引張側に主鉄筋（引張鉄筋）を配置することになる。

① 逆T型擁壁は，図5-6-1（a）に示すように，底版部と竪壁部からなっており，さらに底版部はかかと部とつま先部からなっている。主な荷重として，竪壁には土圧が，底版部には土の重さと地盤反力が作用している。

② 竪壁は，図5-6-1（b）に示すように，底版上面に支持された片持ちばりに土圧が作用するとして設計するため，背面が引張側，前面が圧縮側となる。

③ 底版部のかかと部は，図5-6-1（c）に示すように，竪壁背面に支持された片持ばりに土と地盤反力が作用するとして設計するため，上面が引張側，下面が圧縮側となる。

④ 底版のつま先部は，図5-6-1（d）に示すように，竪壁前面に支持された片持ばりに地盤反力が作用するとして設計するため，下面が引張側，上面が圧縮側となる。

また，図5-6-2は，配筋図の例を示したものであり，主鉄筋（引張鉄筋）は① D16と，③ D16となる。

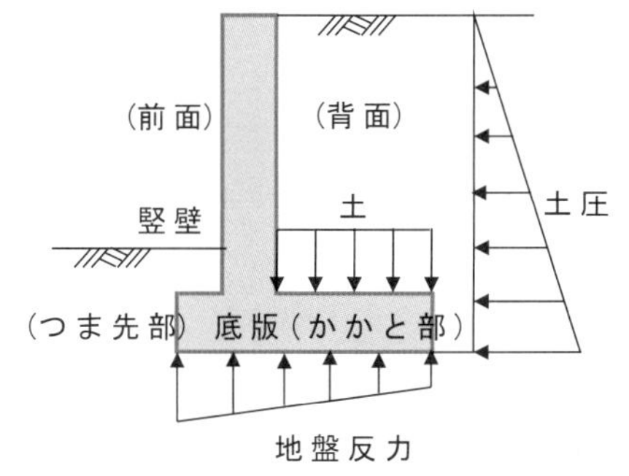

（a） 各部材の名称と主な荷重

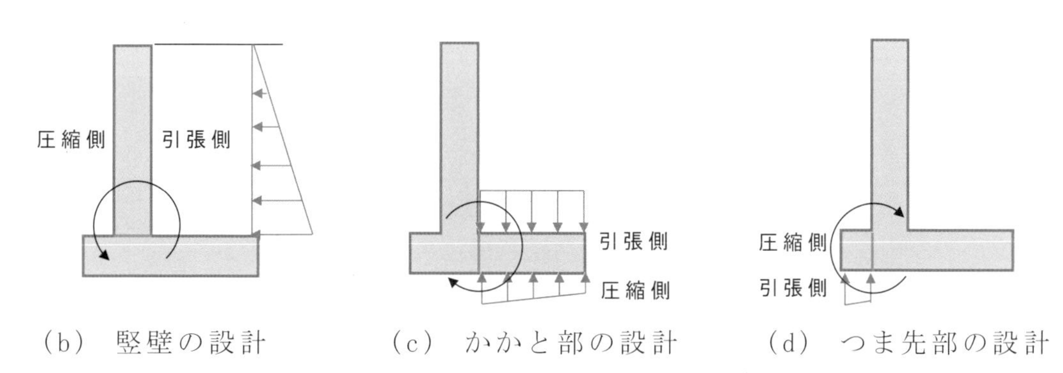

（b） 竪壁の設計　（c） かかと部の設計　（d） つま先部の設計

図5-6-1　逆T型擁壁の設計方法の基本

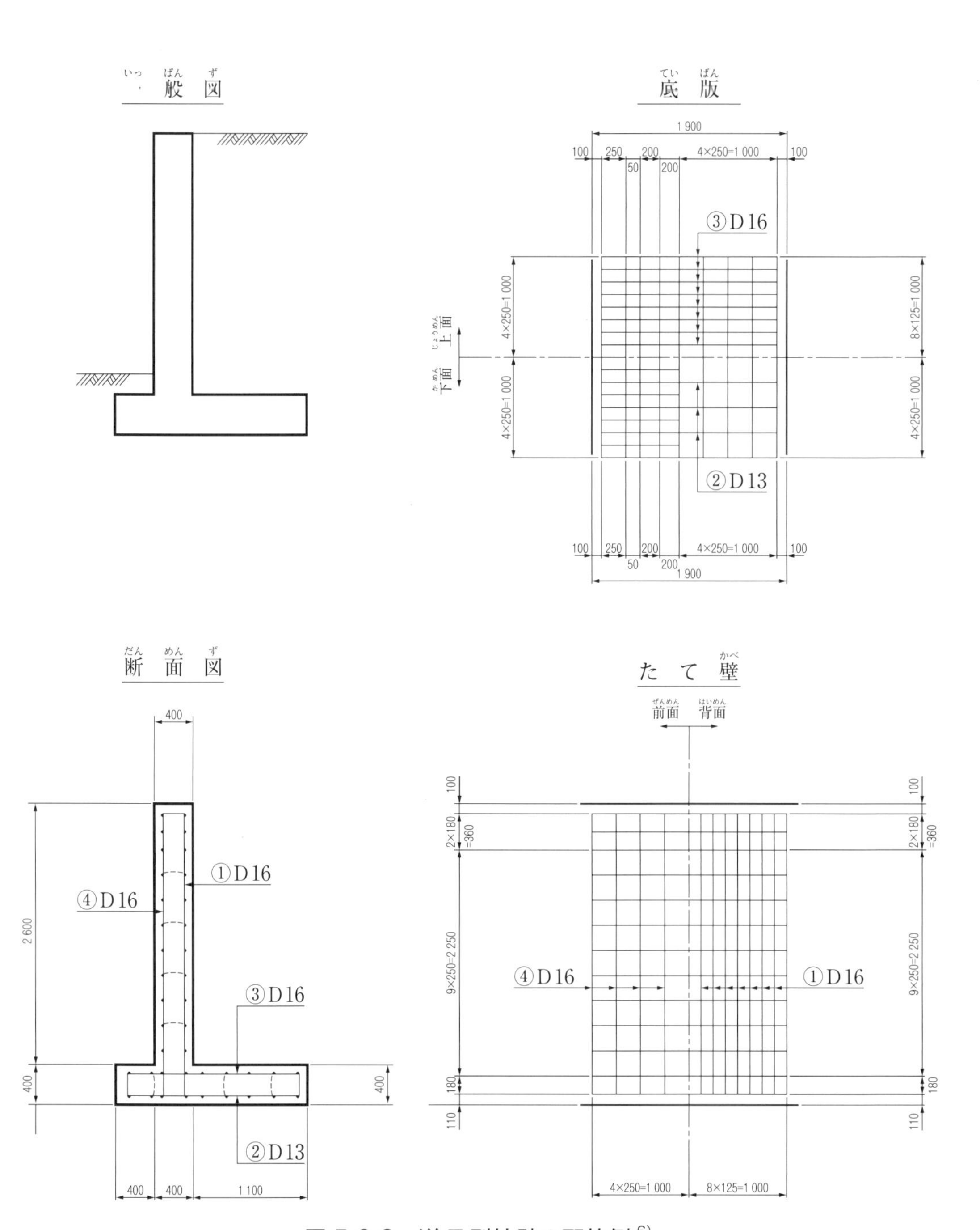

図 5-6-2　逆T型擁壁の配筋例 [6)]

（3）ボックスカルバートの配筋例

図 5-6-3 は，ボックスカルバートに作用する土圧および土の重量を例示したものである。これら荷重に対して図 5-6-4 のような曲げモーメントが発生することになり，各部材の引張側に主鉄筋（引張鉄筋）を配置することになる。

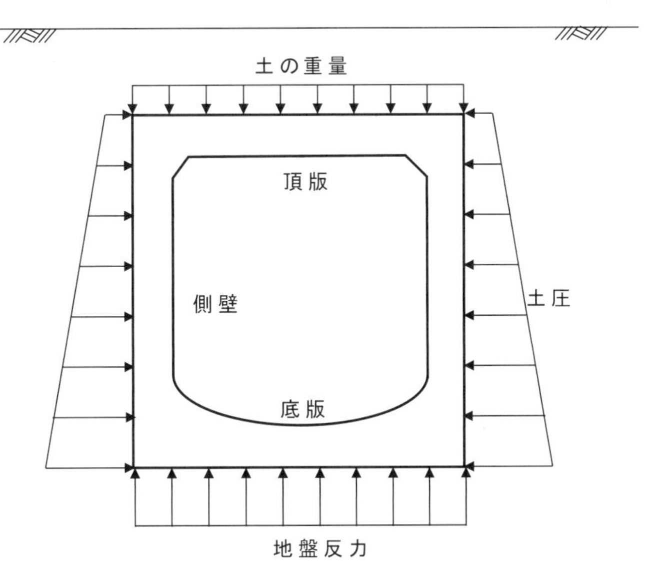

図 5-6-3　ボックスカルバートに作用する主な荷重

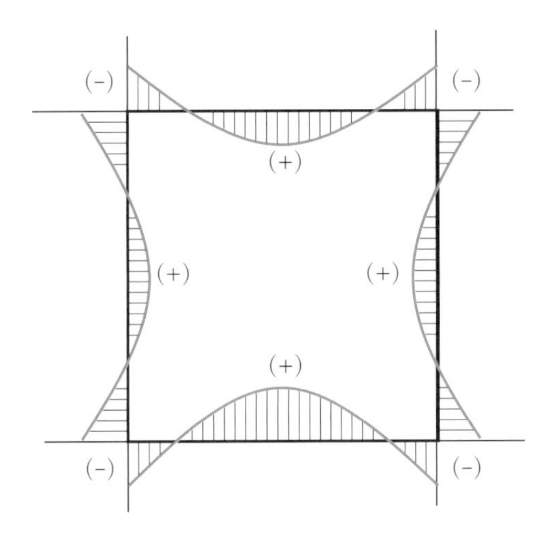

図 5-6-4　ボックスカルバートに発生する曲げモーメント

上記のことを考慮して，図 5-6-5 の配筋例にて説明する。

① 頂版の主鉄筋は，土の重量にて発生する曲げモーメントに抵抗する鉄筋で，配筋図は，断面図（C-C）に示され，内側配筋は B-B 断面に，外側配筋は断面 A-A に示される。B-B 断面より頂版の内側の主鉄筋は D19，A-A 断面より頂版の外側の主鉄筋も D19 である。

② 側壁の主鉄筋は，土圧によって発生する曲げモーメントに抵抗する鉄筋で，配筋図は断面図（C-C）に示され，内側配筋は D-D 断面に，外側配筋は E-E 断面に示される。D-D 断面より側壁の内側の主鉄筋は D13 であり，E-E 断面より側壁の外側の主鉄筋は頂版側で D19，底版側で D22 である。

③ 頂版の配筋図 A-A（外側），B-B（内側）より，主鉄筋間隔は両方とも 4 × 250 = 1,000 と示されている。これは，鉄筋が 250mm ピッチで 4 間隔（鉄筋 5 本）あり，延長で 1,000mm であることを示している。つまり，外側，内側とも 250mm ピッチで D19 の鉄筋がボックスカルバートの断面方向に配筋されている。

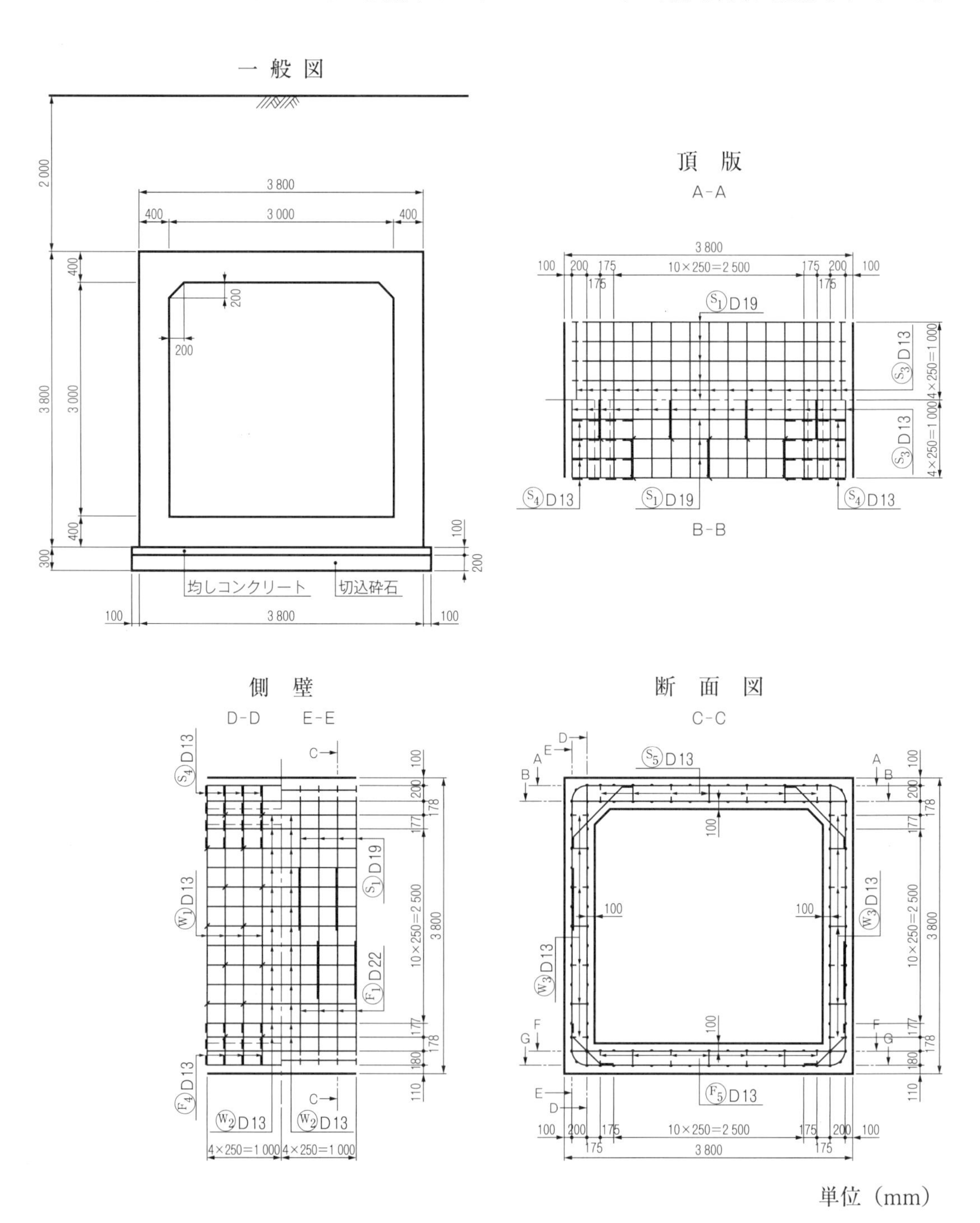

図 5-6-5　ボックスカルバートの配筋例 [7)]

《参考・引用文献》
・渡部正／滝口健一／清水英樹：『土木施工の基礎技術』，経済調査会，2020.3
1）土木学会：『2017年制定コンクリート標準示方書［施工編］』，p.118 表7.4.1，2018.3
2）土木学会：『2017年制定コンクリート標準示方書［施工編］』，p.125 表8.2.1，2018.3
3）土木学会：『2017年制定コンクリート標準示方書［施工編］』，p.157 解説 表11.8.1，2018.3
4）土木学会：『2017年制定コンクリート標準示方書［施工編］』，p.212 解説 表7.3.1，2018.3
5）日本鉄筋継手協会：『鉄筋継手工事標準仕様書 機械式継手工事（2017年）』，p.17，2017.8
6）令和3年度1級土木施工管理技術検定 第一次検定 試験問題B【No.3】
7）令和元年度1級土木施工管理技術検定 学科試験 問題B【No.3】

第6章 原価管理

企業活動を行うためには利益は必要不可欠な条件であり，利益を上げることで継続的に社会貢献することが企業の使命である。そして利益を高めるには，コスト削減や利益率の向上に取り組むための「原価管理」が重要となる。

原価管理とは，1962 年に大蔵省（現財務省）が発表した「原価計算基準」によれば「原価の標準を設定してこれを指示し，原価の実際の発生額を計算記録し，これを標準と比較して，その差異の原因を分析し，これに関する資料を経営管理者に報告し，原価能率を増進する措置を講ずることをいう」と定められており，建設会社においては「工事の施工において，最も経済的と考えられる施工計画をもとに実行予算を作成し，これを基準として原価を管理すること」（土木用語大辞典）となる。

1 原価の構成

原価とは，売上を得るために直接要した仕入経費のことであり，売上から「原価」を差し引きした金額のことを「粗利益」と呼ぶ。一般的な商品を売る販売業においての原価は商品の仕入経費だけであるが，製造業や建設業のように資材・機材・部品などを仕入れて加工し，製品として販売する業種では，原価の捉え方が異なる。すなわち，仕入れた資機材を製品として販売するまでの過程で，仕入経費に加えて製造するための人件費，機械費および水道光熱費などの諸経費が発生するため，完成するまでに要したそれら経費全体を原価とする必要がある。また，製造業における原価のことを「製造原価」と呼ぶのに対し，建設業では原価のことを「工事原価」と呼ぶ。

土木工事における原価構成の例を図 6-1-1 に，その構成項目と内容を表 6-1-1 に示す。

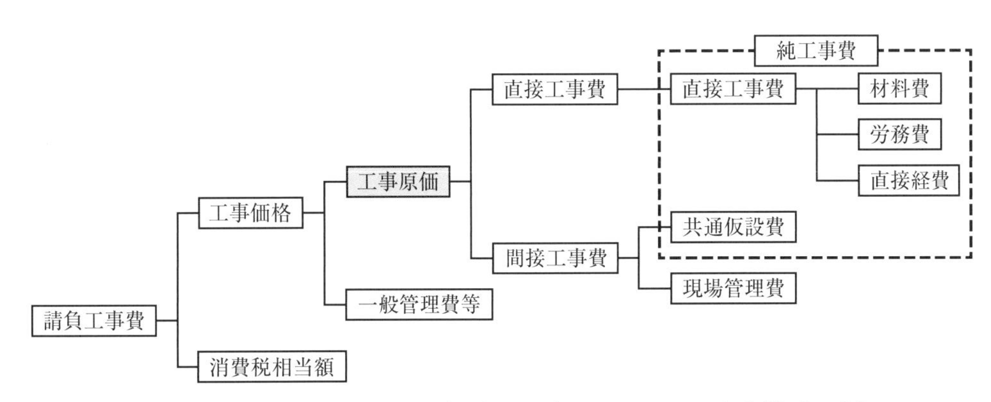

図 6-1-1　公共土木工事（一般土木）における工事費構成の例

第6章

表 6-1-1　請負工事費の構成と内容

構成	内容
請負工事費	工事価格と消費税相当額の和で，発注者と受注者が合意･契約した金額のことである。
工事価格	工事原価と一般管理費等の和であり，消費税相当額を含まない価格である。
工事原価	工事を実施するために投入される材料，労務，機械，仮設物といった全ての費用。
純工事費	直接工事費と共通仮設費の和である。
直接工事費	工事に必要な全ての工種の費用の和で，材料費，労務費，外注費，直接経費（機械経費など）等からなる。
間接工事費	共通仮設費と現場管理費の和である。
共通仮設費	工事全体あるいは複数の工種に共通的な経費であり，現場事務所の営繕費用，建設機械の運搬費，機械損料，安全対策費などである。
現場管理費	工事を行う上での管理に必要な経費であり，現場職員の給料・法定福利費，事務用品費，現場事務所等の電力・用水・光熱費等からなる。
一般管理費等	企業の経営に必要な経費であり，本・支店の必要経費，試験研究費および付加利益等からなる。

図 6-1-1 に示したように，公共土木工事費における工事費構成で直接工事費を構成する3 要素は，「材料費・労務費・直接経費」である。ただし，建設業における施工は，工事の一部を下請業者に外注する分業施工体制とすることが多い。そのため，元請業者と下請業者の契約に当たっては，下請業者の経費を外注費に含んで取引するのが一般的であり，元請業者としては，外注費を直接工事費的な感覚で扱っている。一方で，土木工事における発注者の積算では，下請業者の経費は現場管理費に含んでおり，直接工事費には含まれていない。通常，土木工事の外注費は労務費や機械経費などが多くを占めているので，元請業者からの外注費のイメージは図 6-1-2 のようになる。そのため，建設会社では，「材料費・労務費・経費・外注費」を原価の 4 要素と称している。この 4 要素は建設業法施行規則における完成工事原価報告書の科目分類で次のように定義されている。

① 材料費：工事のために直接購入した素材，半製品，製品，材料貯蔵品勘定等から振り替えられた材料費（仮設材料の損耗額等を含む）

② 労務費：工事に従事した直接雇用の作業員に対する賃金，給料および手当等。工種・工程別等の工事の完成を約する契約でその大部分が労務費であるものは，労務費に含めて記載することができる

うち労務外注費：労務費のうち，工種・工程別等の工事の完成を約する契約でその大部分が労務費であるものに基づく支払額

③ 外注費：工種・工程別等の工事について素材，半製品，製品等を作業とともに提供し，これを完成することを約する契約に基づく支払額。ただし，労務

費に含めたものを除く

④　経　費：完成工事について発生し，または負担すべき材料費，労務費および外注費以外の費用で，動力用水光熱費，機械等経費，設計費，労務管理費，租税公課，地代家賃，保険料，従業員給料手当，退職金，法定福利費，福利厚生費，事務用品費，通信交通費，交際費，補償費，雑費，出張所等経費配賦額等のもの

うち人件費：経費のうち，従業員給料手当，退職金，法定福利費および福利厚生費

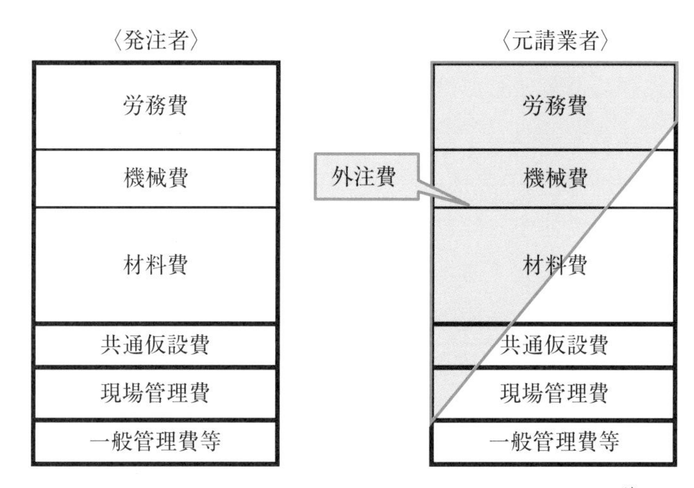

図 6-1-2　元請業者における外注費のイメージ[1)]

2 原価管理の目的と手順

原価管理は，施工者としての利益を確保するため，実行予算と発生原価（実施原価）とを適時比較してその差異を把握し，分析・検討を行い，適切な処置を取って工事原価を引き下げることを目的としている。したがって，原価管理は，施工計画に基づいた実行予算の作成時点から始めて工事が完了する決算まで実施することになる。このような原価管理の手順は，一般に次のようなPDCAサイクルを回すことが基本となる。

①　施工計画と実行予算の作成（計画：Plan）
- 施工計画書の作成
- 実行予算書の作成

②　原価の発生を統制（実行：Do）
- 発生原価の収集・整理
- 原価計算

③　発生原価と実行予算との対比（評価：Check）
・予算との差異分析
・最終原価の予測
④　是正・修正処置（改善：Action）
・施工法の改善
・施工計画の修正
・設計変更

3 工事費の積算

土木工事の費用に係る計算としては，見積り，実行予算および発生原価などがある。それらの意味や計算方法の概略は以下のとおりである。

①見積り金額

建設会社が工事を受注する際には，事前に工事に必要な費用を算出し，発注者に向けて見積りを提出して入札する。特に，公共工事を受注する場合，入札時の発注者が定めた予定価格の確認には精度の高い積算が求められ，かつ根拠のある金額で見積り原価を出さなければならない。そのための材料費や工種ごとの労務費は，物価資料（「積算資料」「土木施工単価」（経済調査会）や「建設物価」「土木コスト情報」（建設物価調査会））を使用し，直接工事費の積算には，国土交通省の「土木工事積算基準」を使用するのが一般的である。

②実行予算

工事の請負金額が確定した後，当初の見積り金額を見直したものが実行予算（実施予算，予定原価）である。工事担当責任者である現場代理人が，工事の方法，工程および使用資材などを計画し，工事を実施するのに必要な費用を算出し，工事完成時の利益を予測したものである。

③発注金額

材料の取引業者や外注業者と取り決める金額を発注金額という。過去の実績などを基に外注先の経費の確認や，1日にかかる人件費などを把握することが必要で，最終的な価格交渉などは工事が始まってからも検討する余地がある。工事の進行を見ながら目標を設定して最終的に発注計画を決定する。

④発生原価

工事の進行に伴い発生した材料費，労務費および資機材費等のことを発生原価（実施原価）という。実行予算と対比しやすいように，工種別かつ要素別に整理して，予算に対して適正な水準であるか，あるいは割高となっていないかなどについて把握・評価することが重要である。

4 実行予算の作成

実行予算の精度を高め，かつ予算作成業務を効率的に行うためには，外注業者からの見積り以外に，過去の類似工事の実績，会社独自の標準歩掛などを活用することが重要である。歩掛とは，ある作業を行う場合の単位数量またはある一定の工事に要する作業手間ならびに作業日数を数値化したものであり，工事現場における施工条件や環境条件などを考慮して適切に設定しなくてはならない。

実行予算書の作成に際しては，工事費の構成と書式を統一するとともに，費目を系統的に分類する必要がある。一般的には，直接工事費および共通仮設費の各工種別の実行予算を作成して要素別に分類（材料費，労務費，外注費，機械費等経費）している。要素別管理は，財務諸表作成などの会計処理にも対応しやすいので，実行予算も工種別から要素別に集計しておくと便利である。図 6-4-1 は要素別集計作業の模式図である。

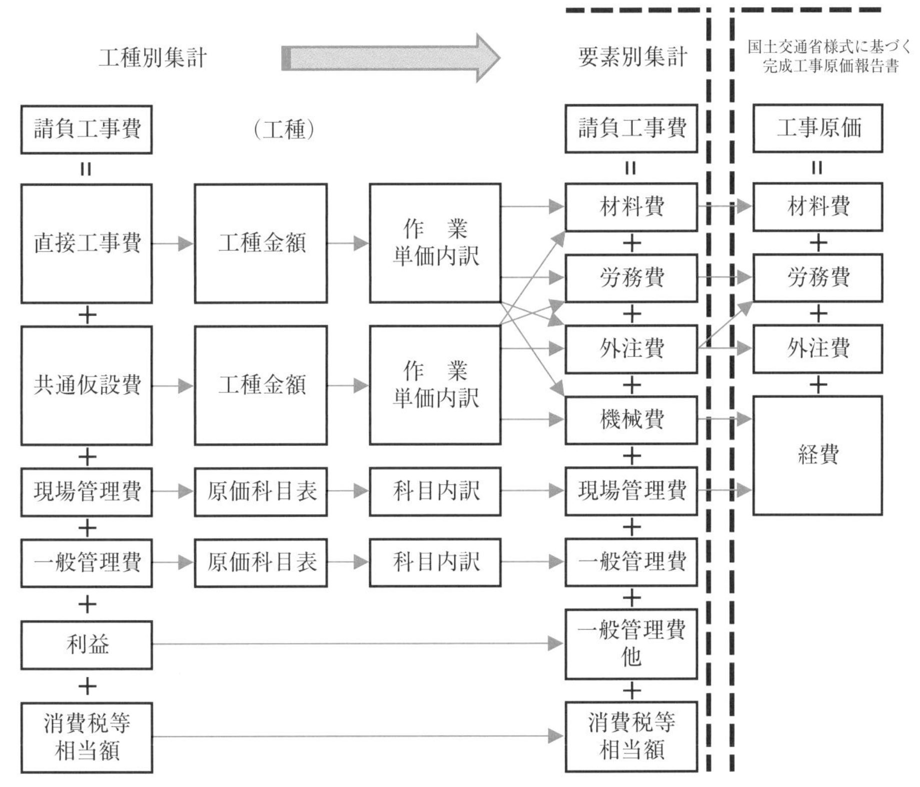

図 6-4-1　実行予算の要素別集計作業の模式図 [2)]

表 6-4-1 は，工事総括表の例であり，大工種の直接工事費，共通仮設費を 4 つの要素別に総括表として取りまとめ，その集計額を純工事費として集計し，これに現場管理費を加えた合計を工事原価としている。

表 6-4-1　工事総括表の事例[3)]

工　種	総　括　工　事　費					要　素　別　内　訳				摘要
	単位	数量	単価	金　額	%	材料費	労務費	外注費	経費	
立坑築造工	式	1.0		20,728,775	10.7	9,762,062	377,608	9,967,103	622,002	
薬液注入工	m^3	476.0		1,968,490	1.0	0	472,438	1,496,052	0	
推進工	m^3	231.0		83,859,049	43.2	19,255,121	13,310,838	50,707,955	585,135	
マンホール設置工	m^3	707.0		1,864,207	1.0	1,546,224	95,395	222,588	0	
立坑撤去工	式	1.0		4,927,215	2.5	2,591,305	608,652	1,420,188	307,070	
付帯工	m	2,514.0		647,778	0.3	0	259,111	388,667	0	
交通管理工	式	1.0		4,880,000	2.5	0		4,880,000	0	
直接工事費				118,875,514	61.3	33,154,712	15,124,042	69,082,553	1,514,207	
共通仮設費				22,437,850	11.6	4,804,000	0	8,407,550	9,226,300	
純工事費				141,313,364	72.9	37,958,712	15,124,042	77,490,103	10,740,507	
現場管理費				34,827,602	18.0				34,827,602	
工事原価				176,140,966	90.8	37,958,712	15,124,042	77,490,103	45,568,109	
						21.6%	8.6%	44.0%	25.9%	(4要素比率)

5 予算実績管理

実行予算で設定した予定単価と実際に発生した原価（実績）との対比が容易に行えるように，工種別，費目，項目別に原価管理台帳（工事台帳）で整理するとともに，発生した原価，今後発生が予想される原価を正確に把握し，工事完了時点の利益を予想する作業を適時行わなければならない。このことを「予算実績管理」あるいは「予実管理」と称している。

つまり，原価の発生を抑えるためには，工事工程の適時において下記の基本原則にのっとって予算との差異分析を行い，原価発生を統制することが重要である。

① 発注金額は，実行予算を基に交渉し，内容と金額を順次決定する。一方的な値下げ交渉をするのではなく，外注先の会社と協力してコスト削減を検討することも重要である。

② 設計図書と現場条件の不一致などによる設計変更は早めに対応する。

③ 原価比率の高い工種あるいは原価を低減する可能性が高い工種に重点をおいて，費用の低減に努める。

④ 実施原価が実行予算より超過する傾向のある費目を重点的に洗い出し，作業の改善を図る。

⑤ 工程が当初の施工計画どおりかつ実行予算どおりに進捗している場合であっても，さらなる改善を行って原価低減に努める。

《参考・引用文献》

１）土木学会：『土木技術者のための原価管理 2020 年改訂版』，p.36 図 3.2，2020.3
２）土木学会：『土木技術者のための原価管理 2011 年改訂版』，p.199 図 6.10，2012.2
３）土木学会：『土木技術者のための原価管理 2020 年改訂版』，p.193 表 6.28 を一部修正，2020.3

第7章 工程管理

1 工程管理の目的

工程管理は，契約で定められた工期内で，所要の品質（品質管理）の構造物を経済的（原価管理）に安全（安全管理）や環境保全（環境保全管理）に配慮しながら施工できるよう，適正な施工速度を設定してそれを保持することである。

① 施工の三大管理（品質管理，工程管理，原価管理）における工程管理は，工事の着工から完成までを工期内に収まるよう時間的に管理することである。

② 品質管理は工程の各段階において所要品質で確実に施工するための管理であり，原価管理は工程の各段階で発生する費用を予定原価以内に収めるための管理である。したがって，品質管理や原価管理は，工事工程と密接不可分であり，工程管理が工事を総合的に管理する上で重要な意味を持つことになる。

③ 工程管理の方法としては，工事の施工順序や進捗度を表す横線式工程表や斜線式工程表あるいはネットワーク式工程表などの各種工程図表を使用する。

④ 各種工程図表により，計画に対する進捗状況を適時把握し，計画に対する実施の差異を早期に発見し，適切な是正措置を講ずることが工程管理の基本となる。

2 工程管理の手順

工程管理の手順は，PDCA サイクルにのっとって，下記のように進めるのが基本である。

①施工計画を立案する：計画（Plan）

施工方法や施工順序などを決定し，工程計画を立案・作成する。

②施工計画に基づいて施工を実施する：実施（Do）

工事の段取り，指示などの管理・監督を行う。

③施工計画と施工結果とを比較検討する：検討（Check）

工事の進捗に伴い，作業量を整理して，計画との比較・差異を分析する。

④施工計画の改善，是正措置を行う：改善（Action）

施工結果が当初計画と差異があれば，作業の改善を行って是正処置を取り，必要に応じて当初計画を見直す。

3 工程計画を立案するための留意事項

工程計画の立案・作成手順は以下のとおりである。

① 各工種（部分工事）の施工順序を決める。

② 各工種（部分工事）に必要な作業可能日数，1日平均施工量など作業日程を算定する。

③ 使用する機械，設備の規模・性能・数量などの選定および組合せを決定する。

④ 工事全体の実施工程表を作成する。

工程表を立案・作成する上での主な留意事項は次のとおりである。

① 全工程のバランスを考え，作業の過度な集中を避けるようにし，投入する機械や作業員の不均衡をできるだけ平準化する。

② 施工用機械設備，仮設資材，工具などは必要最小限とし，できるだけ反復使用する。

③ 施工の段取り待ち，材料待ち，その他機械設備の故障などによる損失時間をできるだけ少なくする。

④ 組合せ作業の主作業を明確にし，作業の主体となる主機械の能力に合わせて，従機械は主機械より作業能力が若干上回るように計画する。

⑤ 主機械の能力を最大限に発揮させるため，機械故障等による全体の作業休止を防ぎ，作業全体の効率化が図られるようにする。

⑥ 全体工程，全体工費に及ぼす影響の大きい工種から優先して重点的に検討する。

⑦ 工事の効率を上げるために，繰返し作業を増やして習熟を図るようにする。

4 1日平均施工量の算定

各工種の作業日程は，1日平均施工量（施工速度）を基準にして検討するのが基本となる。一般に，施工量の単位としては，土工事およびコンクリート工事では m^3 を，鉄筋工事では ton を，型枠工事では m^2 を用いている。

（1）作業可能日数

① 作業可能日数は，暦日の日数から，定休日，天候その他に基づく作業不能日数を差し引いたものである。

作業可能日数 ＝ 暦日の日数 －（定休日＋天候等による作業不能日数）

② 作業可能日数に対して，工事を完成するのに必要な所要作業日数の方が小さくなければならない。

作業可能日数 ≧ 所要作業日数

（2）所要作業日数

① 所要作業日数は，工事量を1日平均施工量で除したものである。

所要作業日数 ＝ 工事量 /1 日平均施工量

② 日程計画は，1日の平均施工量を基準に作成する。

1日平均施工量 ≧ 工事量／作業可能日数

（3）1日平均施工量

1日平均施工量は，1時間平均施工量に1日平均作業時間を乗じることで求められる。

1日平均施工量 ＝ 1時間平均施工量 × 1日平均作業時間

① 1日平均作業時間は，一般的な作業では7時間から9時間程度であるが，トンネル工事やダム工事などの2交替作業では14時間，3交替作業では21時間としている場合がある。

② 建設機械の1日平均作業時間は，1日当たりの運転時間であり，運転員の拘束時間から機械の休止時間，日常整備の時間，修理の時間などを差し引いたものである。

③ 1時間平均施工量は，建設機械あるいは作業員の1時間当たりの標準施工量に，現場特性に応じた作業効率を乗じて求めることができる。作業条件，作業環境，地理的条件，季節などにより大きな影響を受けるので，過去の経験などを参考にして慎重に検討する必要がある。

5 適正な施工速度

工程管理は，工事の工期を厳守するための管理であるとともに，施工者には工程速度の経済性，すなわち利益を上げるための工程速度で施工を行うことが求められる。そのために必要な基礎的な事項は下記のとおりである。

（1）工程と原価の関係

図7-5-1は，工事の工程（施工速度）と原価の関係を示したものであり，施工速度が遅いと施工効率が悪いため原価は高くなり，施工速度を速くすると出来高が増加して原価は低くなる。そして，ある限度を超えて施工速度を速くすると，機械の高性能化や高価な資材の使用により原価は高くなる。工事は所定以下の原価（実行予算）以内で行う必要があり，その採算が取れる施工速度を採算速度と呼ばれている。したがって，工事工程としては，採算速度の範囲内において，工期を満足する最も効率的かつ経済的なものを設定しなければならない。

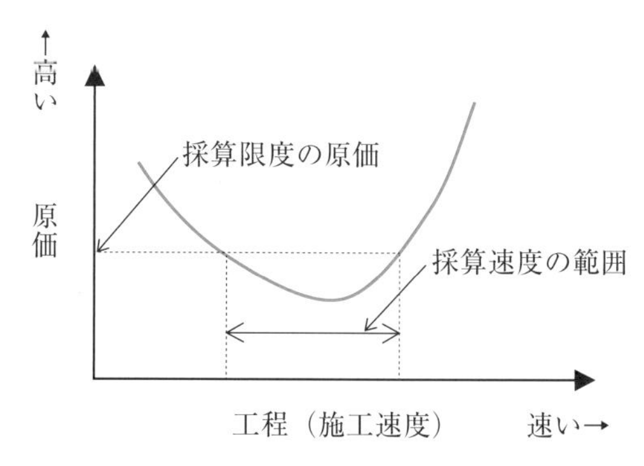

図 7-5-1　工程と原価の関係（採算速度）

（2）利益図（損益分岐点）

図 7-5-2 は，施工速度を一定としたときの施工出来高（施工量）と工事総原価との関係を示したものである。工事総原価（原価曲線）は，固定原価と変動原価からなる。固定原価は，現場事務所の設置・撤去費，職員の給料，光熱費，その他現場経費などであり，施工出来高の大小にかかわらず必要な固定費用である。変動原価は，材料費，労務費，機械運転経費などであり，施工出来高に比例して増大する費用である。この図において，工事総原価と施工出来高とが等しくなる直線（45°の点線）を引くと，原価曲線と交差する点Pでは黒字（利益）にも赤字（損失）にもならない状態となり，この点を損益分岐点と呼んでいる。この損益分岐点以上の施工出来高をあげている状態で利益を出すことができるときの施工速度を「採算速度」と呼んでいる。したがって，この採算速度を保てる工程速度を計画し維持することが重要となる。そのような状態で適切な管理が行われている場合，工事は「経済速度」で施工が行われているといわれる。

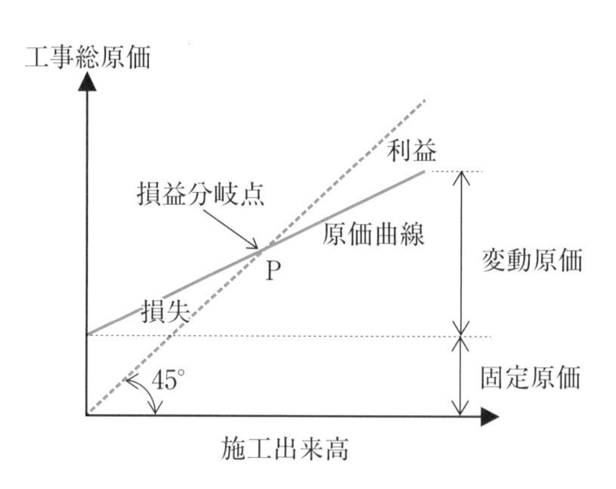

図 7-5-2　施工出来高と工事総原価の関係（利益図）

（3）最適工期

最適工期は，図 7-5-3 のように直接工事費 A と間接工事費 B の組合せが最小となるような工期として求めることができる。

1）　直接工事費と工期

工事を構成している各作業の直接工事費がそれぞれ最小となるような方法で工事を行うと，総直接工事費は最小となる。これをノーマルコスト（標準費用）といい，このときに必要とされる工期をノーマルタイム（標準時間）と呼んでいる。また，各作業はどんなに直接工事費をかけても，ある限度以上には短縮できない工期があり，これをクラッシュタイム（特急時間）といい，そのときの直接工事費をクラッシュコスト（特急費用）と呼んでいる。

2）　間接工事費と工期

間接工事費は，工期の短縮に従って直線的に減少するのが一般的であり，ノーマルタイムで最大となり，クラッシュタイムで最小となる。

3）　総建設費と最適工期

上記の直接工事費Aおよび間接工事費Bと工期との関係より，総建設費曲線はA＋Bとなる。これから，総建設費が最小となる点Mを求めると，それに対応する工期が最適工期となる。

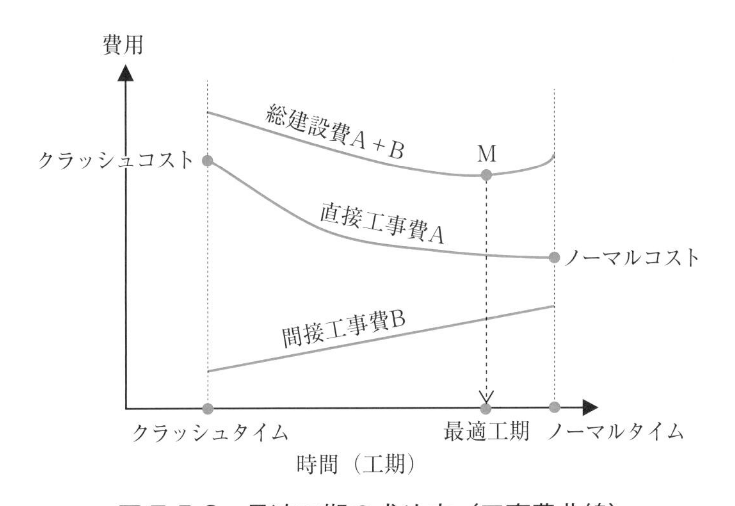

図 7-5-3　最適工期の求め方（工事費曲線）

6 工程図表の種類と特徴

工程管理では，目的に応じた各種の工程図表を作成して活用する。工程表は，基本工程表（全体工程表）と部分工程表あるいは細部工程表とに分けて作成することが多く，基本工程表は，工事の主要な工種に対して，全体工期を満足するように作成したものである。部分工程表および細部工程表は，基本工程表にのっとり，各工程をさらに詳細に組み立てたものであり，時間単位も月，週から日へと細かくしたものである。

工程図表の種類を図7-6-1に示す。各工程図表の作成方法および特徴は，以下のとおりである。

（1）横線式工程表

1） バーチャート

バーチャートは，縦軸に全工事を構成する工種（部分作業）を列記し，横軸にそれらの工種が「いつから始まり」「いつ終わるのか」という所要日数を棒線で表したものである。作成が容易であり，作業の流れが左から右へ移行し，部分作業の開始日と終了日を記入することから，各工種の所要日数と各工種間の日程上の前後関係や関連が漠然とではあるが分かりやすいという特徴を有している。しかし，工期に影響を及ぼす工種がどれなのかは分からない。

日程の組み方には次の3種類がある。

- 順行法：施工順序にしたがって，工事着手日から決めていく方法
- 逆算法：竣工期日から逆にたどって日程を組み，着手日を決める方法
- 重点法：季節や現場条件，契約条件などに基づいて重点的な工種の着手日や終了日を設定し，その前後を順行法や逆算法で日程を決めていく方法

2） ガントチャート

ガントチャートは，縦軸にバーチャートと同様，工種（部分作業）を列記し，横軸に各工種の完了時点を100%とした進捗度を棒状のグラフで表したものである。作成が容易であり，現時点での各作業の進捗度合いが分かりやすいという特徴を有している。

（2）斜線式工程表（座標式工程表）

斜線式工程表は，横軸に区間（距離程），縦軸に日数を取ったものであり，トンネルや道路・鉄道盛土のように工程進捗が一定の方向に進捗し，距離によって表すことができる工事に用いられている。各工種の作業は1本の線で表し，作業の期間，着手地点，作業方向など工事の進捗状況が分かりやすいという特徴がある。

（3）曲線式工程表

1） グラフ式工程表

横軸に工期を取り縦軸に各作業の出来高比率（%）を取って，工種ごとの工程を斜線で表した図表であり，各工種の所要日数や状況が分かりやすいものの，各作業の相互関連や工期に影響を及ぼす作業がどれであるかは分からない。なお，出来高とは，出来形を金額に換算したものであり，出来形とは工事が完了した部分のことである。構造物が完成していなくても，それを造るための掘削や基礎工が完了していれば，その部分のことを「出来

形」といい，その施工に要した費用を出来高という。

2) 出来高累計曲線

横軸に工期を取り，縦軸に出来高累計を取って，全体工事に対する月ごとの予定出来高比率を累計した曲線であり，その作成方法は次のとおりである。

① バーチャートを作成する
② 工種別の工事費を全工事で除して，工事費構成比率を求める
③ 月ごとの作業予定別出来高に工事費構成比率を乗じて，作業予定出来高比率を算出する
④ 算出した出来高比率を工程表に記入し，予定と実施の両曲線を比較して遅れなどないか確認しながら工程表を管理する

一般の工事においては，工事初期段階では準備工や仮設工が，また工事終期には仕上げや後片付けなどがあるため,工程速度は中期（最盛期）よりは出来高が低下する。したがって，出来高累計曲線の傾きは，工事の初期段階では緩やかで，中期で急速に大きくなり，終期においては再び緩やかとなるＳカーブとなるのが一般的である。作業の進行度合いが分かりやすいが,作業に必要な日数や工期に影響する作業は分からないので,バーチャートと併用して利用するのが一般的である。

(4) 工程管理曲線（バナナ曲線）

工程管理曲線（バナナ曲線）は，横軸に工期を100として，縦軸に工事の累計出来高をプロットし，出来高を過去の施工実績などを参考にして設定上方許容管理限界線と下方許容管理限界線の間で管理するものである。実施工程曲線が上方許容限界曲線を越えたときは，人員や機械の配置が多すぎるなどにより，工程が進みすぎていることを表している。実施工程曲線が下方限界に接近しているときは,工程に遅延があることを示しているので,工程を見直して回復させる必要がある。

(5) ネットワーク式工程表

ネットワーク式工程表は,作業工程を丸印「○」と矢線「→」を使って表した工程表で,矢線の上に作業名，下には作業日数を記載して各作業を関連付けて結ぶことで順序関係を明確に表したものである。それにより，時間的に余裕のない経路（クリティカルパス）はどれか，どの作業がどの程度全体工程に影響を及ぼすのか，ネックとなる作業は何かなどを的確に把握できるのが特徴である。

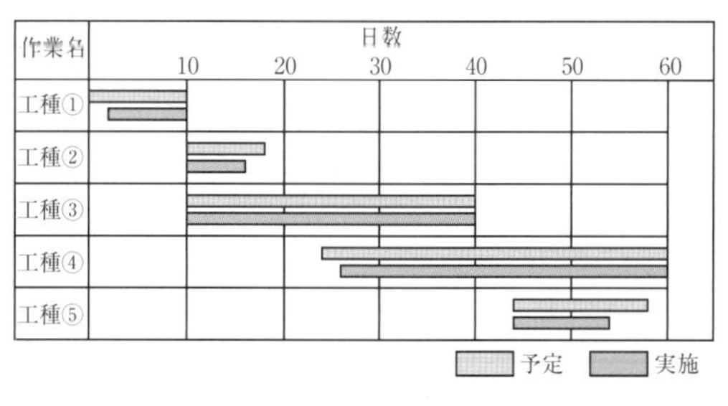

①バーチャート

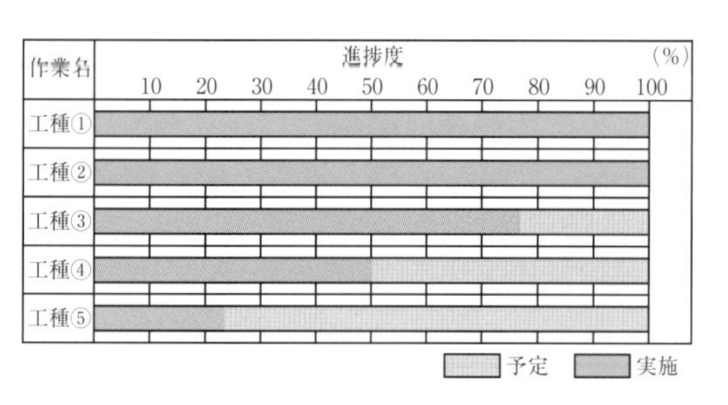

②ガントチャート

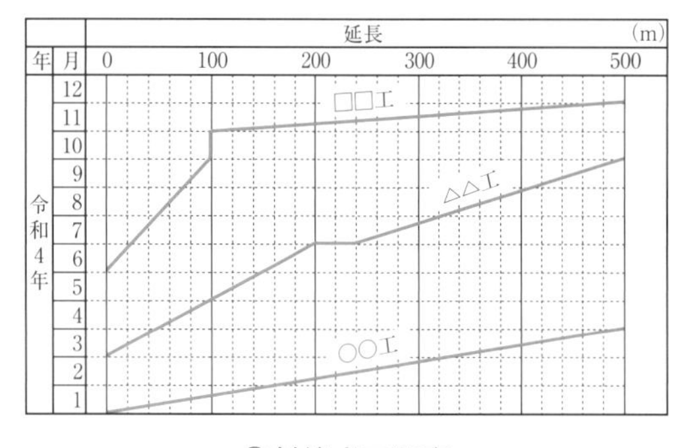

③斜線式工程表

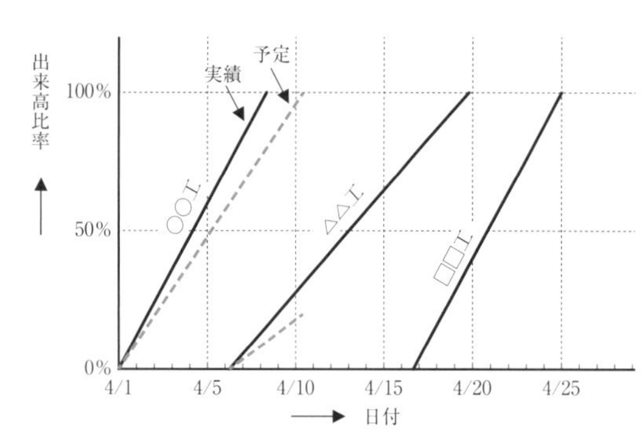

④グラフ式工程表

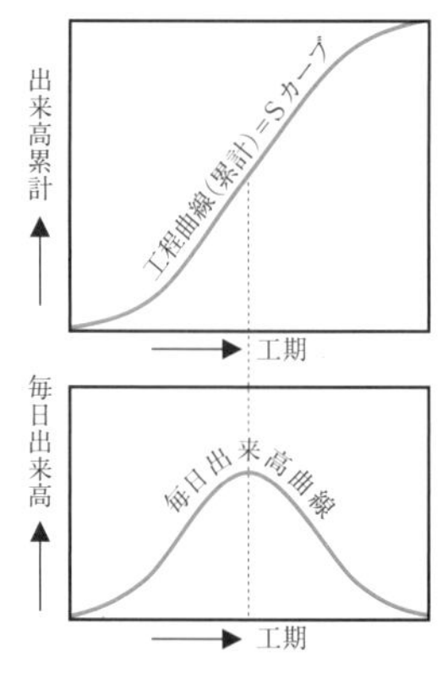

⑤出来高累計曲線

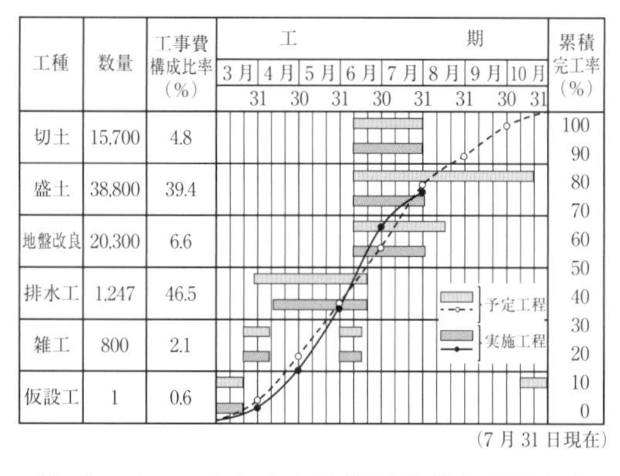

工種	数量	工事費構成比率(%)
切土	15,700	4.8
盛土	38,800	39.4
地盤改良	20,300	6.6
排水工	1,247	46.5
雑工	800	2.1
仮設工	1	0.6

⑥バーチャートと出来高累計曲線を併用した工程管理図

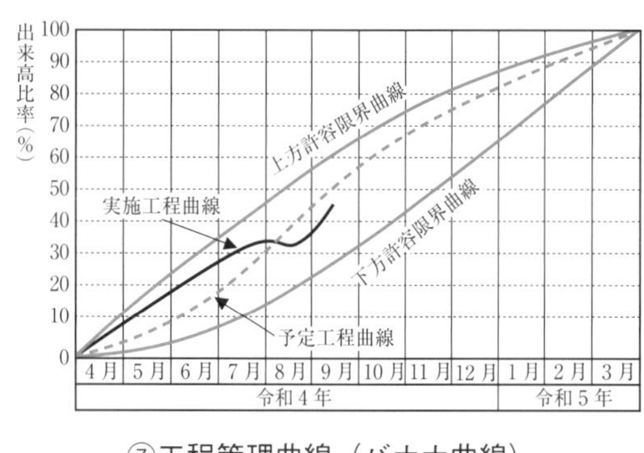

⑦工程管理曲線（バナナ曲線）

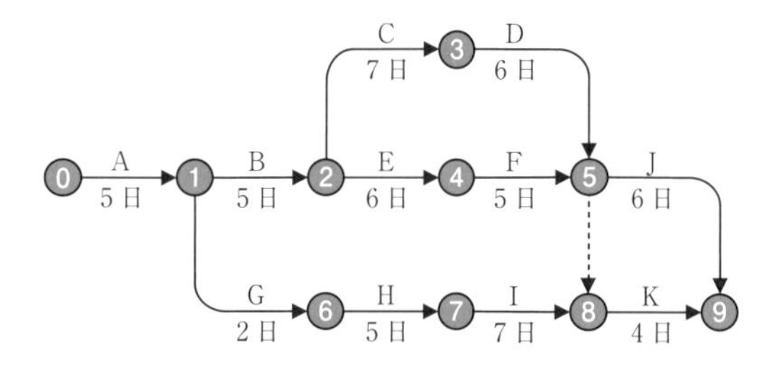

⑧ネットワーク式工程表

図 7-6-1　工程図表の種類

7 ネットワーク式工程表の作成方法

ネットワーク式工程表を作成する上での主な基本用語および基本ルールは，以下のとおりである。

（1）基本用語

1） アクティビティ（作業）

アクティビティは図7-7-1に示すように矢線（→）で表し，その長さは時間に無関係である。矢線の尾が作業の開始，頭が作業の終了を表す。矢線の上に作業内容を，矢線の下にアクティビティの所要時間を記す。

2） イベント（結合点）

イベントは図7-7-1に示すように○で示し，その中にゼロまたは正の整数を書き込む（これをイベント番号と呼ぶ）。イベント番号は，同じものが2つ以上あってはならず，一般にi＜jとなるように付ける。

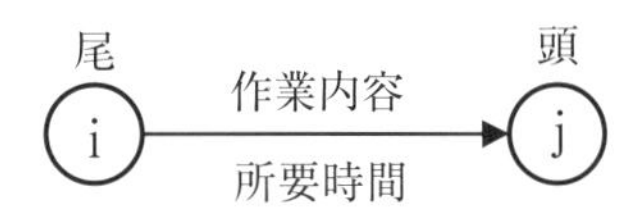

図7-7-1　アクティビティとイベント

3） ダミー（疑似作業）

ダミーは図7-7-2に示すように，作業の順序を規制するために使用する所要時間ゼロの疑似作業であり，点線の矢線で表示する。

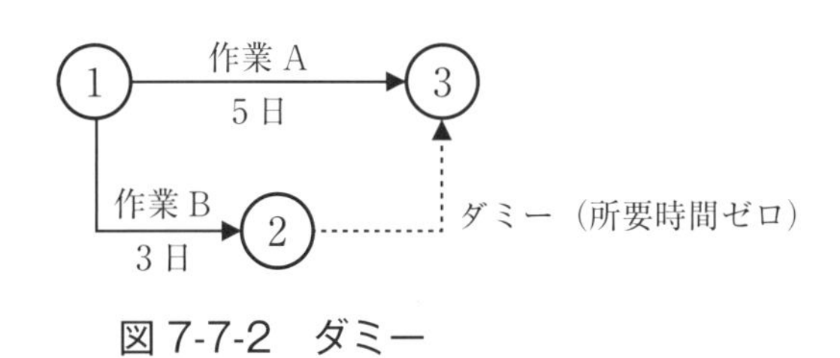

図7-7-2　ダミー

（2）基本ルール

1） 先行作業と後続作業

図7-7-3に示すように，イベントに入ってくる矢線（先行作業）が全て終了しないと，イベントから出る矢線（後続作業）は開始できない。図7-7-3（a）では，作業AとBの両方の先行作業が終了しないとCの後続作業が開始できないことを示す。また，図7-7-3(b)

では，後続作業Cは先行作業Aが終了すれば開始できるが，後続作業DはAとBの両方の先行作業が終了しないと開始できないことを示している。

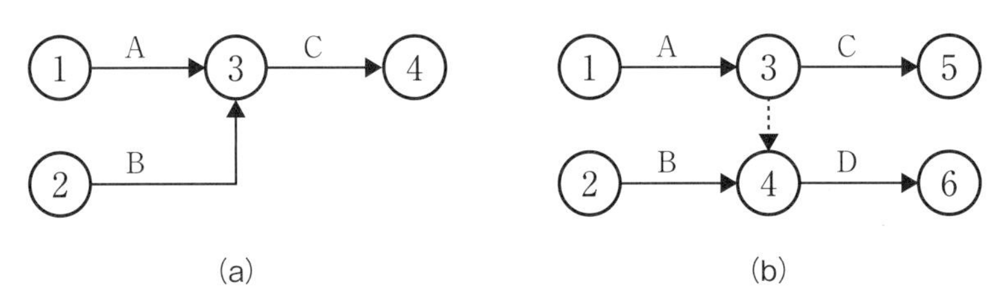

図 7-7-3　先行作業と後続作業

2）イベント間の矢線の制限（ダミーによる表示）

図 7-7-4（a）のように，同一イベント間に2つ以上の矢線を引いてはならない。イベント②と③の間にBとCの2つの矢線を入れると，②→③と記述しても，BとCを判別することができない。そこでこのような場合には，図 7-7-4（b）のように新たに別なイベントを設けてダミーで結ぶ。このようにすれば作業Bは②→④で，作業Cは②→③と区別することができる。

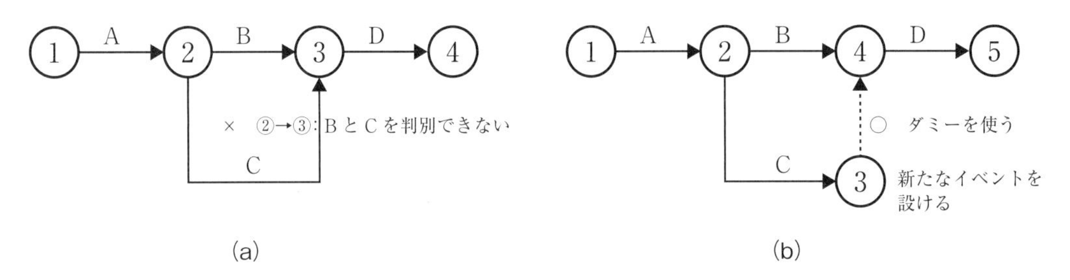

図 7-7-4　イベント間の矢線の制限（ダミーによる表示）

3）サイクルの禁止

図 7-7-5のような作業A，B，C，D，E，F，GのネットワークではC，D，Eはサイクルとなる。「CはDに先行し，DはEに先行，EはCに先行する」ことになり，作業が進行せず日程計算が不可能になる。

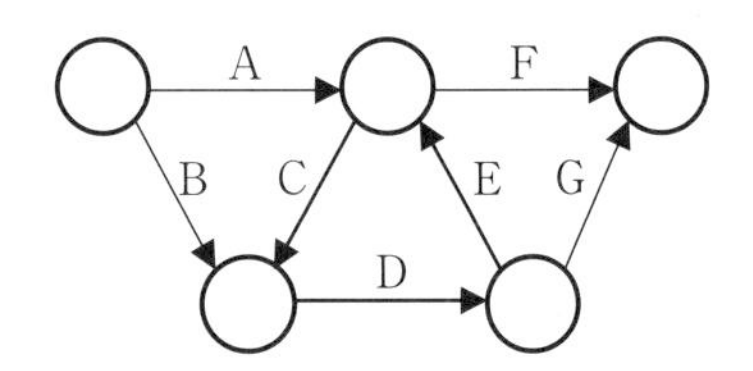

図 7-7-5　サイクルの禁止

(3) ネットワーク式工程表の日程計算

ネットワーク式工程表の作成において基本となる最早開始時刻，最遅完了時刻および自由度の計算方法，クリティカルパスの求め方とその特徴は以下のとおりである。

1) 最早開始時刻と工期の計算

最早開始時刻とは，先行作業が終了次第，次の作業を最も早く開始できる時刻のことである。先行作業が複数の場合は，最も時間がかかる作業が終了しないと，次の作業を開始することができない。図7-7-6における作業Dの開始は，作業Cが9日（4 + 5 = 9）で終了するものの，作業Bが終了するのに11日（4 + 7 = 11）かかり，これが終了するまで開始できないため，作業Dの最早開始時刻は11日となる。このようにイベントに流入する経路が複数ある場合は，最も大きい日数が最早開始時刻となる。

また，作業Dの最早開始時刻11日にその作業の所要日数6日を加えた17日がこの工事の所要日数となり工期となる。

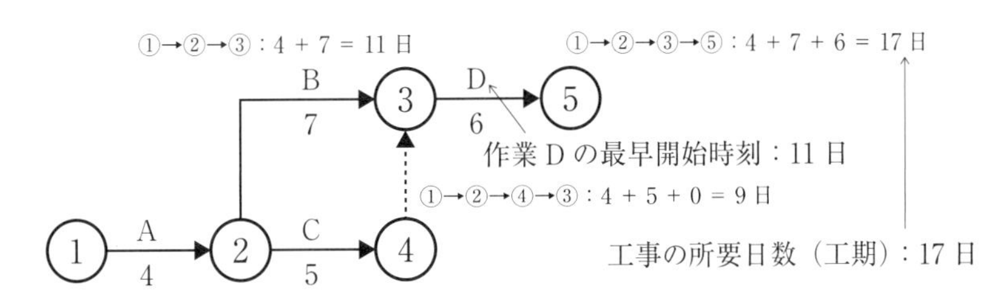

図7-7-6　最早開始時刻および工期の計算

2) 最遅完了時刻の計算

最遅完了時刻とは，全体の工期を遅らせないために，その作業を終わらせておかなければならない時刻のことである。遅くともその時刻までに作業を終わらせておかないと工期が遅延することになる。

図7-7-7に示すように，最遅完了時刻は最終イベントの工期より，イベント番号の小さい方に向かって作業日数を差し引いて計算する。イベントから流出する経路が複数ある場合は，最も小さい日数が最遅完了時刻となり，作業Aの最遅完了時刻は4日となる。

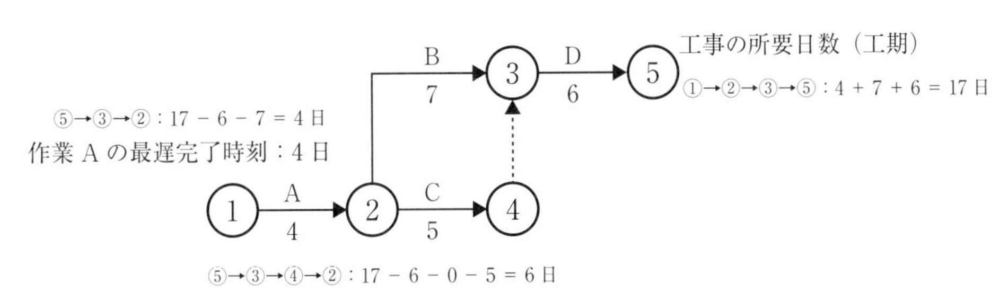

図7-7-7　最遅完了時刻の計算

3）自由度の計算

自由度には下記のように3種類があり，図7-7-8に計算例を示す。

①トータルフロート（T. F）：全余裕時間

一つの作業内での最大の余裕時間のことをいい，最早開始時刻から作業を開始し，最遅完了時刻までに作業を終了させる場合の余裕時間のことである。

②フリーフロート（F. F）：自由余裕時間

T. Fの中に存在する時間であり，前後の作業に影響を及ぼさない自由に使える余裕時間のことをいう。最早開始時刻で作業を始めて，次の作業を最早開始時刻で始めるまでの余裕時間のことである。なお，フリーフロートを全部使用しても後続のアクティビティには影響しない。

③インターフェアリングフロート（I. F）：干渉余裕時間

後続作業に影響を及ぼす余裕時間のことであり，全体工期には影響しない。T. FからF. Fを引いた値である。

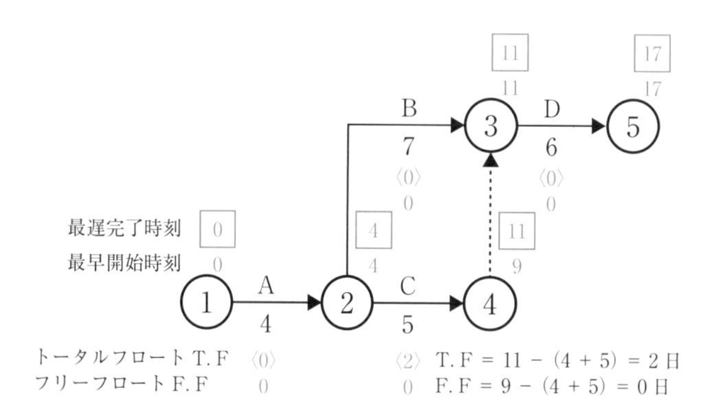

図7-7-8　トータルフロート，フリーフロートの計算

4）クリティカルパス

クリティカルパスは，各経路のうち最も長い経路のことであり，工期を決定する経路のことである。クリティカルパスの求め方には，経路ごとに日数計算して最長経路を求める方法とトータルフロート（T. F）がゼロの経路から求める方法とがある。

①経路ごとに日数計算して最長経路を求める方法

図7-7-6において各経路の日数を下記のように計算すると，経路 i が最長経路となりクリティカルパスとなる。一方，経路 ii は経路 i に対して2日間短いので，その日数だけ余裕があることが分かる。

経路 i ：①→②→③→⑤＝4＋7＋6＝17日

経路 ii ：①→②→④→③→⑤＝4＋5＋0＋6＝15日

②トータルフロート（T. F）がゼロの経路から求める方法

図 7-7-8 において，トータルフロートがゼロの経路は，経路ⅰ（①→②→③→⑤）であり，クリティカルパスとなる。一方，経路ⅱの作業 C には 2 日の余裕時間があり，最大 2 日間工事が遅れも工期には影響しないことを示している。

クリティカルパスの性質は以下のとおりである。

・最も長い経路であるため，全体工期を決定する経路となる。
・経路上の各作業のフロート（T. F，F. F，I. F）は全てゼロである。
・必ずしも 1 本の経路とは限らず，複数存在する場合がある。
・クリティカルパス以外の経路でも，フロート（余裕時間）を使い切ってしまうとその経路がクリティカルパスになる。
・工期厳守あるいは工程短縮のためには，クリティカルパス上の作業を重点的に管理・改善する必要がある。

【例題】

下図のネットワーク式工程表の工事に関する次の記述のうち適当でないものを選びなさい。

（1）この工事の工期（所要日数）は 25 日である。
（2）クリティカルパスは，①→③→④→⑤→⑧である。
（3）作業 E の最早開始時刻は 7 日である。
（4）作業 D の所要日数が 2 日遅延すると工期も 2 日遅延する。

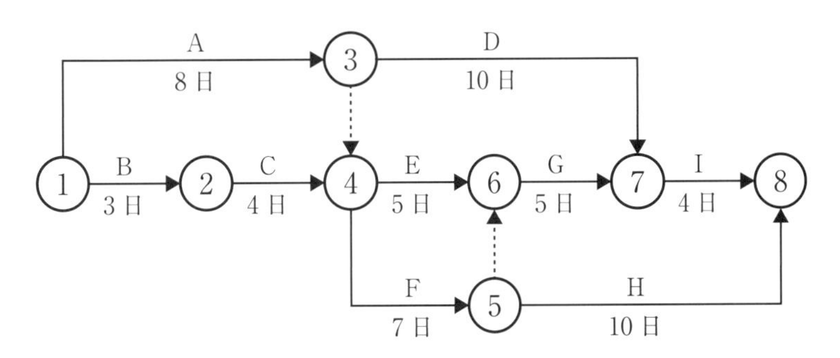

図 7-7-9　ネットワーク式工程表（例題）

【解答例】

（1）について

図 7-7-9 のネットワーク式工程表において，各作業の最早開始時刻を計算し，終点の最早開始時刻が所要日数（工期）となる。その結果は図 7-7-10 に示すとおりであり，所要日数すなわち工事の工期は 25 日となる。したがって，記述は適当である。

（2）について

各作業の最早開始時刻および最遅完了時刻より，トータルフロート，フリーフロートを求めると図7-7-10のようになる。トータルフロートがゼロの経路がクリティカルパスとなる。したがって，経路「①→③→④→⑤→⑧」がクリティカルパスとなり，記述は適当である。

（3）について

図7-7-10より「E」の最早開始時刻は「8日」となり，「7日」との記述は適当でない。

（4）について

図7-7-10より，作業Dのフリーフロートは「2日」であり，作業が2日遅延しても工期には影響しないので，記述は適当でない。

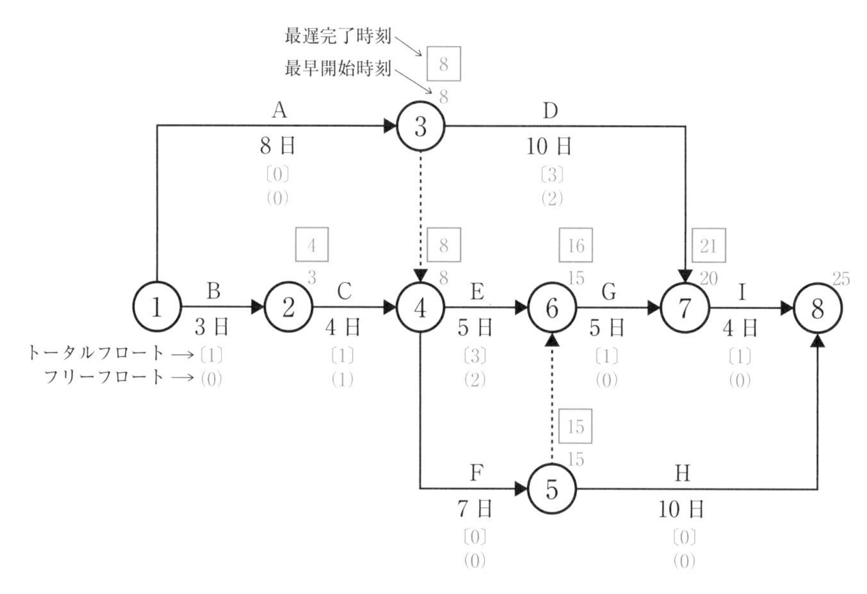

図7-7-10　作業時刻とフロートの計算結果

なお，各経路の合計日数から，所要日数（工期）を計算すると下記のようになる。

パスⅠ　①→③→⑦→⑧ ＝ 8 ＋ 10 ＋ 4 ＝ 22日

パスⅡ　①→③→④→⑥→⑦→⑧ ＝ 8 ＋ 5 ＋ 5 ＋ 4 ＝ 22日

パスⅢ　①→③→④→⑤→⑥→⑦→⑧ ＝ 8 ＋ 7 ＋ 5 ＋ 4 ＝ 24日

パスⅣ　①→③→④→⑤→⑧ ＝ 8 ＋ 7 ＋ 10 ＝ 25日

パスⅤ　①→②→④→⑥→⑦→⑧ ＝ 3 ＋ 4 ＋ 5 ＋ 5 ＋ 4 ＝ 21日

パスⅥ　①→②→④→⑤→⑥→⑦→⑧ ＝ 3 ＋ 4 ＋ 7 ＋ 5 ＋ 4 ＝ 23日

パスⅦ　①→②→④→⑤→⑧ ＝ 3 ＋ 4 ＋ 7 ＋ 10 ＝ 24日

これより，最長経路はパスⅣとなり，その経路がクリティカルパスとなり，所要日数，すなわち工期は25日となる。

第8章 安全管理

1 建設工事の労働災害

（1）労働災害の現状

労働安全衛生法（安衛法）では，「労働災害」を「労働者の就業に係る建設物，設備，原材料，ガス，蒸気，粉じん等により，又は作業行動その他業務に起因して，労働者が負傷し，疾病にかかり，又は死亡することをいう。」としている。

図 8-1-1 は，全産業および建設業における労働災害の死傷者数（4 日以上の休業）の推移を示したものであり，全産業に占める割合は 2020 年（令和 2 年）で約 11%となっている（死亡者数の割合は約 32%である）。わが国の同年における建設業の就業者数は約 492 万人で，全産業の就業者数 6,676 万人に対して約 7.4%であることから考えると，他の産業よりも労働災害が発生しやすいことを示している。

建設業（建築工事・土木工事）における 2020 年（令和 2 年）の死亡災害の種類別発生状況は図 8-1-2 に示したとおりであり，墜落による死亡災害が最も多く，続いて自動車（交通災害）等，建設機械等，飛来落下，倒壊，土砂崩壊等となっている。なお，墜落による死亡災害は全体の 39%と突出して多いが，そのうち 69%が建築工事となっている。

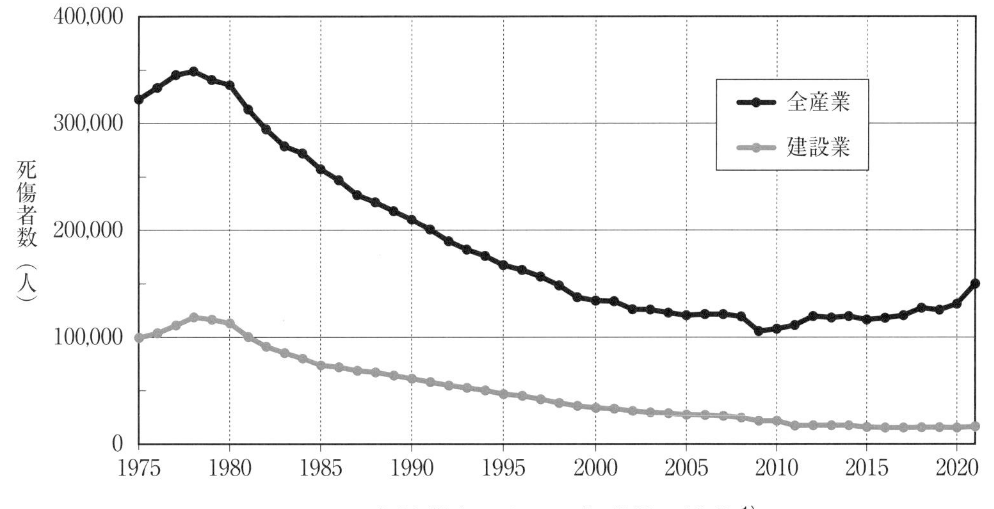

図 8-1-1　労働災害による死傷者数の推移 [1)]

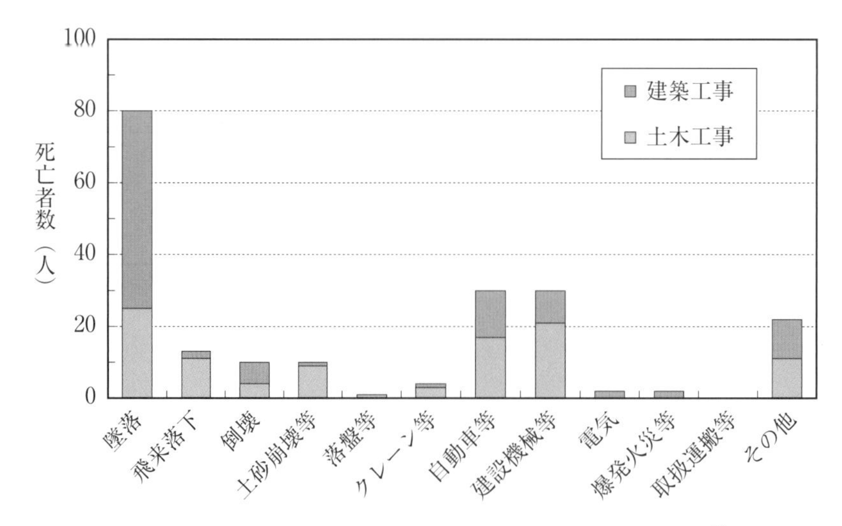

図 8-1-2　死亡災害の種類別発生状況（令和２年）[2)]

（2）労働災害における事業者責任

労働安全衛生法では，「事業者は，法律で定める労働災害の防止のための最低基準を守るだけでなく，快適な職場環境の実現と労働条件の改善を通じて職場における労働者の安全と健康を確保するようにしなければならない。」としており，事業者の責務を明確に示している。万一労働災害を発生させた場合には，事業者は図8-1-3に示すような「刑事責任」,「民事責任」,「行政責任」,「社会的責任」などの責任を問われることになる。

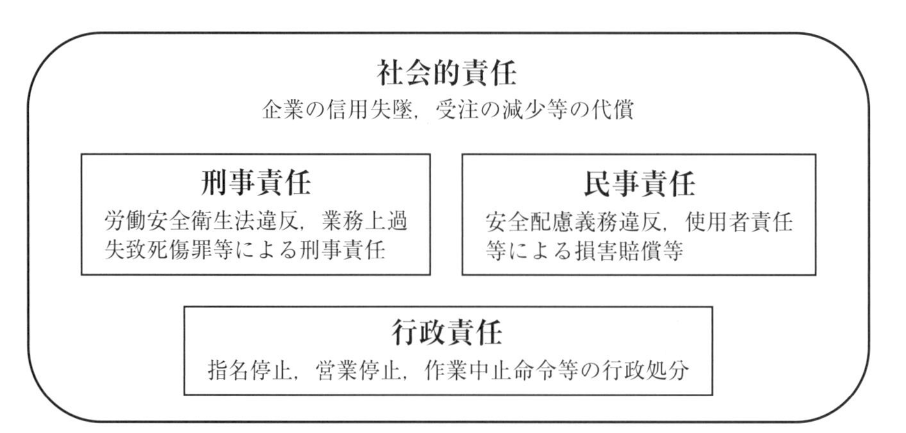

図 8-1-3　労働災害に伴う事業者の４つの責任

（3）安全衛生に係わる法律および関係政省令の体系

安全衛生に係わる法律および関係政省令の体系は図 8-1-4 に示したとおりである。労働基準法とは，労働条件の最低基準を定める法律で，日本国憲法第 27 条第 2 項に基づいて 1947（昭和 22）年に制定された。労働者が有する生存権の保障を目的として，労働契約や賃金，労働時間，休日および年次有給休暇，災害補償，就業規則などの項目について，労働条件としての最低基準を定めたものである。また，労働安全衛生法は，職場における労働者の安全と健康を確保するとともに，快適な職場環境の形成を促進することを目的としている。

土木工事に関しては図 8-1-4 の法令およびその関係政省令のほかに，「土木工事安全施工技術指針」（工安針）が国土交通省より示されており，公共工事の「土木工事共通仕様書」においてはこれを遵守することが求められている。また，工事関係者以外の第三者の生命・財産への危害についても対策する必要があるので，国土交通大臣より示されている「建設工事公衆災害防止対策要綱」（公災防）も遵守しなければならない。

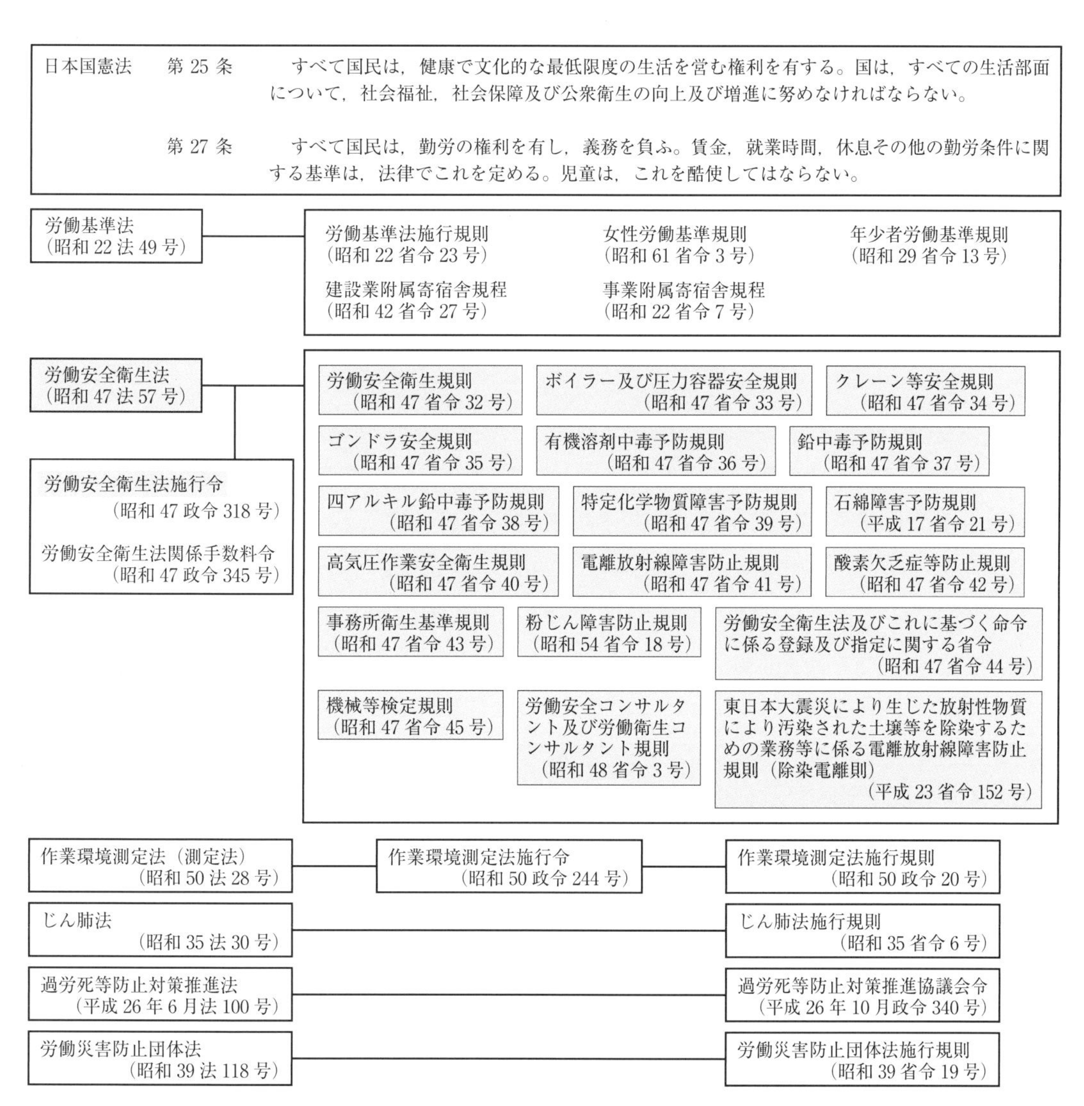

図 8-1-4　安全衛生に係わる法律および関係政省令の体系 [3)]

2 労働安全衛生法

労働安全衛生法は，労働基準法と相まって，労働災害の防止のための危害防止基準の確立，責任体制の明確化および自主的活動の促進の措置を講ずる等その防止に関する総合的計画的な対策を推進することにより職場における労働者の安全と健康を確保するとともに，快適な職場環境の形成を促進することを目的としている。

ここでは，安全衛生管理体制および注文者としての安全措置義務などについて解説する。作業主任者の選任や届出が必要な工事については，「第10章　土木法規，3. 労働安全衛生法」で解説しているので併せて参照されたい。

（1）元方事業者および特定元方事業者の安全措置義務

労働安全衛生法での事業者の定義は「事業を行う者で，労働者を使用するものをいう。」とあり，「労働災害の防止のための最低基準を守るだけでなく，快適な職場環境の実現と労働条件の改善を通じて職場における労働者の安全と健康を確保するようにしなければならない。」という責務がある。

1）　元方事業者

事業者のうち，元方事業者とは，発注者から仕事を元請けする事業者（受注者）のことであり，その労働者，関係請負人および関係請負人の労働者が法令に違反しないよう指導するとともに，違反しているときは是正の指示を行わなければならない。また，危険な場所で作業をするときは，危険を防止するための措置が適切に行われるように，技術上の指導等の必要な措置を関係請負人およびその労働者に対して行わなければならない。なお，関係請負人とは，元方事業者の仕事が数次の請負契約によって行われる場合，元方事業者以外の全ての下請負人のことである。すなわち，1次下請業者だけでなく，さらに再下請けした2次以下の下請業者の全てを含む。

2）　特定元方事業者

特定元方事業者とは，事業者のうち，特定業種である建設業または造船業に属する事業者のことである。特に，元請および多数の協力会社の作業員が，一の場所で混在して作業することによって発生する労働災害を防止するため，次の措置を行わなければならない。（安衛法第30条）

①協議組織の設置および運営

全ての関係請負人が参加する協議組織を設置し，定期的に会議を開催する。

②作業間の連絡および調整

特定元方事業者と全ての関係請負人の間および関係請負人相互間における作業間の連絡調整を随時行う。

③作業現場の巡視

毎作業日に１回以上は作業場所の巡視を行う。

④教育に対する指導および援助

関係請負人が行う労働者の安全または衛生のための教育に対する指導および援助を行う。

⑤工程計画・機械設備配置計画の作成と，関係請負人が講ずべき措置についての指導

工程計画および作業場所における機械，設備等の配置に関する計画を作成するとともに，当該機械，設備等を使用する作業に関し関係請負人が講ずべき措置についての指導を行う。

⑥その他，労働災害を防止するため必要な事項

①～⑤のほか，労働災害を防止するため必要な事項としては，クレーン等の運転についての合図の統一，事故現場等の標識の統一，有機溶剤等の容器の集積箇所の統一，警報の統一，避難等の訓練の実施方法等の統一，などがある。

（2）安全衛生管理体制

1）　事業場ごとの安全衛生体制（安衛法 10 条～ 14 条）

建設業における事業場とは，工事の請負契約をしている店社とその店社において締結した請負契約に係る仕事を行う作業所を統合した組織のことである。

一定の規模以上の事業場について，事業を実質的に統括管理する者を「総括安全衛生管理者」として選任し，その者に安全管理者，衛生管理者を指揮させるとともに，労働者の危険または健康障害を防止するための措置等の業務を統括管理させなければならない。建設業では常時使用する労働者数が 100 人以上の事業場では総括安全衛生管理者，安全管理者，衛生管理者，産業医などの選任が義務付けられている。

①総括安全衛生管理者の選任と職務

建設業では常時使用する労働者数が 100 人以上の事業場では総括安全衛生管理者を選任し，その者に安全管理者，衛生管理者または技術的事項を管理する者の指揮をさせるとともに，次の業務を統括管理させなければならない。

ア．労働者の危険または健康障害を防止するための措置に関すること

イ．労働者の安全または衛生のための教育の実施に関すること

ウ．健康診断の実施その他健康の保持増進のための措置に関すること

エ．労働災害の原因の調査および再発防止対策に関すること

オ．その他労働災害を防止するため必要な業務

②安全管理者の選任と職務

建設業では常時使用する労働者数が 50 人以上の事業場では安全管理者を選任し，総括安全衛生管理者を補佐するとともに，安全に係る技術的事項を管理させなければ

ならない。

③衛生管理者の選任と職務

常時使用する労働者数が50人以上の事業場では，衛生管理者を選任し，総括安全衛生管理者を補佐するとともに，衛生に係る技術的事項を管理させなければならない。

④産業医の選任と職務

常時使用する労働者数が50人以上の全ての事業場では，産業医を選任し，健康診断の実施，作業環境の維持および健康管理などを行わせなければならない。

⑤作業主任者の選任と職務

高圧室内作業その他の労働災害を防止するための管理を必要とする作業で，政令で定めるものについては，都道府県労働局長の免許を受けた者または都道府県労働局長の登録を受けた者が行う技能講習を修了した者のうちから，厚生労働省令で定めるところにより，当該作業の区分に応じて，作業主任者を選任し，その者に当該作業に従事する労働者の指揮その他の厚生労働省令で定める事項を行わせなければならない。

建設業において作業主任者を選任すべき主な作業とその職務については，「第10章 土木関連法規，3．労働安全衛生法（1）作業主任者の選任」を参照されたい。

2） 建設現場の安全衛生管理体制

建設現場では，同一の場所において，複数の関係請負人に仕事を請け負わせる下請混在現場が多い。そのため，特定元方事業者は，多数の労働者が混在して作業することで発生する労働災害を防止するため，各種義務を負わなければならない。特定元方事業者における安全衛生管理体制は，図8-2-1のとおりであり，一定規模以上の現場では表8-2-1に示すように統括安全衛生責任者の選任が義務付けられている。

①統括安全衛生責任者の職務

統括安全衛生責任者の職務は，元方安全衛生管理者を指揮すること，および前述（1）の①～⑤の事項について統括管理することである。したがって，現場を実質的に統括管理する責任を持っている人が統括安全衛生責任者でなければならないので，元請業者を代表する現場代理人（現場所長）が統括安全衛生責任者となるのが一般的である。なお，統括安全衛生責任者が旅行，疾病，事故その他やむを得ない事由によって職務を行うことができないときは，代理者を選任しなければならない。

②元方安全衛生管理者の職務

元方安全衛生責任者の職務は，統括安全衛生責任者の指揮を受け，統括安全衛生責任者が統括管理すべき事項のうち，技術的な事項を管理することである。

③安全衛生責任者の職務

安全衛生責任者は関係請負人から選任され，その職務は，統括安全衛生責任者と連絡を取り合うこと，統括安全衛生責任者が決めた事項を労働者に伝達することなどである。

④店社安全衛生管理者の職務

統括安全衛生責任者，元方安全衛生管理者，安全衛生責任者の選任を要さない一定規模以上の建設現場では，店社安全衛生管理者を選任する必要がある。その職務は，工事を行う場所における現場代理人等を指導するとともに，現場代理人と一体となって現場の統括安全衛生管理に努めることである。ただし，選任対象現場であっても，統括安全衛生管理責任者および元方安全衛生管理者を選任してその職務を行わせている場合には，店社安全衛生管理者の選任は必要ない。

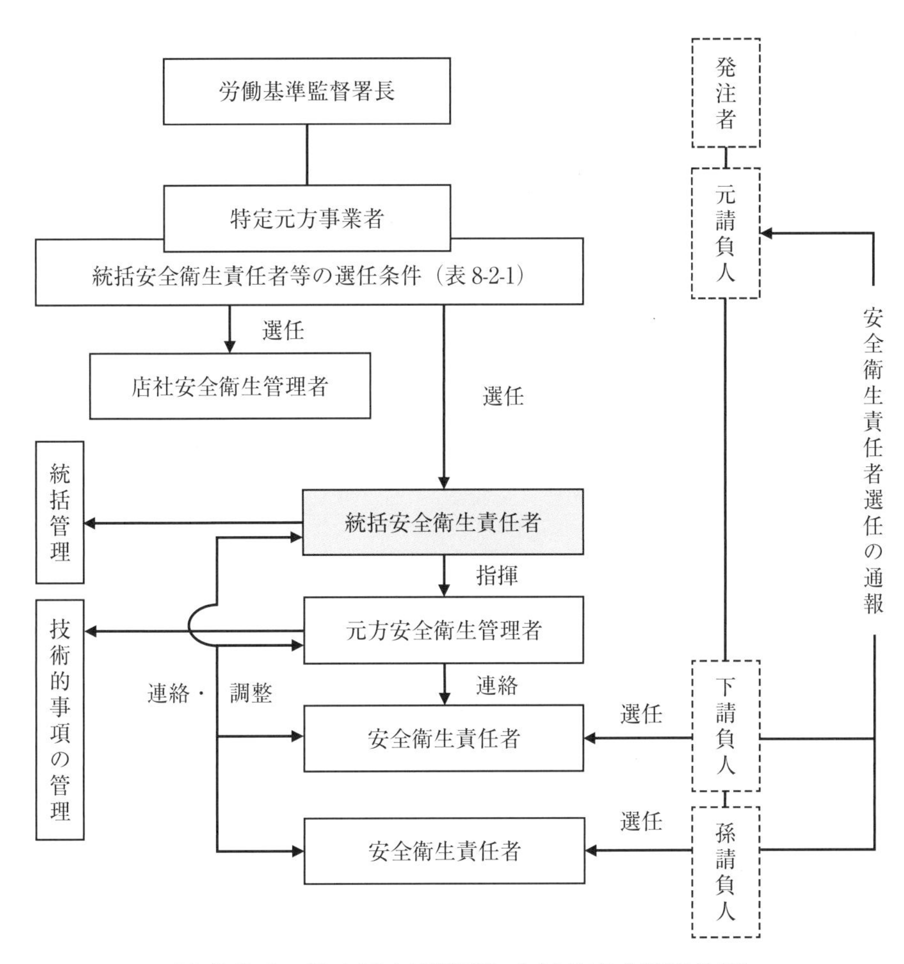

図 8-2-1　特定元方事業者における安全管理体制

表 8-2-1　統括安全衛生責任者等の選任条件

<table>
<tr><th>労働者の人数</th><th>20人
未満</th><th>20人以上
30人未満</th><th>30人以上
50人未満</th><th>50人以上</th></tr>
<tr><td rowspan="2">ずい道等・一定以上の橋梁の建設，圧気工法による工事</td><td rowspan="6"></td><td rowspan="2">店社安全衛生管理者</td><td colspan="2">統括安全衛生責任者</td></tr>
<tr><td colspan="2">元方安全衛生管理者</td></tr>
<tr><td rowspan="2">主要構造部が鉄骨造または鉄骨鉄筋コンクリート造の工事</td><td colspan="2" rowspan="2">店社安全衛生管理者</td><td>統括安全衛生責任者</td></tr>
<tr><td>元方安全衛生管理者</td></tr>
<tr><td rowspan="2">その他の工事</td><td colspan="2" rowspan="2"></td><td>統括安全衛生責任者</td></tr>
<tr><td>元方安全衛生管理者</td></tr>
</table>

3）安全施工サイクル活動

建設現場での安全衛生管理は，全工程を通じて，毎日・毎週・毎月のサイクルごとに計画を立てて行う必要がある。図 8-2-2 に示すように，これら毎日・毎週・毎月の基本的な安全実施事項を作業者全員で定型化・定着化し，その内容を継続的に改善しながらスパイラルアップする活動を「安全施工サイクル活動」と呼んでいる。

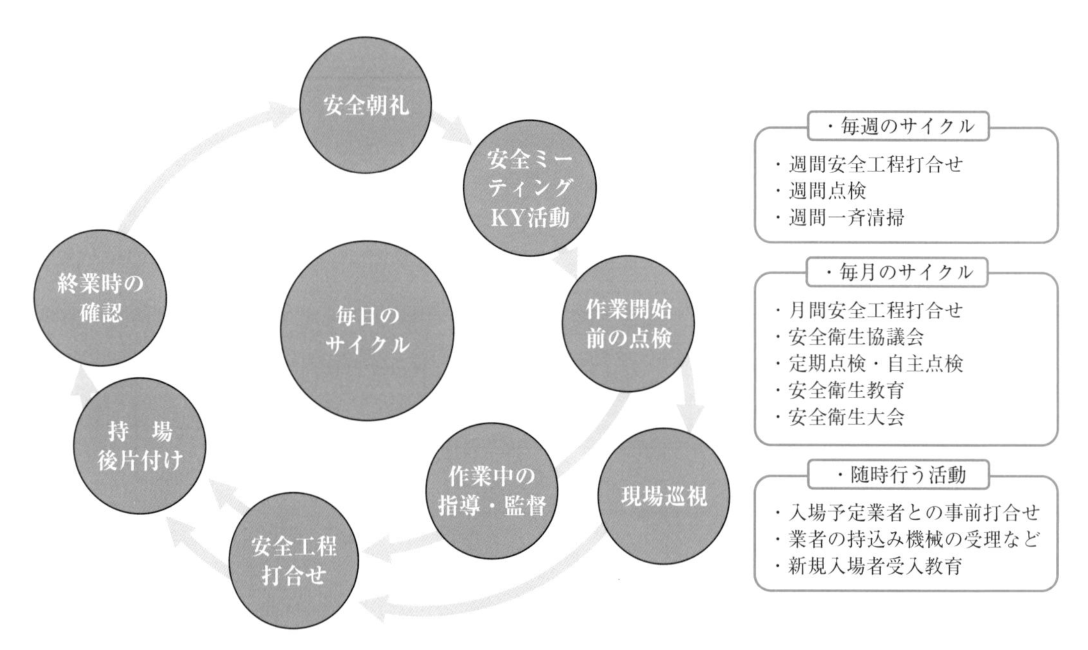

図 8-2-2　現場における安全施工サイクル活動の例 [4)]

（3）注文者としての安全措置義務（安衛法 31 条）

工事等の請負契約においては，仕事を注文する者が注文者，仕事を請け負う者が請負人となる。建設現場では，特定元方事業者が一次請負人に対する注文者，一次請負人は二次請負人に対する注文者となる。そのため，一つの建設現場においては，複数の注文者がいる場合がある。注文者の講ずべき安全措置としては，建設物等に対する安全措置義務と，特定作業に対する安全措置義務とがある。

1） 建設物等に対する注文者としての安全措置義務（安衛法 31 条）

建設物等とは，工事現場における架設通路，足場および型枠支保工などのことである。注文者が，下請会社にそれら建設物等を提供するときは，労働災害を防止するための必要な安全措置を行わなければならない。同一の建設物等について注文者が数次にわたる場合は，最も上位の注文者である「元請会社」が安全措置義務を負わなければならない。

図 8-2-3 のような施工体制において，一次下請 C 社が持ち込んだ移動足場（建設物等）を用いて二次下請の D 社，E 社が作業を行う場合の安全措置義務は以下のように解釈することができる。

① 元請会社は A 社であるため，B 社，C 社，D 社，E 社の全ての労働者に対して注文者としての安全措置義務がある。

② 一次下請 B 社は，D 社と E 社の注文者ではないので安全措置義務は生じない。

③ 一次下請 C 社は，二次下請の D 社と E 社に対して注文者となるため，元請会社である A 社とともに安全措置義務がある。

④ 一次下請 C 社は移動式足場を持ち込んだ事業者としての必要な措置を行う義務がある。

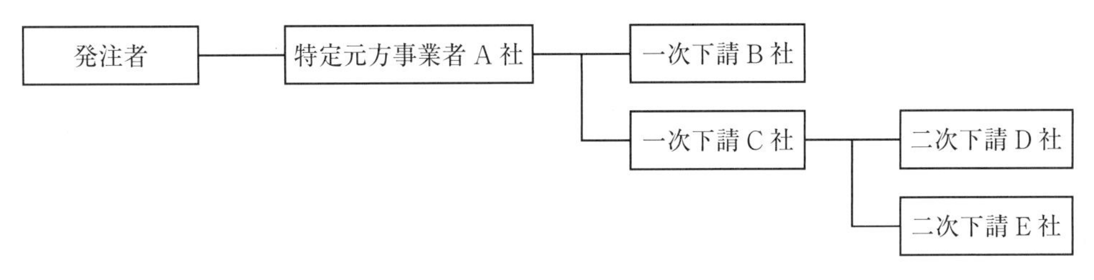

図 8-2-3 施工体制の事例

2） 特定作業に対する注文者としての安全措置義務（安衛法 31 条の 3）

特定作業とは，機体重量が 3t 以上の掘削機械で行う作業，くい打機による作業，つり上げ荷重 3t 以上の移動式クレーンなどの機械で行う作業のことである。図 8-2-4 のように，一次下請負人が二次下請負人と共同で特定作業を行う場合は，注文者である一次請負人が，特定作業に従事する全ての労働者に対して安全措置義務者となる。また，図 8-2-5 に示すように，特定作業の安全措置を講ずべき者がいないときは，元方事業者が指名するなどして特定作業に従事する全ての労働者の災害を防止しなければならない。

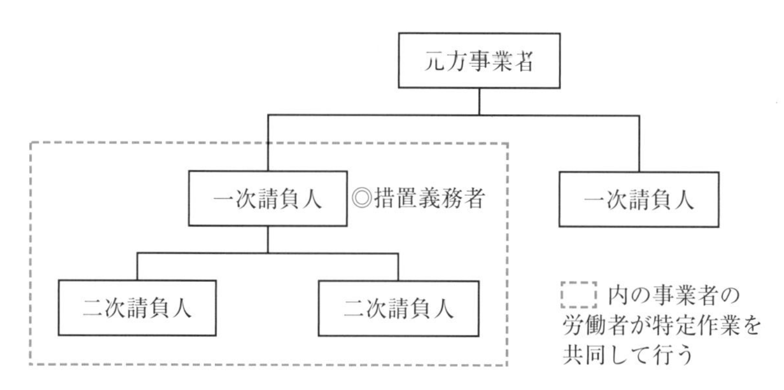

図 8-2-4　特定作業に対する注文者としての安全措置義務①

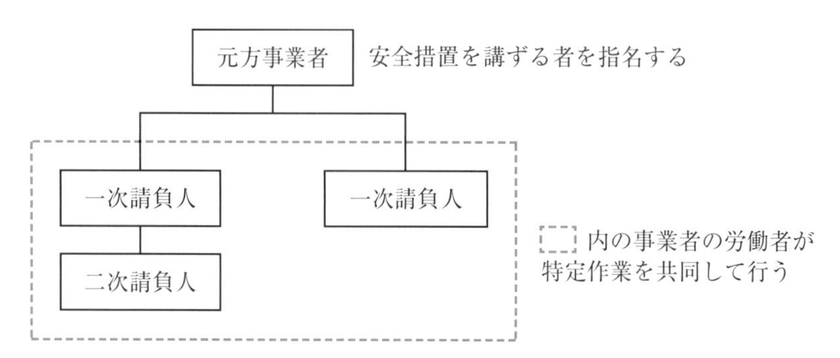

図 8-2-5　特定作業に対する注文者としての安全措置義務②

（4）元請等の違法な指示の禁止（安衛法 31 条の 4）

注文者は，関係請負人に対し，安衛法令に違反するような指示をしてはならない。例えば，クレーン作業において，吊り上げ能力を超える荷の吊り上げを指示する，建設機械作業において，その目的以外の作業を指示するなどである。

（5）機械等貸与者等の講ずべき措置等（安衛法 33 条）

移動式クレーン，車両系建設機械，不整地運搬車，高所作業車などを有償貸与（レンタル，リース）する者（機械等貸与者），機械等の貸与を受けた者は，次の措置を行わなければならない。

①貸与する者

機械の点検，整備を行うとともに，機械の能力，特性，使用上の注意事項を記載した書面を，貸与を受ける事業者に交付する。

②貸与を受ける者

オペレータが有資格であることやその技能を確認するとともに，作業内容，指揮系統，連絡，合図の方法などに関する事項の通知を行う。

3 土木工事の安全対策

（1）保護具等の使用

労働災害から身を守るためには，保護具を正しく装着して，正しく使うことが重要である。土木工事に従事する場合の正しい服装および適切な保護具の例は図 8-3-1 に示すとおりである。

図 8-3-1　正しい服装と適切な保護具の例 [5)]

1）保護帽（安全ヘルメット）

労働安全衛生法では，物体の飛来または落下による労働者の危険を防止するため，あるいは墜落による労働者の危険を防止するため等，保護帽の使用に関する義務・規則を事業者と労働者の双方に求めている。保護帽は，安衛法第 42 条に基づく「保護帽の規格」に適合したものを使用する必要がある。しかしながら，耐用年数等に関する法的な規定はない。そこで，（一社）日本ヘルメット工業会の「保護帽取扱いマニュアル」を遵守するのが一般的である。

① 保安帽の交換時期は，異常が認められなくても ABS，PC，PE 製（熱可塑性樹脂）は 3 年以内，FRP 製（熱硬化性樹脂）は 5 年以内とする。

② あごひもと着装体は，異常が認められなくても 1 年以内に交換する。

③ 着装体を交換するときは，同一メーカーの同一型式の部品を使用する。

2）要求性能墜落制止用器具

「要求性能墜落制止用器具」は，従来の「安全帯」の名称から改められた名称である。事業者は高さが 2m 以上の高所作業において，作業床の設置，作業床の端および開口部等に囲い，手すり，覆い等を設けることが困難な場合には，墜落制止用器具（要求性能墜落制止用器具）を使用させなければならず，その要求性能墜落制止用器具は，安衛法第 42

条に基づく「墜落制止用器具の規格」に適合したものでなければならない。要求性能墜落制止用器具には，フルハーネス型と胴ベルト型の2種類があるが，フルハーネス型の使用を原則とし，胴ベルト型は一定の条件下のみでの使用に限られる。

3）呼吸用保護具

事業者は，ずい道等建設工事の作業に労働者を従事させる場合には，粉じん障害を防止するため，防じんマスク，電動ファン付き呼吸用保護具（PAPRと称されている）等有効な呼吸用保護具を常時使用させなければならない。特に，動力を用いた掘削，ずりの積込みや積卸しをする場所での作業，あるいはコンクリートやモルタル等を吹き付ける場所における作業に際しては，電動ファン付き呼吸用保護具を使用させなければならない。なお，防じんマスクには酸素供給能力がないので，酸素濃度18％未満の場所で使用してはならず，このような場所では給気式呼吸用保護具を使用しなければならない。

4）安全靴

安全靴は，JIS（日本工業規格）で基本性能が規格化されており，「作業時の事故によって生じる障害から着用者の足を保護するための機能を組み込んだ靴」のことであり，つま先部の防護のためにつま先部に先芯を装着し，かつ靴底に滑り止め機能を備えたものである。安全靴の使用期限に関する法的な規定はないが，一般に，先芯が変形してつま先が保護できなくなっていたり，靴底が減っていて履いているときに滑ったりする場合や先芯に一度でも衝撃を受けたものは，外観に異常がなくても使用しないことが推奨されている。

（2）異常気象時の安全対策

1）異常気象の定義

労働安全衛生法では，悪天候の基準を以下のとおりとしている（昭和34年2月18日付け労働省基発第101号）。

① 強風…10分間の平均風速が毎秒10m以上
② 暴風…瞬間風速が毎秒30mを超える風
③ 大雨…1回の降雨量が50mm以上
④ 大雪…1回の降雪量が25cm以上
⑤ 中震以上の地震…震度階数4以上

2）緊急通報体制の確立（工安針第1章第4節）

工事の施工に当たっては，工事関係者が一体となって安全施工の確保を図るために，現場の安全施工体制および隣接地工事を含む工事関係機関との連絡体制を確立しておかなければならない。大雨，強風等の異常気象または地震，水質事故，工事事故などが発生した場合に対する組織体制および連絡系統などを確立しておく必要がある。

① 関係機関および隣接他工事の関係者とは平素から緊密な連携を保ち，緊急時における通報方法の相互確認等の体制を明確にしておく。

② 通報責任者を指定しておく。

③ 緊急連絡体制表（図8-3-2）を作成し，関係連絡先，担当者および電話番号を記入し，事務所，詰所等の見やすい場所に掲示しておく。

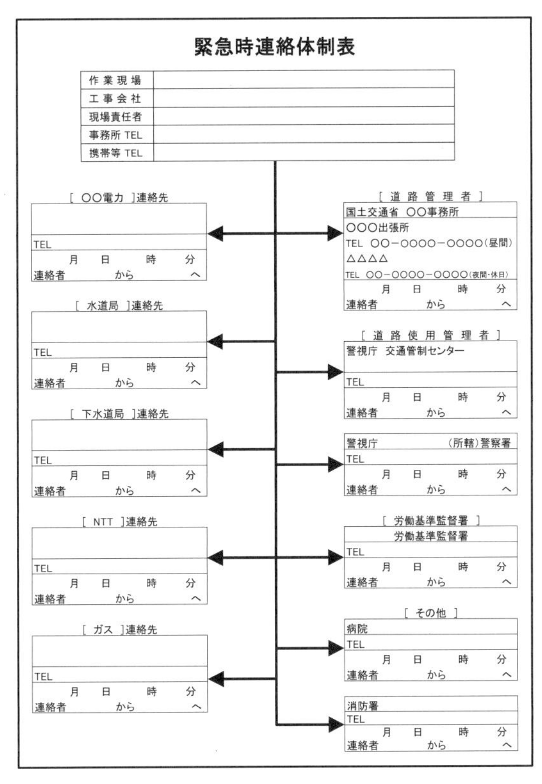

図8-3-2 緊急連絡体制表の例[6)]

3） 異常気象時の対策（工安針第２章第７節）

大雨，強風などの異常気象および地震や津波などが発生した場合に備えて，現場特性や作業内容に応じた措置を講じる必要があるので，下記の事項について事前に検討しておかなければならない。

① 気象情報の収集：事務所にテレビ，ラジオ等を常備し，常に気象情報の入手に努める。

② 情報の伝達：現場条件に応じて，無線機，トランシーバー，拡声器，サイレンなどを設け，緊急時に使用できるよう常に点検整備しておく。

③ 洪水が予想される場合：各種救命用具（救命浮器，救命胴衣，救命浮輪，ロープ）等を緊急の使用に際して即応できるように準備しておく。

④ 巡回点検：工事責任者は，必要に応じ2名以上を構成員とする警戒班を出動させて巡回点検を実施する。警報および注意報が解除され，作業を再開する前には，

工事現場の地盤の緩み，崩壊，陥没等の危険がないか入念に点検する。

⑤　大雨に対する措置：大雨などにより，大型機械などの設置してある場所への冠水流出，地盤の緩み，転倒のおそれなどがある場合は，早めに適切な場所への退避または転倒防止措置を取る。また，冠水流出のおそれがある仮設物等は，早めに撤去するか，水裏から仮設物内に水を呼び込み内外水位差による倒壊を防ぐか，補強するなどの措置を講じる。

⑥　強風に対する措置：強風の際には，クレーン，くい打機等のような風圧を大きく受ける作業用大型機械の休止場所での転倒，逸走防止には十分注意する。予期しない強風が吹き始めた場合には，特に高所作業では，作業を一時中止する。この際，物の飛散が予想されるときは，飛散防止措置を施すとともに，安全確保のため，監視員，警戒員を配置する。

⑦　大雪に対する措置：道路，水路等には幅員を示すためのポール，赤旗の設置等の転落防止措置を講じる。また，道路，工事用栈橋，階段，スロープ，通路，作業足場等は，除雪するか滑動を防止するための措置を講じる。

⑧　雷に対する措置：電気発破作業においては，雷光と雷鳴の間隔が短いときは，作業を中止し安全な場所に退避させる。また，雷雲が直上を通過した後も，雷光と雷鳴の間隔が長くなるまで作業を再開しない。

⑨　地震および津波に対する措置：地震および津波に対する警報が発せられた場合は，安全な場所へ作業員を避難させる。また，地震および津波が発生した後に，工事を再開する場合は，あらかじめ建設物，仮設物，資機材，建設機械，電気設備および地盤，斜面状況等を十分点検する。

（3）足場および作業床（墜落・飛来落下の防止）

足場とは，作業をするために必要な仮設の床およびこれを支持する支柱などの構造物のことである。高さ2m以上の箇所で作業を行う場合で，作業員が墜落する危険のおそれがあるときは，足場を組み立てるなどの方法によって作業床を設置する必要がある。足場には，その構造上から，支柱足場，吊り足場（図8-3-3），架足場（うま足場），移動式足場（ローリングタワー）などに分類されている。支柱足場には，本足場（図8-3-4のように2列の建地がありその間に作業床が設置してある足場），一側足場（図8-3-5のように1列の建地に作業床が設置してある足場），棚足場などがある。

前述したように建設業の労働災害では墜落・転落によるものが突出して多くなっており，その起因物として足場が多い。そのため，足場からの墜落・転落防止対策は重要な課題となっているため，平成21年に足場の構造，点検方法などに関する労働安全衛生規則の大幅な改正が行われた。

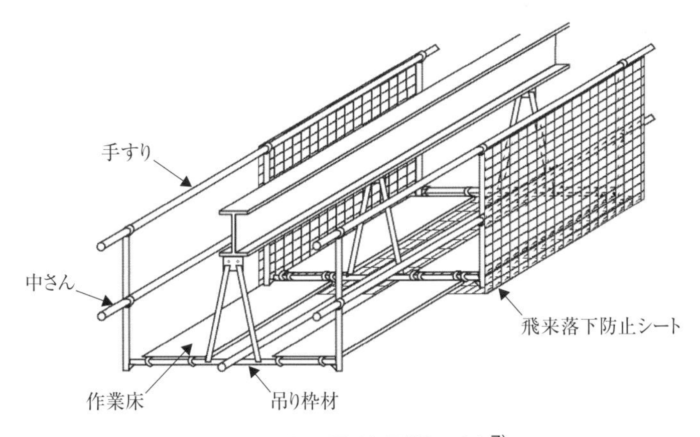

図 8-3-3　吊り足場の例 [7)]

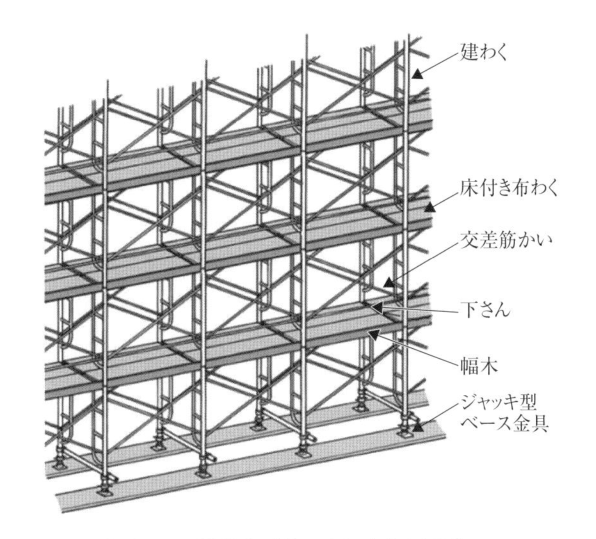

図 8-3-4　枠組足場の例（本足場）

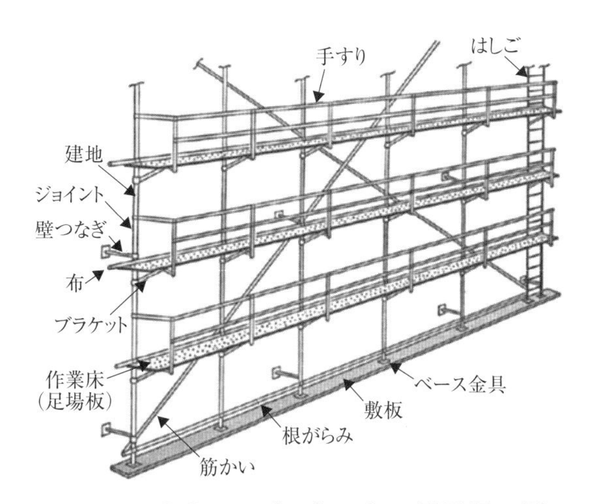

図 8-3-5　ブラケット一側足場の例

1) 一般事項

①足場の設置計画の届出

吊り足場，張出し足場およびそれ以外の足場にあっては，高さが10m以上の構造となる足場で，組立てから解体までの期間が60日以上となる場合は，あらかじめ，その設置計画を工事の開始日の30日前までに，所轄の労働基準監督署長に届け出なければならない。(安衛法88条，安衛則85条・安衛則別表第7)

②足場の構造と材料

足場は丈夫な構造であり，材料は著しい損傷，変形または腐食のあるものを使用しない。また，鋼管足場に使用する鋼管および付属金具ならびに足場に用いる仮設機材の材料，構造，強度等は，JIS規格や安衛則の規格に適合したものとしなければならない。

③足場の最大積載荷重

足場の構造，材料に応じて，作業床の最大積載荷重を定めなければならない。また，最大積載荷重は足場の見やすい場所に表示する等して作業員に周知させなければならない。(安衛則562条，工安針5章4節4)

④作業主任者および作業指揮者（安衛則565条，566条）

下記の作業を行う場合は，足場の組立て等作業主任者技能講習を修了した者のうちから，「足場の組立て等作業主任者」を選任しなければならない。

ア．吊り足場（ゴンドラの吊り足場を除く）の組立て，解体，変更の作業。

イ．張出し足場の組立て，解体，変更の作業。

ウ．高さが5m以上の構造の足場の組立て，解体，変更の作業。

足場の組立て等作業主任者の職務は次のとおりである。

ア．材料の欠点の有無を点検し，不良品を取り除くこと。

イ．器具，工具，要求性能墜落制止用器具等および保護帽の機能を点検し，不良品を取り除くこと。

ウ．作業の方法および労働者の配置を決定し，作業の進行状況を監視すること。

エ．要求性能墜落制止用器具および保護帽の使用状況を監視すること。

高さが5m未満の構造の足場の組立て，解体，変更の作業であっても，作業員の墜落による危険のおそれがあるときは,作業指揮者を指名しなければならない（ただし，作業主任者が選任されていない場合)。作業指揮者には直接作業を指揮させ,あらかじめ，作業の方法および順序を当該作業に従事する作業員に周知させておかなければならない。(安衛則529条)

2) 足場組立て解体作業における留意事項一般（安衛則564条）

吊り足場（ゴンドラの吊り足場を除く），張出し足場または高さが2m以上の構造の足場の組立て，解体または変更の作業を行うときは，下記の措置を講じなければならない。

① 組立て，解体または変更の時期，範囲および順序を当該作業に従事する労働者に周知させる。

② 組立て，解体または変更の作業を行う区域内には，関係労働者以外の立入りを禁止する。

③ 強風（10分間の平均風速が毎秒10m以上），大雨（1回の降雨量が50mm以上），大雪（1回の降雪量が25cm以上）等の悪天候のため，作業の実施について危険が予想されるときは作業を中止する。

④ 足場材の緊結，取外し，受渡し等の作業にあっては，幅40cm以上の足場板を設ける。また，要求性能墜落制止用器具を安全に取り付けるための設備等を設け，かつ，労働者に要求性能墜落制止用器具を使用させる措置を講ずる。

⑤ 材料，器具，工具等を上げまたは下ろすときには，吊り綱，吊り袋等を労働者に使用させる。

3） 足場の点検（安衛則567条）

足場（吊り足場を除く）における作業を行うときは，その日の作業を開始する前に，作業を行う箇所に設けた足場用墜落防止設備の取外しおよび脱落の有無について点検し，異常を認めたときは，直ちに補修しなければならない。

また，強風，大雨，大雪等の悪天候もしくは中震以上の地震または足場の組立て，一部解体もしくは変更の後において，足場における作業を行うときは，作業を開始する前に，次の事項について，点検し，異常を認めたときは，直ちに補修しなければならない。なお，吊り足場については，下記①～⑤，⑦および⑨が該当する。

① 床材の損傷，取付けおよび掛渡しの状態

② 建地，布，腕木等の緊結部，接続部および取付部の緩みの状態

③ 緊結材および緊結金具の損傷および腐食の状態

④ 足場用墜落防止設備の取外しおよび脱落の有無

⑤ 幅木等の取付状態および取外しの有無

⑥ 脚部の沈下および滑動の状態

⑦ 筋かい，控え，壁つなぎ等の補強材の取付状態および取外しの有無

⑧ 建地，布および腕木の損傷の有無

⑨ 突りょうとつり索との取付部の状態およびつり装置の歯止めの機能

4） 鋼管足場（安衛則570条，571条）

鋼管足場については，次の定めに適合しなければならない。

① 足場（脚輪を取り付けた移動式足場を除く）の脚部には，足場の滑動または沈下を防止するため，ベース金具を用い，かつ，敷板，敷角等を用い，根がらみを設ける等の措置を講ずること。

② 脚輪を取り付けた移動式足場にあっては，不意に移動することを防止するため，

ブレーキ，歯止め等で脚輪を確実に固定させ，足場の一部を堅固な建設物に固定させる等の措置を講ずること。

③ 鋼管の接続部または交差部は，これに適合した付属金具を用いて，確実に接続し，または緊結すること。

④ 筋かいで補強すること。

⑤ 一側足場，本足場または張出し足場では，壁つなぎまたは控えを設け，その間隔は，表 8-3-1 に示す値以下とすること。

表 8-3-1 壁つなぎまたは控えの間隔

鋼管足場の種類	間隔（m）	
	垂直方向	水平方向
単管足場	5	5.5
枠組足場＊1	9	8

＊1：高さ 5m 未満のものを除く

単管足場の場合は，下記に適合しなければならない。

① 建地の間隔は，けた行方向を 1.85m 以下，はり間方向は 1.5m 以下とすること。

② 地上第 1 の布は，2m 以下の位置に設けること。

③ 建地の最高部から測って 31m を超える部分の建地は，鋼管を 2 本組とすること。

④ 建地間の積載荷重は，400kg を限度とすること。

枠組足場の場合は，下記に適合しなければならない。

① 最上層および 5 層以内ごとに水平材を設けること。

② はりわくおよび持送りわくは，水平筋かいその他によって横振れを防止する措置を講ずること。

③ 高さ 20m を超えるときおよび重量物の積載を伴う作業を行うときは，使用する主わくは，高さ 2m 以下のものとし，かつ，主わく間の間隔は 1.85m 以下とすること。

5） 手すり先行工法による足場の組立て

足場の組立ておよび解体の墜落災害を防止するため，「手すり先行工法に関するガイドライン」が平成 21 年に厚生労働省より新たに通達され，その周知・普及の推進が図られている。手すり先行工法とは図 8-3-6 に示すように，作業床を取り付ける前に，手すり，中さんおよび幅木を先行して設置して足場を組立て，解体するときは，最上層の作業床を取り外すまで手すり，中さんおよび幅木を残置しておき，常に手すり，中さんおよび幅木が設置された状態で足場を解体する工法である。

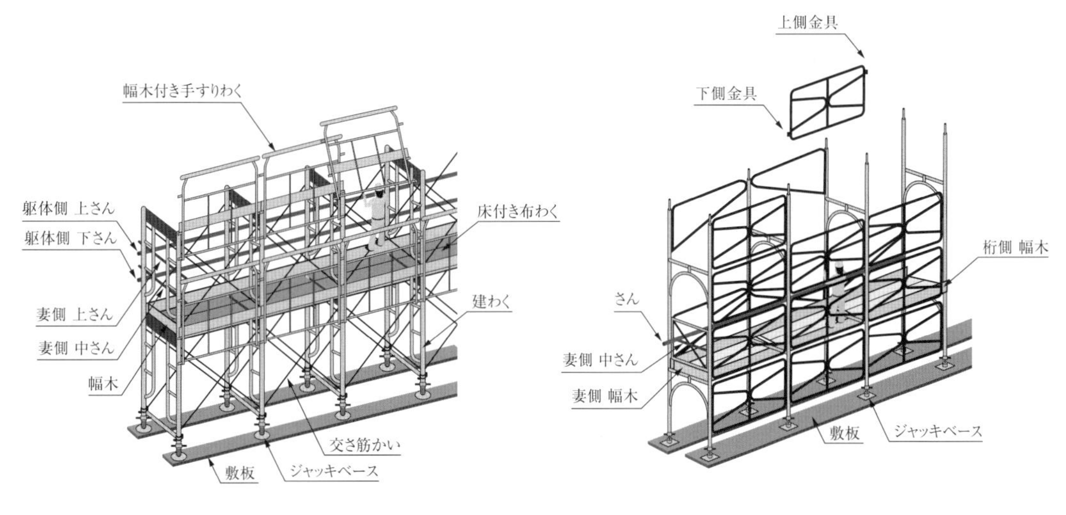

① 手すり据置き方式の例　　② 手すり先行専用足場方式の例

図 8-3-6　手すり先行工法の例 8)

6）吊り足場（安衛則 574 条，575 条）

吊り足場とは，ワイヤロープ，鎖および鋼線などの吊り材で作業床を吊るした構造の足場のことであり，次に適合しなければならない。

① 作業床を吊るワイヤロープ，鎖，鋼線，鋼帯，繊維帯等は，著しい形くずれや破断または腐食のないものを使用しなければならない。

② 吊り材の一端を足場桁，スターラップ等に，他端を突りょう，アンカーボルト，建築物のはり等にそれぞれ確実に取り付けなければならない。

③ 作業床は，幅を 40cm 以上とし，かつ，隙間がないようにする。

④ 床材は，転位し，または脱落しないように，足場桁，スターラップ等に取り付ける。

⑤ 足場桁，スターラップ，作業床等に控えを設ける等動揺または転位を防止するための措置を講ずる。

⑥ 棚足場であるものにあっては，桁の接続部および交差部は，鉄線，継手金具または緊結金具を用いて，確実に接続し，または緊結する。

⑦ 吊り足場の上で，脚立，はしご等を用いて労働者に作業させてはならない。

7）足場における作業床（安衛則 563 条）

足場（一側足場を除く）における高さ 2m 以上の作業場所には，次のような作業床を設けなければならない。

① 吊り足場の場合を除き，幅，床材間の隙間および床材と建地との隙間は次に定めるところによる。

ア．幅は，40cm 以上とすること

イ．床材間の隙間は，3cm 以下とすること。

ウ．床材と建地との隙間は，12cm 未満とすること。

② 墜落により労働者に危険を及ぼすおそれのある箇所には，以下の足場用墜落防止設備を設けること（図 8-3-7）。

ア．枠組足場の場合，次のいずれかの設備を設ける

a．交さ筋かいおよび高さ 15cm 以上 40cm 以下のさん，もしくは高さ 15cm 以上の幅木

b．手すり枠

イ．枠組足場以外の足場

高さ 85cm 以上の手すり等および高さ 35cm 以上 50cm 以下の中さん等

③ 腕木，布，はり，脚立その他作業床の支持物は，これにかかる荷重によって破壊するおそれのないものを使用すること。

④ 吊り足場の場合を除き，床材は，転位し，または脱落しないように二つ以上の支持物に取り付けること。

⑤ 作業のため物体が落下することにより，労働者に危険を及ぼすおそれのあるときは，高さ 10cm 以上の幅木，メッシュシートもしくは防網またはこれらと同等以上の機能を有する幅木等を設けること（図 8-3-8）。

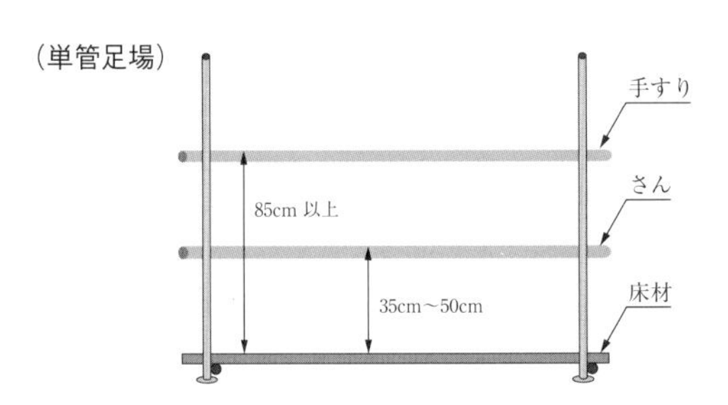

高さは床材上面から，手すりおよびさんの上端まで

(a) 単管足場の場合

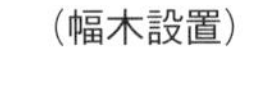

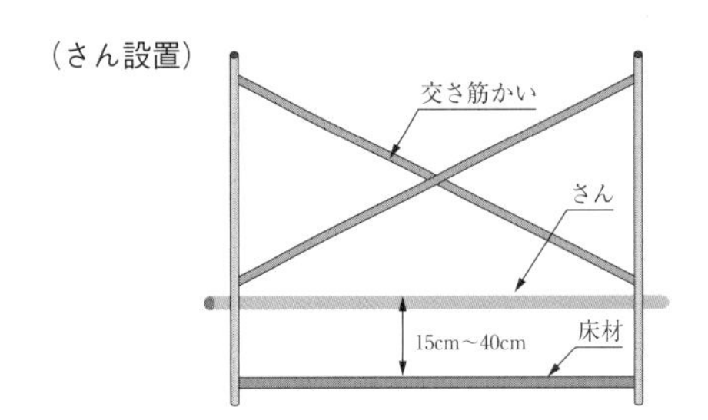

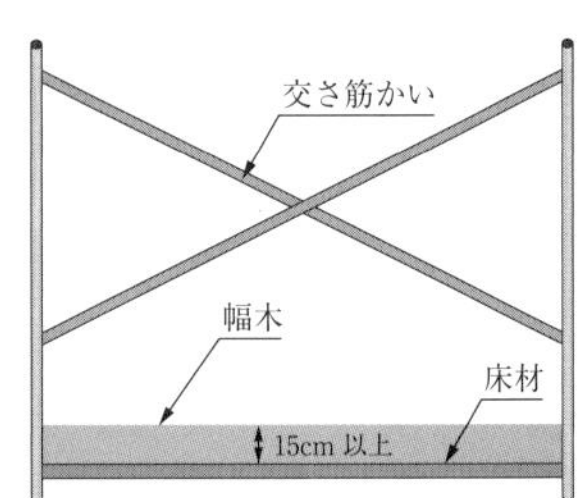

高さは床材上面から，さんまたは幅木の上端まで

(b) 枠組足場の場合

図 8-3-7　労働者の墜落防止措置 [9)]

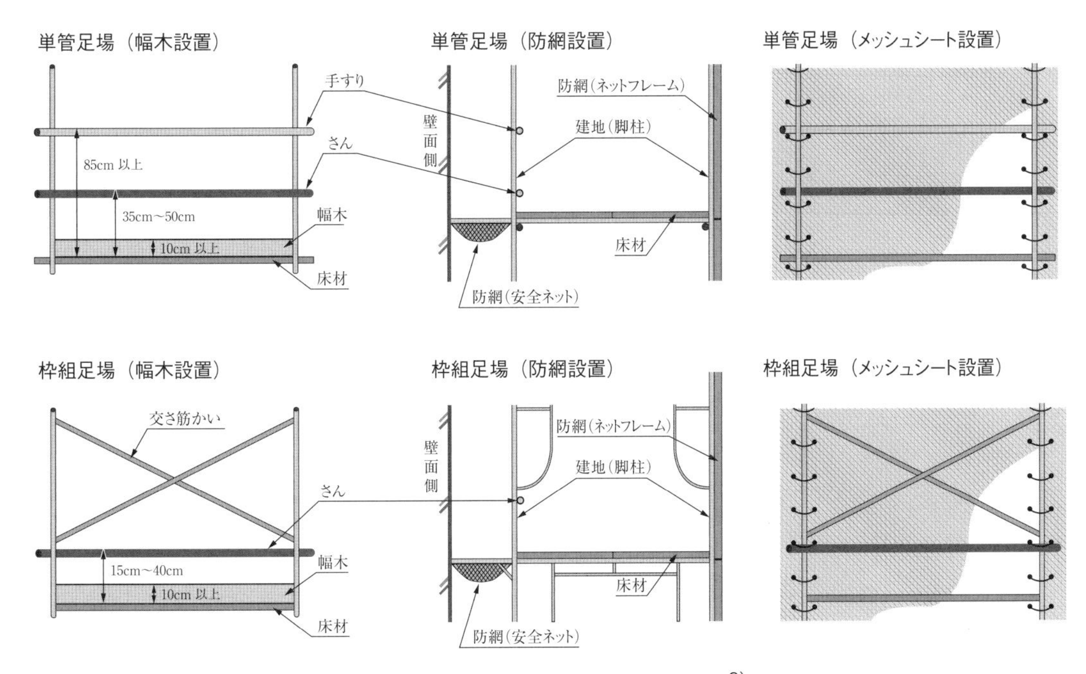

図 8-3-8　物体の落下防止措置 9)

（4）安全ネットの設置

安全ネットは開口部等による労働者の墜落を防止するため，図 8-3-9 に示すように水平に張って使用するものである。安全ネットの構造等に関する規定には，厚生労働省「墜落による危険を防止するためのネットの構造等の安全基準に関する技術上の指針」がある。

① ネットの材料は，合成繊維とし，網目は，その辺の長さが 10cm 以下とすること。

② 墜落のおそれがある作業床等とネットの取付け位置との垂直距離（落下高さ）は，ネットの短辺長さや支持点の間隔などから定まる値以下としなければならない。

③ ネットの支持点は，600kg の外力に耐える強度を有するものとし，支持点の間隔は，ネット周辺からの墜落による危険がないものであること。

④ 使用開始後 1 年以内およびその後 6 月以内ごとに 1 回，定期に試験用糸について等速引張試験を行うこと。

⑤ 著しく汚れたネットについては，洗浄し，破損した部分については，補修すること。

⑥ ネットは，紫外線，油，有害ガス等のない乾燥した場所に保管すること。

⑦ 網糸が規定の強度を有しないネット，人体またはこれと同等以上の重さを有する落下物による衝撃を受けたネット，破損した部分が補修されていないネット，強度が明らかでないネットは使用しないこと。

⑧ ネットには，見やすい箇所に，製造者名，製造年月，仕立寸法，網目，新品時の網糸の強度を表示しなければならない。

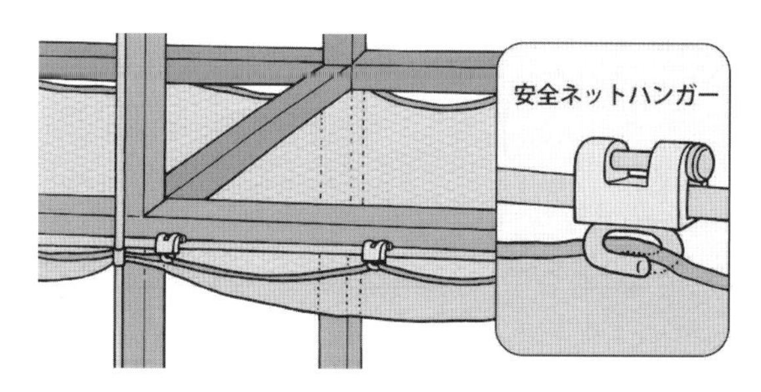

図 8-3-9　開口部における安全ネットの設置例[10)]

（5）車両系建設機械（安衛則第2編第2章）

車両系建設機械では，ブルドーザ，パワーショベル，スクレーパなどの掘削・積込み作業中における災害や，路肩等から転落，あるいは機械の点検作業時のアーム等により挟撃されたりする災害が多い。事業者が行う安全措置の主な規定は以下のとおりである。

1）機械の構造に関する規定

① 前照灯の設置：車両系建設機械には，前照灯を備えなければならない。ただし，作業を安全に行うため必要な照度が保持されている場所において使用する車両系建設機械については，この限りではない。

② ヘッドガード：岩石の落下等により労働者に危険が生ずるおそれのある場所では，堅固なヘッドガードを備えなければならない。

2）使用に係る危険の防止

① 調査および記録：車両系建設機械を用いて作業を行うときは，あらかじめ，当該作業に係る場所について地形，地質の状態等を調査し，その結果を記録しておかなければならない。

② 作業計画：調査結果に適応する作業計画を定めるに際しては，使用する車両系建設機械の種類および能力，運行経路，作業の方法を示すとともに，関係労働者に周知させなければならない。

③ 制限速度：作業場所の地形，地質の状態等に応じた適正な制限速度を定めなければならない。

④ 転落等の防止等：転倒または転落による労働者の危険を防止するため，運行経路の路肩の崩壊を防止すること，地盤の不同沈下を防止すること，必要な幅員を保持すること等の措置を講じなければならない。また，労働者に危険が生ずるおそれのあるときは，誘導者を配置し，その者に誘導させなければならない。また，運転者には，転倒時保護構造を有し，かつ，シートベルトを備えたもの以外の車両系建設機械を使用させてはならず，シートベルトを使用させるようにしなければならない。

⑤ 接触の防止：運転中の車両系建設機械に接触するおそれのある箇所に，労働者を

立ち入らせてはならない。ただし，誘導者を配置し，その者に当該車両系建設機械を誘導させるときは，この限りではない。

⑥ 合図：誘導者を置くときは，一定の合図を定め，誘導者に当該合図を行わせなければならない。

⑦ 運転位置から離れる場合の措置：運転者が運転位置から離れるときは，バケット，ジッパー等の作業装置を地上に下ろし，原動機を止め，かつ走行ブレーキをかける等の逸走防止措置を講じなければならない。

⑧ 移送：車両系建設機械を貨物自動車に積卸しを行う場合には，平坦で堅固な場所において行う。道板を使用するときは十分な長さ，幅および強度を有するものを適当な勾配で確実に取り付けなければならない。また，盛土，仮設台等を使用するときは，十分な幅および強度ならびに適度な勾配を確保しなければならない。

⑨ 搭乗の制限：乗車席以外の箇所に労働者を乗せてはならない。

⑩ 使用の制限：構造上定められた安定度，最大使用荷重等を守らなければならない。

⑪ 主たる用途以外の使用の制限：パワーショベルによる荷の吊り上げ，クラムシェルによる労働者の昇降等，主たる用途以外の用途に使用してはならない。

⑫ 修理等：修理またはアタッチメントの装着もしくは取外しの作業を行うときは，当該作業を指揮する者を定め，作業手順を決定し，作業を指揮する。また，安全支柱，安全ブロック等および架台の使用状況を監視させなければならない。

⑬ ブーム等の降下による危険の防止：ブーム，アーム等を上げ，その下で修理，点検等の作業を行うときは，労働者に安全支柱，安全ブロック等を使用させなければならない。

⑭ アタッチメントの倒壊等による危険の防止：アタッチメントの装着または取外しの作業を行うときは，労働者に架台を使用させなければならない。

3） 点検

① 定期自主検査：車両系建設機械については，1年以内ごとに1回，定期に所定の事項について自主点検を行わなければならない。

② 定期自主検査の記録：自主検査を行ったときは，次の事項を記録し，3年間保存しなければならない。

- 検査年月日
- 検査方法
- 検査箇所
- 検査の結果
- 検査を実施した者の氏名
- 検査の結果に基づいて補修等の措置を講じたときは，その内容

③ 作業開始前点検：その日の作業を開始する前に，ブレーキおよびクラッチの機能

について点検を行わなければならない。

④ 補修等：自主検査または点検を行った場合において，異常を認めたときは，直ちに補修その他必要な措置を講じなければならない。

（6）移動式クレーン（クレーン則第3章）

クレーンとは，動力を用いて荷を吊り上げ，これを水平に運搬することを目的とする機械装置のことである。建設現場では，次のような種類のクレーンが用いられている。

① ケーブルクレーン：2つの塔間に張り渡したメインロープ上をトロリが横行する形式のものであり，図8-3-10（a）に示したように鋼橋などの架設に使用されている。

② タワークレーン：高い塔の上にジブクレーンを備えたもので，高層建築物の施工に不可欠である。土木構造物では，図8-3-10（b）に示したように，コンクリートダム，ケーソン基礎などの大型の構造物に使用されている。

③ クローラークレーン：図8-3-10（c）に示したように，下部走行体にクローラ式（履帯式）を採用したもので，現場間の移動は運搬機械によって運ぶ必要があるが，現場内は移動して使用できるという特徴を有している。

④ トラッククレーン：図8-3-10（d）に示したように，汎用のトラックシャーシーである下部走行体を採用したもので，公道を走行して現場まで移動できるという特徴を有している。

クレーンによる災害は，運転や玉掛け作業が原因によるものが多く，吊り荷の落下，吊り荷等による挟圧，ワイヤロープの破断，クレーンとの挟圧，転倒などが主なものである。ここでは，土木工事の多くで使用されている移動式クレーンの範疇に属するクローラークレーンやトラッククレーンなどを用いて作業を行うときの安全留意事項について，「クレーン等安全規則 第3章移動式クレーン」（昭和47年労働省令第34号）にのっとって記述する。

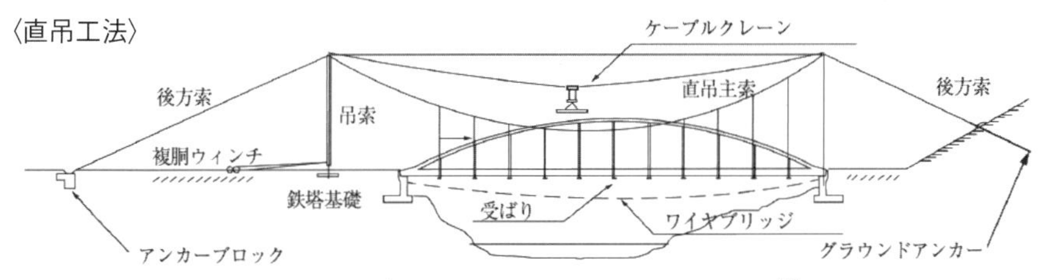

(a) ケーブルクレーンによる鋼橋の架設例[11]

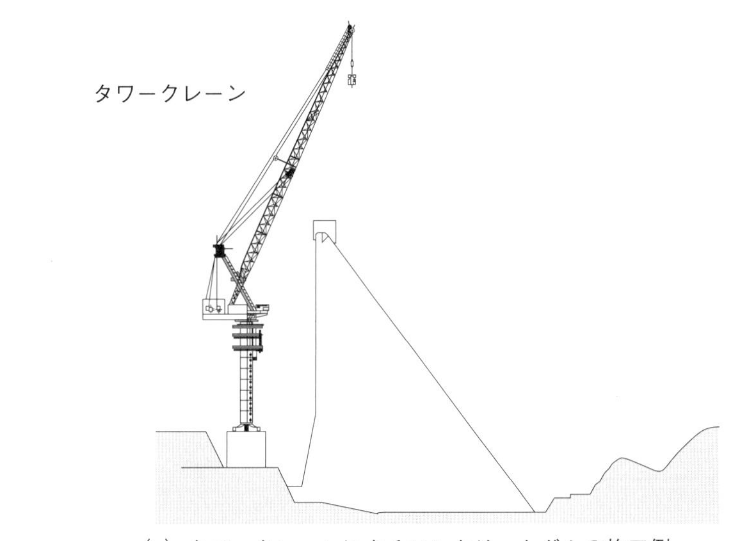

(b) タワークレーンによるコンクリートダムの施工例

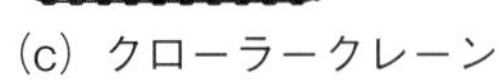

(c) クローラークレーン

(d) トラッククレーン

図 8-3-10　代表的なクレーンの種類

1） 移動式クレーンの使用および資格等

①作業の方法等の決定等

移動式クレーンの転倒等を防止するため，あらかじめ，当該作業に係る場所の広さ，地形および地質の状態，運搬しようとする荷の重量，使用する移動式クレーンの種類および能力等を考慮して，次の事項を定めるとともに，作業の開始前に，関係労働者に周知させなければならない。

ア．移動式クレーンによる作業の方法

イ．移動式クレーンの転倒を防止するための方法

ウ．移動式クレーンによる作業に係る労働者の配置および指揮の系統

②外れ止め装置の使用

荷を吊り上げるときは，玉掛け用ワイヤロープ等がフックから外れることを防止するための装置（外れ止め装置）を使用しなければならない。

③運転者の資格等

移動式クレーンの運転資格等については，吊り上げ荷重によって表8-3-2のように定められている。

表 8-3-2　移動式クレーンの運転に必要な資格等

吊り上げ荷重	移動式クレーン 運転士免許	小型移動式クレーン 運転技能講習	移動式クレーン運転の 特別教育
5t 以上	○	—	—
1t 以上 5t 未満	○	○	—
1t 未満	○	○	○

④定格荷重の表示等

移動式クレーンの運転者および玉掛けをする者が当該移動式クレーンの定格荷重を常時知ることができるよう，表示その他の措置を講じなければならない。

なお，定格荷重とは吊り上げできる荷重のことであり，吊り上げ荷重はフックなどの吊具の質量に吊り荷の質量を含んだものである。

2）クレーンの据付け

移動式クレーンの据付けに関する主な安全留意事項は，図8-3-11および次に示すとおりである。

①据付け場所

地盤が軟弱であったり，埋設物その他地下に存在する工作物が損壊したり，あるいは移動式クレーンが転倒したりするおそれのある場所においては，作業を行ってはならない。ただし，当該場所において，移動式クレーンの転倒を防止するため必要な広さおよび強度を有する鉄板等が敷設され，その上に移動式クレーンを設置しているときはこの限りでない。

②アウトリガーの設置位置

アウトリガーを有する移動式クレーンで作業を行うときは，転倒するおそれのない位置にアウトリガーを設置しなければならない。地盤の支持力が小さい場合には，敷板，敷鉄板等により荷重を分散させるか，地盤改良により地盤支持力を大きくするなどの対策を行わなければならない。

③アウトリガー等の張り出し

アウトリガーを有する移動式クレーンまたは拡幅式のクローラーを有する移動式ク

レーンを用いて作業を行うときは，当該アウトリガーまたはクローラーを最大限に張り出さなければならない。ただし，アウトリガーまたはクローラーを最大限に張り出すことができない場合，アウトリガーまたはクローラーの張り出し幅に応じた定格荷重を下回ることが確実に見込まれるときはこの限りでない。

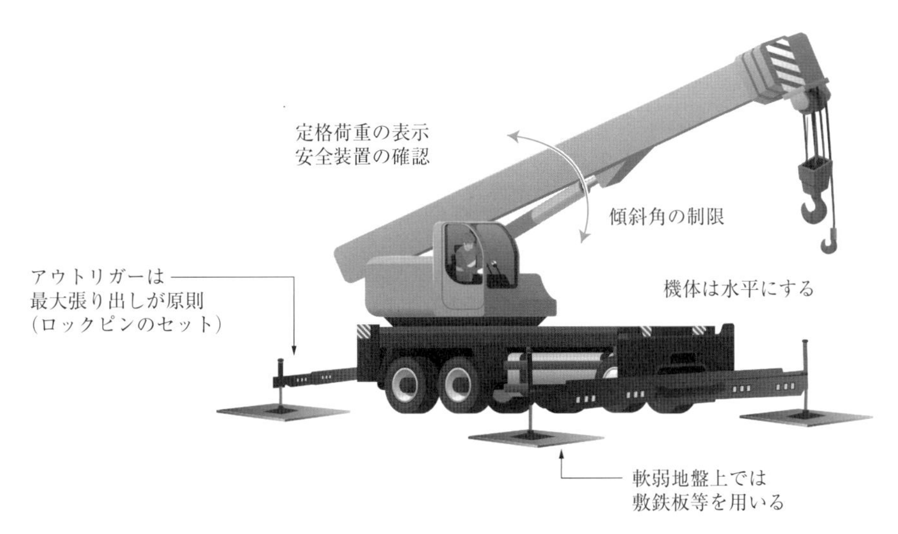

図 8-3-11　移動式クレーンの据付け

3）吊り上げ作業

移動式クレーンにおける吊り上げ作業に関する主な安全留意事項は次に示すとおりである。

①運転の合図

移動式クレーンの運転について一定の合図を定め，合図を行う者を指名して，その者に合図を行わせなければならない。ただし，移動式クレーンの運転者に単独で作業を行わせるときはこの限りでない。

②労働者の吊り上げの禁止

移動式クレーンにより，労働者を運搬し，または労働者を吊り上げて作業させてはならない。ただし，作業の性質上やむを得ない場合または安全な作業の遂行上必要な場合は，移動式クレーンの吊り具に専用の搭乗設備を設けて当該搭乗設備に労働者を乗せることができる。

③作業区域への立入禁止措置

移動式クレーンに係る作業を行うときは，当該移動式クレーンの上部旋回体と接触することにより労働者に危険が生ずるおそれのある箇所に労働者を立ち入らせてはならない。また，吊り上げられている荷の下に労働者を立ち入らせてはならない。

④強風時の作業中止および転倒の防止

強風のため，移動式クレーンに係る作業の実施について危険が予想されるときは，当該作業を中止しなければならない。また，強風により転倒するおそれのあるときは，当該移動式クレーンのジブの位置を固定させる等により危険を防止するための措置を講じなければならない。

⑤運転位置からの離脱の禁止

運転者を，荷を吊ったままで，運転位置から離れさせてはならない。

4） ジブの組立て・解体等の作業

移動式クレーンのジブの組立てまたは解体の作業を行うときは，次の措置を講じなければならない。

① 作業を指揮する者を選任して，その者の指揮の下に作業を実施させること。

② 作業を行う区域に関係労働者以外の労働者が立ち入ることを禁止し，かつ，その旨を見やすい箇所に表示すること。

③ 強風，大雨，大雪等の悪天候のため，作業の実施について危険が予想されるときは，当該作業に労働者を従事させないこと。

作業を指揮する者に，次の事項を行わせなければならない。

① 作業の方法および労働者の配置を決定し，作業を指揮すること。

② 材料の欠点の有無ならびに器具および工具の機能を点検し，不良品を取り除くこと。

③ 作業中，要求性能墜落制止用器具等および保護帽の使用状況を監視すること。

5） 玉掛け作業

玉掛け作業とは，荷物をクレーン等のフックで吊り上げるために，図 8-3-12 に示すように，玉掛け用ワイヤロープやその他の玉掛け用具を使用して行うための準備作業，フックへの荷掛け作業，荷外し作業などの一連の作業のことである。

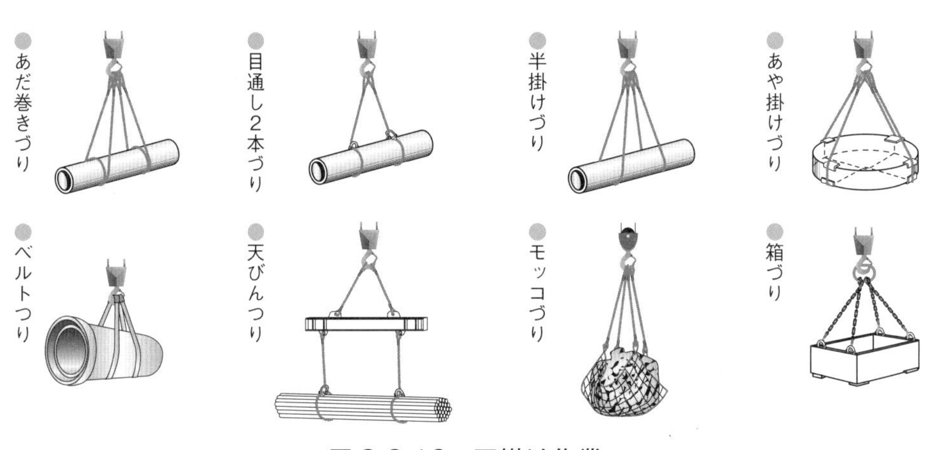

図 8-3-12　玉掛け作業

①玉掛け作業の資格等

玉掛け作業を行うためには，表8-3-3に示す資格が必要であり，移動式クレーン等の運転の資格を有していても玉掛けの業務はできない。

表8-3-3　玉掛け作業に必要な資格等

吊り上げ荷重	必要な資格等
1t以上	技能講習＊1
	玉掛け科の訓練修了者＊2
	その他厚生労働大臣が定める者＊3
1t未満	特別教育＊4

＊1：玉掛け技能講習を修了した者
＊2：職業能力開発促進法施行規則別表第4の訓練科の欄に掲げる玉掛け科（通信の方法によって行うものを除く）の訓練を修了した者
＊3：職業能力開発促進法施行規則等によるクレーン等の訓練を受けた者等
＊4：玉掛けの業務に係る特別の教育を修了した者

②不適格なワイヤロープの使用禁止

次のいずれかに該当するワイヤロープを玉掛け用具として使用してはならない。

ア．ワイヤロープ一より（1ピッチ）の間において素線の数の10％以上の素線が切断しているもの

イ．直径の減少が公称径の7％を超えるもの

ウ．キンクしたもの

エ．著しい形くずれまたは腐食があるもの

③作業開始前の点検

玉掛けの作業を行うときは，その日の作業を開始する前にワイヤロープ等の異常の有無について点検を行わなければならない。異常を認めたときは，直ちに補修しなければならない。

（7）明り掘削（安衛則第2編第6章，公災防）

明り掘削とは，露天の状態で地山を掘削する作業のことである。トンネル工事のように照明を必要としない明るい状態で行う掘削工事のことが元来の意味であり，照明の不要な昼間工事はもちろんのこと，照明が必要な夜間工事も含まれる。明り掘削では土砂崩壊による災害が多く，その防止対策として下記のいずれかの方法を採用するのが基本である。

① 地山の土質に応じた安全なのり勾配で掘削する（図8-3-13（a）オープンカット工法など）。

② 土止め支保工を設置して掘削する（図8-3-13（b）切ばり式土止め工法など）。

③ 土砂崩壊の危険性がある区域に作業員の立入りを禁止するとともに，作業員が立

ち入らなくてもよい方法で掘削する（無人化施工など）。

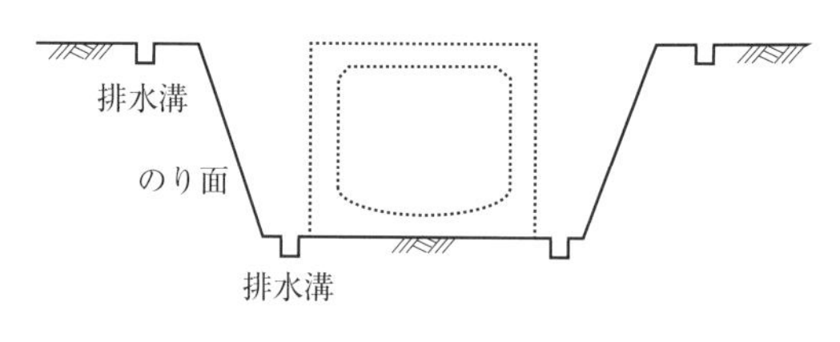

(a) オープンカット工法

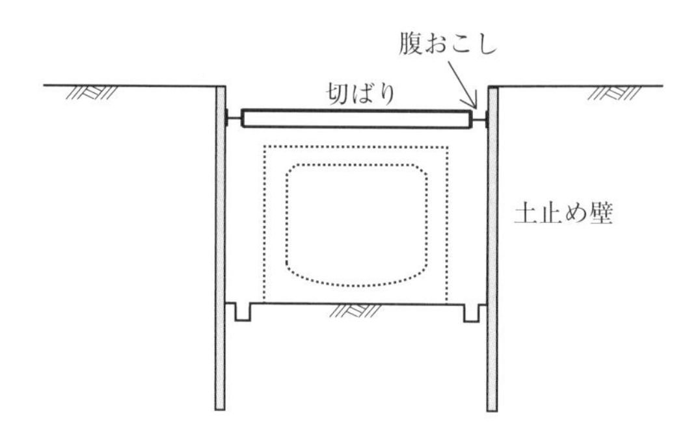

(b) 切ばり式土止め工支保工

図 8-3-13　明り掘削による土砂崩壊防止のための代表例

1）　作業計画の届出

掘削の高さまたは深さが 10m 以上である地山の掘削（掘削機械を用いる作業で，掘削面の下方に作業員が立ち入らない場合は対象外）をする際には，あらかじめ，その計画を工事の開始日の 14 日前までに，所轄の労働基準監督署長に届け出なければならない。

2）　作業箇所等の調査

地山の崩壊，埋設物等の損壊等により労働者に危険を及ぼすおそれのあるときは，あらかじめ，作業箇所およびその周辺の地山について次の事項を調査し，現場に適応する掘削の時期および順序を定めて作業を行わなければならない。

① 形状，地質および地層の状態
② き裂，含水，湧（ゆう）水および凍結の有無および状態
③ 埋設物等の有無および状態
④ 高温のガスおよび蒸気の有無および状態

3）　掘削面の勾配の基準

手掘りによる掘削作業（パワーショベル，トラクタショベル等の掘削機械を用いないで行う掘削作業）を行う場合の掘削面の勾配は表 8-3-4 に示すとおりとしなければならない。掘削面に，奥行きが 2m 以上の水平な段があるときは，段ごとの掘削面について適用しなければならない。

第8章

表 8-3-4　手掘りによる掘削面の勾配の基準

地山の種類	掘削面の高さ	掘削面の勾配
岩盤または固い粘土からなる地山	5m 未満	90 度以下
	5m 以上	75 度以下
その他の地山	2m 未満	90 度以下
	2m 以上 5m 未満	75 度以下
	5m 以上	60 度以下

手掘りによる掘削作業で，砂からなる地山，または発破などにより崩壊しやすい状態になっている地山の掘削勾配は表 8-3-5 のようにしなければならない。

表 8-3-5　崩壊しやすい地山の掘削面の勾配・高さの基準

地山の種類	掘削面の勾配・高さ
砂からなる地山	勾配 35 度以下または高さ 5m 未満
発破などにより崩壊しやすい状態になっている地山	勾配 45 度以下または高さ 2m 未満

4）　地山の点検

明り掘削の作業を行うときは，地山の崩壊または土石の落下による労働者の危険を防止するため，点検者を指名して作業箇所およびその周辺の地山について次の措置を講じなければならない。

①点検の時期

ア．その日の作業を開始する前

イ．大雨の後

ウ．中震以上の地震の後

エ．発破を行った後

②点検項目

ア．浮石およびき裂の有無および状態

イ．含水，湧水および凍結の状態の変化

ウ．発破を行った箇所およびその周辺の浮石およびき裂の有無および状態

5）　地山の掘削作業主任者の選任とその職務

①　事業者は，掘削面の高さが 2m 以上となる地山の掘削を行うときは，地山の掘削および土止め支保工作業主任者技能講習を修了した者のうちから，地山の掘削作業主任者を選任しなければならない

②　地山の掘削作業主任者の職務は次のとおりである。

ア．作業の方法を決定し，作業を直接指揮すること。

イ．器具および工具を点検し，不良品を取り除くこと。

ウ　要求性能墜落制止用器具等および保護帽の使用状況を監視すること。

6）　地山の崩壊等による危険防止措置

地山の崩壊または土石の落下により労働者に危険を及ぼすおそれのあるときは，あらかじめ，土止め支保工を設け，防護網を張り，労働者の立入りを禁止する等の措置を講じなければならない。

7）　埋設物等による危険防止措置

埋設物等またはれんが壁，コンクリートブロック塀（へい），擁壁等の建設物に近接する箇所で明り掘削の作業を行う場合において，これらの損壊等により労働者に危険を及ぼすおそれのあるときは，これらを補強し，移設する等の措置を講じた後でなければ，作業を行ってはならない。

① 明り掘削の作業により露出したガス導管の損壊により労働者に危険を及ぼすおそれのある場合は，つり防護，受け防護等の防護を行うか，ガス導管を移設する等の措置を行わなければならない。

② 掘削機械，積込機械および運搬機械の使用によるガス導管，地中電線路その他地下に存在する工作物の損壊により労働者に危険を及ぼすおそれのあるときは，これらの機械を使用してはならない（図8-3-14）。

③ 埋設物が予想される場所では，施工に先立ち，埋設物管理者等が保管する台帳に基づいて試掘等を行い，その埋設物の種類，位置（平面・深さ），規格，構造等を原則として目視により確認しなければならない。

④ 試掘によって埋設物を確認した場合は，その位置等を道路管理者および埋設物の管理者に報告しなければならない。

⑤ 工事施工中において，管理者の不明な埋設物を発見した場合，埋設物に関する調査を再度行い，当該管理者の立会いを求め，安全を確認した後に処置しなければならない。

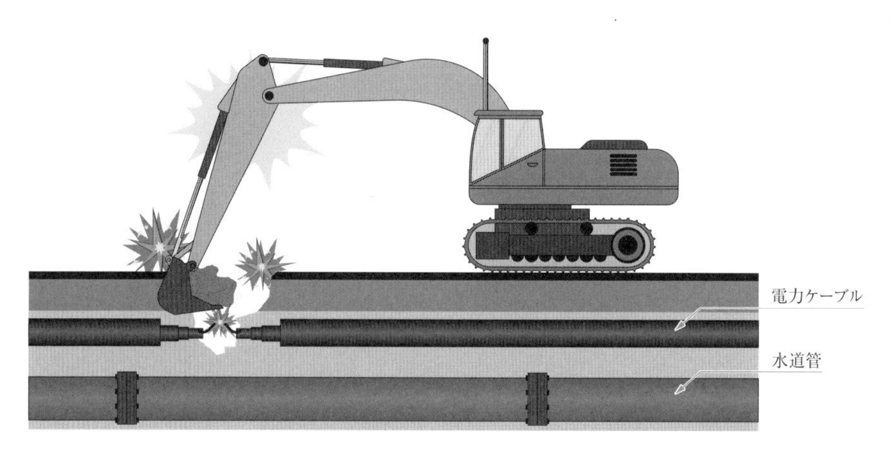

図8-3-14　地下埋設物の損傷による災害

8） 運搬機械等の運行の経路等の周知

明り掘削の作業を行うときは，あらかじめ，運搬機械，掘削機械および積込機械の運行の経路ならびにこれらの機械の土石の積卸し場所への出入の方法を定めて，これを関係労働者に周知させなければならない。

9） 誘導者の配置

運搬機械等が，労働者の作業箇所に後進して接近するとき，または転落するおそれのあるときは，誘導者を配置し，その者にこれらの機械を誘導させなければならない。

10） 保護帽の着用

明り掘削の作業を行うときは，物体の飛来または落下による労働者の危険を防止するため，当該作業に従事する労働者に保護帽を着用させなければならない。

11） 照度の保持

明り掘削の作業を行う場所については，当該作業を安全に行うため必要な照度を保持しなければならない。

（8）架空線等上空施設に近接する作業（工安針第３章第２節）

架空線等上空施設とは，電力線，電話線，有線，引込み線，上空施設（跨線橋，横断ボックス，信号機，道路標識等）などがある。これら架空線等上空施設の近接作業等を行うに際しては，工事着手前の現地調査を十分実施し，上空施設管理者に確認や立ち合いを求め，現場条件や作業条件に応じた安全対策や保安対策を講じることが，損傷事故等の防止の基本である。特に，高圧線の損傷事故は社会的影響が大きいことから図 8-3-15 に示すような慎重な安全対策と施工が必要である。事前の確認および現場管理上の安全留意事項は以下のとおりである。

① 施工に先立ち，現地調査を実施し，種類，位置（場所，高さ等）および管理者を確認すること。

② 建設機械等のブーム，ダンプトラックのダンプアップ等により，接触・切断の可能性があると考えられる場合は，必要に応じて以下の保安措置を行うこと。

ア．架空線上空施設への防護カバーの設置

イ．工事現場の出入口等における高さ制限装置の設置

ウ．架空線等上空施設の位置を明示する看板等の設置

エ．建設機械のブーム等の旋回・立入り禁止区域等の設定

③ 必要に応じて上空施設の管理者に施工方法の確認や立会いを求めること。

④ 施工に際しては，架空線等と機械，工具，材料等について安全な離隔を確保すること。

⑤ 建設機械，ダンプトラック等のオペレータ・運転手に対し，工事現場区域および工事用道路内の架空線等上空施設の種類，位置（場所，高さ等）を連絡するとと

もに，ダンプトラックのダンプアップ状態での移動・走行の禁止や建設機械の旋回・立入禁止区域等の留意事項について周知徹底すること。

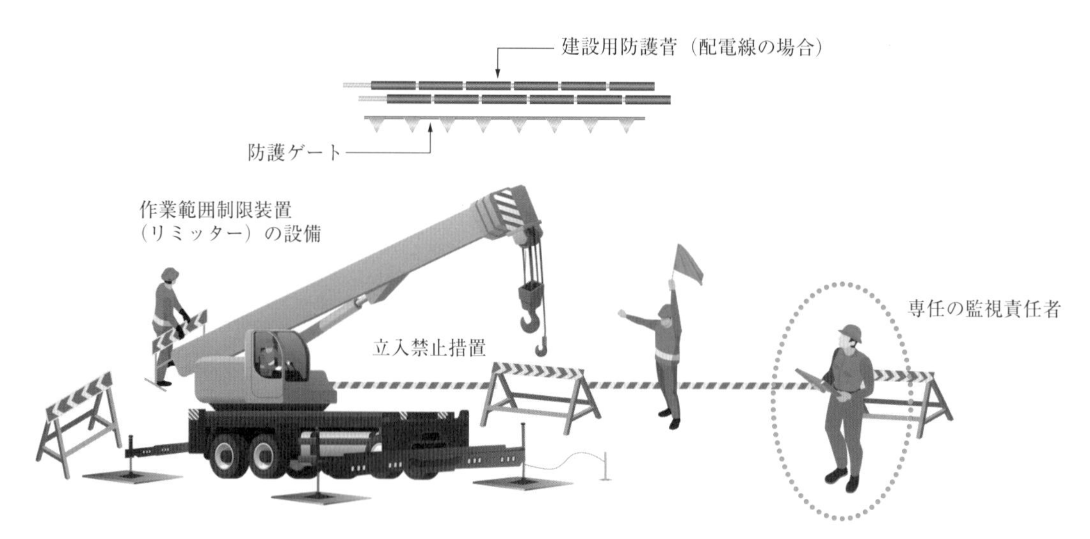

図 8-3-15　送電線近傍でのクレーン作業の主な安全措置 12)

（9）土止め支保工（安衛則第 2 編第 6 章）

地山の土砂崩壊による災害は，土止め支保工が未設置の状態での作業中，あるいは土止め支保工の組立てまたは解体作業中に発生したものが多くを占める。一般に，土質に見合った勾配で掘削できる場合を除き，掘削の深さが 2m 以上のときは，土止め支保工を設けなければならない。また，公衆災害が発生するおそれのある市街地や掘削幅が狭い所では，掘削の深さが 1.5m を超える場合において土止め工を設けなければならないとされている。土止め支保工の構造と主な部材の名称は，図 8-3-16 のとおりである。

なお，「土木工事安全施工技術指針」あるいは「土木工事共通仕様書」等などでは「土留め支保工」と表記されているが，「労働安全衛生法」等では「土止め支保工」と表記されているため，ここでは「土止め支保工」として説明する。

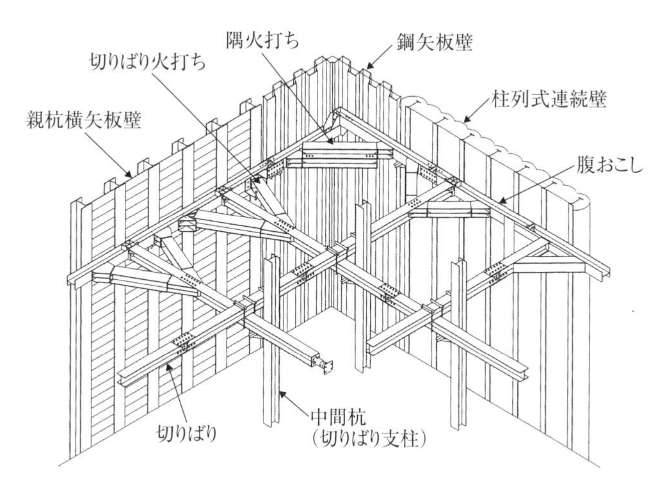

図 8-3-16　土止め支保工の構造[13)]

①材料

土止め支保工の材料については，著しい損傷，変形または腐食があるものを使用してはならない。

②構造

土止め支保工の構造については，地山に係る形状，地質，地層，き裂，含水，湧（ゆう）水，凍結および埋設物等の状態に応じた堅固なものとしなければならない。

③組立図

土止め支保工を組み立てるときは，あらかじめ組立図を作成しなければならない。組立図は，矢板，くい，背板，腹おこし，切りばり等の部材の配置，寸法および材質ならびに取付けの時期および順序が示されているものでなければならない。

④部材の取付け等

土止め支保工の部材の取付け等は，以下のようにしなければならない。

ア．切りばりおよび腹おこしは，脱落を防止するため，矢板，くい等に確実に取り付けること。

イ．圧縮材（火打ちを除く）の継手は，突合せ継手とすること。

ウ．切りばりまたは火打ちの接続部および切りばりと切りばりとの交さ部は，当て板を当てたボルトによる緊結，あるいは溶接による接合等の方法により堅固なものとすること。

エ．中間支持柱（切りばり支柱，中間杭）を備えた土止め支保工では，切りばりを当該中間支持柱に確実に取り付けること。

オ．切りばりを建築物の柱等部材以外の物により支持する場合には，当該支持物は，これにかかる荷重に耐えうるものとすること。

⑤切りばり等の作業

切りばり等の組立て・解体作業を行うときは，次の措置を講じなければならない。

ア．当該作業を行う箇所には，関係労働者以外の労働者が立ち入ることを禁止すること。

イ．材料，器具または工具を上げ，または下ろすときは，つり綱，つり袋等を労働者に使用させること。

⑥点検

土止め支保工を設けたときは，その後7日を越えない期間ごと，中震以上の地震の後および大雨等により地山が急激に軟弱化するおそれのある事態が生じた後に，次の事項について点検し，異常を認めたときは直ちに補強し，または補修しなければならない

ア．部材の損傷，変形，腐食，変位および脱落の有無および状態

イ．切りばりの緊圧の度合い

ウ．部材の接続部，取付部および交さ部の状態

⑦土止め支保工作業主任者の選任と職務

土止め支保工の組立て・解体の作業については，地山の掘削および土止め支保工作業主任者技能講習を修了した者のうちから，土止め支保工作業主任者を選任しなければならない。土止め支保工作業主任者の職務は次のとおりである。

ア．作業の方法を決定し，作業を直接指揮すること。

イ．材料の欠点の有無ならびに器具および工具を点検し，不良品を取り除くこと。

ウ．要求性能墜落制止用器具等および保護帽の使用状況を監視すること。

(10) 型枠支保工（安衛則第2編第3章）

型枠支保工とは，図8-3-17～図8-3-19に示すように，コンクリートを打込む際に使用する型枠を支持するためのものであり，根太，大引，支柱等よりなる。労働安全衛生法では「支柱，はり，つなぎ，筋かい等の部材により構成され，建設物におけるスラブ，桁等のコンクリートの打設に用いる型枠を支持するための仮設の設備をいう」と定義している。労働安全衛生法では「型枠支保工組立て等作業主任者」，同規則では「型わく支保工の組立て～」と「型枠」と「型わく」の両方で表記されているが，ここでは「型枠」で表記することとする。

型枠支保工には，コンクリートを打ち込むことによって，その重さにより大きな荷重が作用するため，その構造は堅固なものとしなければならない。型枠支保工に関する災害では，構造的欠陥による倒壊・崩壊が多い。コンクリート打込み作業中に倒壊・崩壊が生ずることになるため，多数の作業員が被災する重大災害となる場合がある。

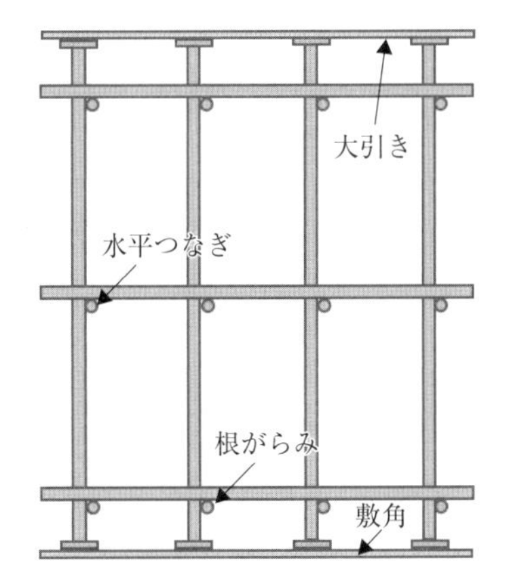

図 8-3-17　鋼管を支柱とした型枠支保工

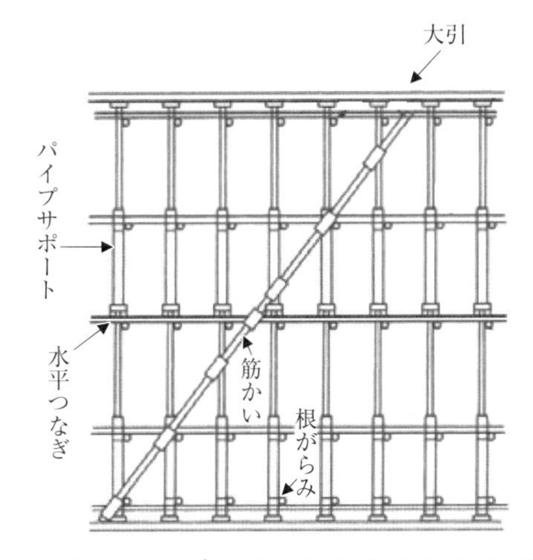

図 8-3-18　パイプサポートを支柱とした型枠支保工

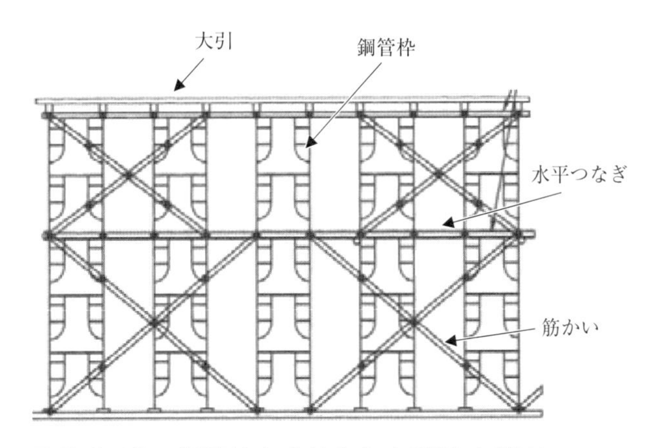

図 8-3-19　鋼管枠を支柱とした型枠支保工

1) 使用材料

① 型枠支保工の材料については，著しい損傷，変形または腐食があるものを使用してはならない。

② 支柱，はりまたははりの支持物の主要な部分の鋼材については，日本産業規格（JIS）に定める規格に適合するものでなければならない。

③ パイプサポート，補助サポートおよびウイングサポートについては，厚生労働大臣の定める構造規格に適合するものでなければならない。

2) 型枠支保工の構造

型枠支保工は，型枠の形状，コンクリートの打設の方法等に応じた堅固な構造のものでなければ，使用してはならない。

3) 組立図および設計

① 型枠支保工を組み立てるときは，組立図を作成し，かつ，当該組立図により組み立てなければならない。

② 組立図は，支柱，はり，つなぎ，筋かい等の部材の配置，接合の方法および寸法が示されているものでなければならない。

③ 型枠支保工の設計鉛直荷重は，コンクリート，型枠および支柱などの重量に150kg/m^{2}以上の荷重を加えた値とすること。

④ 鋼管枠を支柱として用いる場合は，型枠支保工の上端に，設計荷重の2.5%に相当する水平方向の荷重が作用しても安全な構造のものとすること。

⑤ 鋼管枠以外のものを支柱として用いる場合は，型枠支保工の上端に，設計荷重の5%に相当する水平方向の荷重が作用しても安全な構造のものとすること。

4) 型枠支保工についての措置等

① 支柱の沈下を防止するため，敷角の使用，コンクリートの打設あるいはくいの打込み等の措置を講じること。

② 脚部の滑動を防止するため，支柱脚部の固定，根がらみの取付け等の措置を講じること。

③ 支柱の継手は，突合せ継手または差込み継手とすること。

④ 鋼材と鋼材との接合部および交差部は，ボルト，クランプ等の金具を用いて緊結すること。

⑤ 型枠が曲面のものであるときは，控えの取付け等当該型枠の浮き上がりを防止するための措置を講ずること。

⑥ 鋼管（パイプサポートを除く）を支柱として用いる場合（図8-3-17）は，当該鋼管の部分について次に定めるところによること。

ア．高さ2m以内ごとに水平つなぎを2方向に設け，かつ，水平つなぎの変位を防止すること。

イ．はりまたは大引きを上端に載せるときは，当該上端に鋼製の端板を取り付け，これをはりまたは大引きに固定すること。

⑦ パイプサポートを支柱として用いる場合（図8-3-18）は，当該パイプサポートの部分について次に定めるところによること。

ア．パイプサポートを3以上継いで用いないこと。

イ．パイプサポートを継いで用いるときは，4以上のボルトまたは専用の金具を用いて継ぐこと。

ウ．高さが3.5mを超えるときは，高さ2m以内ごとに水平つなぎを2方向に設け，かつ，水平つなぎの変位を防止すること。

⑧ 鋼管枠を支柱として用いる場合（図8-3-19）は，当該鋼管枠の部分について次に定めるところによること。

ア．鋼管枠と鋼管枠との間に交差筋かいを設けること。

イ．最上層および5層以内ごとの箇所において，型枠支保工の側面ならびに枠面の方向および交差筋かいの方向における5枠以内ごとの箇所に，水平つなぎを設け，かつ，水平つなぎの変位を防止すること。

ウ．最上層および5層以内ごとの箇所において，型枠支保工の枠面の方向における両端および5枠以内ごとの箇所に，交差筋かいの方向に布枠を設けること。

エ．はりまたは大引きを上端に載せるときは，当該上端に鋼製の端板を取り付け，これをはりまたは大引きに固定すること。

⑨ 組立て鋼柱を支柱として用いる場合は，当該組立て鋼柱の部分について次に定めるところによること。

ア．はりまたは大引きを上端に載せるときは，当該上端に鋼製の端板を取り付け，これをはりまたは大引きに固定すること。

イ．高さが4mを超えるときは，高さ4m以内ごとに水平つなぎを2方向に設け，かつ，水平つなぎの変位を防止すること。

5) 段状の型枠支保工

敷板，敷角等を挟んで段状に組み立てる型枠支保工については，前述4）によるほか，次の措置を講じなければならない。

① 型枠の形状によりやむを得ない場合を除き，敷板，敷角等を2段以上挟まないこと。

② 敷板，敷角等を継いで用いるときは，当該敷板，敷角等を緊結すること。

③ 支柱は，敷板，敷角等に固定すること。

6) コンクリートの打設の作業

コンクリートの打設の作業を行うときは，次の措置を講じなければならない。

① その日の作業を開始する前に，当該作業に係る型枠支保工について点検し，異状

を認めたときは，補修すること。

② 作業中に型枠支保工に異状が認められた際における作業中止のための措置をあらかじめ講じておくこと。

7） 型枠支保工の組立て等の作業

型枠支保工の組立てまたは解体の作業を行うときは，次の措置を講じなければならない。

① 当該作業を行う区域には，関係労働者以外の労働者の立ち入りを禁止すること。

② 強風，大雨，大雪等の悪天候のため，作業の実施について危険が予想されるときは，当該作業に労働者を従事させないこと。

③ 材料，器具または工具を上げ，または下ろすときは，つり綱，つり袋等を労働者に使用させること。

8） 型枠支保工の組立て等作業主任者の選任と職務

組立ておよび解体等の作業に際しては，型枠支保工の組立て等作業主任者技能講習を修了した者のうちから，型枠支保工の組立て等作業主任者を選任しなければならない。

型枠支保工の組立て等作業主任者の職務は以下のとおりである。

① 作業の方法を決定し，作業を直接指揮すること。

② 材料の欠点の有無ならびに器具および工具を点検し，不良品を取り除くこと。

③ 作業中，要求性能墜落制止用器具等および保護帽の使用状況を監視すること。

（11）コンクリート造の工作物の解体（安衛則第２編第８章の５）

コンクリート構造物の解体作業中の労働災害としては，壁，柱，はり等の部材の倒壊・崩壊あるいはコンクリート塊や鉄筋等の物体の飛来・落下によるものが多い。

写真 8-3-1　圧砕機による解体の例

1) 調査および作業計画

事業者は，高さ5m以上のコンクリート造の工作物の解体または破壊の作業を行うときは，工作物の倒壊，物体の飛来または落下等による労働者の危険を防止するため，あらかじめ，当該工作物の形状，き裂の有無，周囲の状況等を調査し，当該調査により知り得たところに適応する作業計画を定め，かつ，当該作業計画により作業を行わなければならない。作業計画は，次の事項が示されていなければならず，かつ関係労働者に周知させなければならない。

① 作業の方法および順序
② 使用する機械等の種類および能力
③ 控えの設置，立入禁止区域の設定その他の外壁，柱，はり等の倒壊または落下による労働者の危険を防止するための方法

2) コンクリート造の工作物の解体等の作業

コンクリート造の工作物の解体作業を行うときは，次の措置を講じなければならない。

① 作業を行う区域内には，関係労働者以外の労働者の立入りを禁止すること。
② 強風，大雨，大雪等の悪天候のため，作業の実施について危険が予想されるときは，当該作業を中止すること。
③ 器具，工具等を上げ，または下ろすときは，つり綱，つり袋等を労働者に使用させること。

3) 引倒し等の作業の合図

コンクリート造の工作物の解体作業を行うときの引倒し等の作業においては，次の措置を講じなければならない。

① 外壁，柱等の引倒し等の作業を行うときは，引倒し等について一定の合図を定め，関係労働者に周知させなければならない。
② 引倒し等の作業に従事する労働者以外の労働者に引倒し等により危険を生ずるおそれのあるときは，作業に従事する労働者に，あらかじめ，一定の合図を行わせ，他の労働者が避難したことを確認させた後でなければ，引倒し等の作業を行わせてはならない。
③ 作業に従事する労働者は，あらかじめ，合図を行い，他の労働者が避難したことを確認した後でなければ，当該引倒し等の作業を行ってはならない。

4) コンクリート造の工作物の解体等作業主任者の選任と職務

事業者は，コンクリート造の工作物の解体等作業主任者技能講習を修了した者のうちから，コンクリート造の工作物の解体等作業主任者を選任し，次の事項を行わせなければならない。

① 作業の方法および労働者の配置を決定し，作業を直接指揮すること。
② 器具，工具，要求性能墜落制止用器具等および保護帽の機能を点検し，不良品を

取り除くこと。

③　要求性能墜落制止用器具等および保護帽の使用状況を監視すること。

5）保護帽の着用

事業者は，物体の飛来または落下による労働者の危険を防止するため，当該作業に従事する労働者に保護帽を着用させなければならない。

6）解体工（取りこわし工）の種類と安全措置

土木工事安全施工技術指針（国土交通省）の第19章「構築物の取りこわし工事」では，より具体的な安全措置が下記のように示されている。

①圧砕機，鉄骨切断機，大型ブレーカによる必要な安全措置

圧砕機は油圧により掴み，大型ブレーカはノミ状工具の振動衝撃によってコンクリートを破壊する工法である。

ア．重機作業半径内への立入禁止措置を講じること。

イ．重機足元の安定を確認すること。

ウ．騒音，振動，防じんに対する周辺への影響に配慮すること。

エ．ブレーカの運転は，有資格者によるものとし，責任者から指示されたもの以外は運転しないこと。

②転倒工法における必要な措置

転倒および衝撃による破壊であり，外壁等を内側に転倒させる工法である。

ア．小規模スパン割のもとで施工すること。

イ．自立安定および施工制御のため，引ワイヤ等を設置すること。

ウ．計画に合った足元縁切を行うこと。

エ．作業前に一定の合図を定め，周知徹底を図ること。

オ．転倒作業は必ず一連の連続作業で実施し，その日中に終了させ，縁切した状態で放置しないこと。

③カッター工法における必要な措置

切断面に直接レールを取り付けて特殊な切断機でコンクリートを切断する工法であり，固定されているので正確で迅速に切断を行うことができる。50cm程度の深さまで切断可能である。

ア．回転部の養生および冷却水の確保を行うこと。

イ．切断部材が比較的大きくなるため，クレーン等による仮吊り，搬出が必要となるので，移動式クレーンの安全留意事項を確実に遵守すること。

④ワイヤーソーイング工法における必要な措置

あらかじめ設けた孔に，ダイヤモンド砥粒が付いたワイヤーソーを通し，ループ状に駆動して切断する工法であり，部材の厚い構造物の切断に適している（図8-3-20）。

ア．ワイヤーソーに緩みが生じないよう必要な張力を保持すること。

イ．ワイヤーソーの損耗に注意を払うこと。

ウ．防護カバーを確実に設置すること。

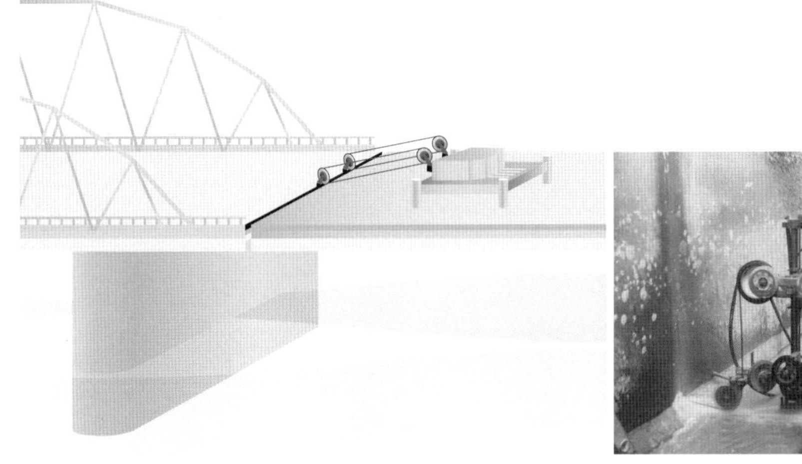

図 8-3-20　ワイヤーソーイング工法

⑤アブレッシブウォータージェット工法

硬質粒子を含むウォータージェット工法であり，鉄筋も含めて深さ 60 ～ 70cm ぐらいまで切削できる。

ア．防護カバーを使用し，低騒音化を図ること。

イ．スラリーを処理すること。

⑥爆薬等を使用した取りこわし作業における措置

火薬類を用いて発破作業によって，コンクリート造工作物を解体する工法である。

ア．土工事における発破掘削の安全措置を遵守すること。

イ．発破作業に直接従事する者以外の作業区域内への立入禁止措置を講じること。

ウ．発破終了後は，不発の有無などの安全の確認が行われるまで，発破作業範囲内を立入禁止にすること。

エ．発破予定時刻，退避方法，退避場所，点火の合図等は，あらかじめ作業員に周知徹底しておくこと。

オ．コンクリート破砕工法および制御発破（ダイナマイト工法）においては，十分な効果を期待するため，込物は確実に充填を行うこと。

カ．飛石防護の措置を取ること。

キ．取りこわし条件に適した薬量を使用すること。

⑦静的破砕剤工法

あらかじめコンクリート造の工作物に穿孔した孔の中に，水と練り混ぜた生石灰系の膨張剤を充填し，時間経過によって生ずる膨張圧を利用して無振動・無騒音で静的に破砕する工法である。

ア．破砕剤充填後は，充填孔からの噴出に留意すること。

イ．膨張圧発現時間は気温と関連があるため，適切な破砕剤を使用すること。

ウ．水中（海中）で使用する場合は，材料の流出・噴出に対する安定性，充填方法および水中環境への影響に十分配慮すること。

《参考・引用文献》

1）厚生労働省：「労働災害発生状況」より作成
2）建設業労働災害防止協会：「令和２年建設業における死亡災害の工事の種類・災害の種類別発生状況」より作成
3）全国建設研修センター：『監理技術者必携－監理技術者テキスト－（令和５年版）』，p.164 表 4.2-1，2023.1
4）全国建設研修センター：『監理技術者必携－監理技術者テキスト－（令和５年版）』，p.201 図 4.6-1，2023.1
5）厚生労働省 HP：https://www.mhlw.go.jp/stf/newpage_02443.html，「新規入職者安全衛生教育テキスト」，p.25 イラストを加工して作成，建設業労働災害防止協会，2021.6
6）国土交通省関東地方整備局東京国道事務所 HP：https://www.ktr.mlit.go.jp/toukoku/ toukoku_index011.html，「路上作業届」を加工して作成
7）アールアイ(株) HP：https://r-i.jp/glossary/kana_ta/tsu/001877.html
8）全国仮設安全事業協同組合：「足場等に係る安全対策について（令和２年度）」より作成
9）全国仮設安全事業協同組合：「足場等に係る安全対策について（令和３年度）」より作成
10）厚生労働省 HP：https://www.mhlw.go.jp/content/11200000/000628885.pdf，「建設業に従事する外国人労働者向け教材 1. 型枠施工業務 墜落防止措置（開口部等）テキスト」，p.7
11）日本道路協会編：『鋼道路橋施工便覧』，p.341 図 -Ⅲ.3.3.9，2020.9
12）厚生労働省 HP：https://www.mhlw.go.jp/content/11300000/MobileCrane_Supplementary_JA.pdf，「小型移動式クレーン運転技能講習 補助テキスト」，p.79 図 2-16 を参考に作成
13）日本道路協会編：『道路土工－仮設構造物工指針』，p.6 図 1-1-1，1999.3

第9章 環境保全管理

1 環境保全管理の意義と法体系

企業が環境保全活動に取り組む意義には，「社会的な責任を果たすこと（CSR）」「持続可能な社会を実現させること（SDGs）」の２つの側面がある。建設工事においては，工事に伴う水質汚濁，騒音・振動などによる公害の防止，産業廃棄物・副産物などの適切な処理，再利用とともに，地球全体の環境にまで配慮する必要がある。

わが国における循環型社会形成の推進のための建設産業に関わる主な法体系は，図9-1-1に示すとおりである。

① 環境基本法：環境保全の全般に関する基本理念を示したもの
② 循環型社会形成推進基本法：循環型社会の形成に関わる基本原則や基本的施策を示したもの
③ 資源有効利用促進法：廃棄物の発生・再利用・再生利用の方法を示したもの
④ 廃棄物処理法：廃棄物の減量化や適正な処理・処分の方法を示したもの
⑤ グリーン購入法：環境負荷ができるだけ小さい製品を，環境負荷の低減に努める事業者から優先して購入することを定めたもの
⑥ 公害防止法令：特定工場における公害防止組織の整備を図り，公害の防止に資することを目的としたもの

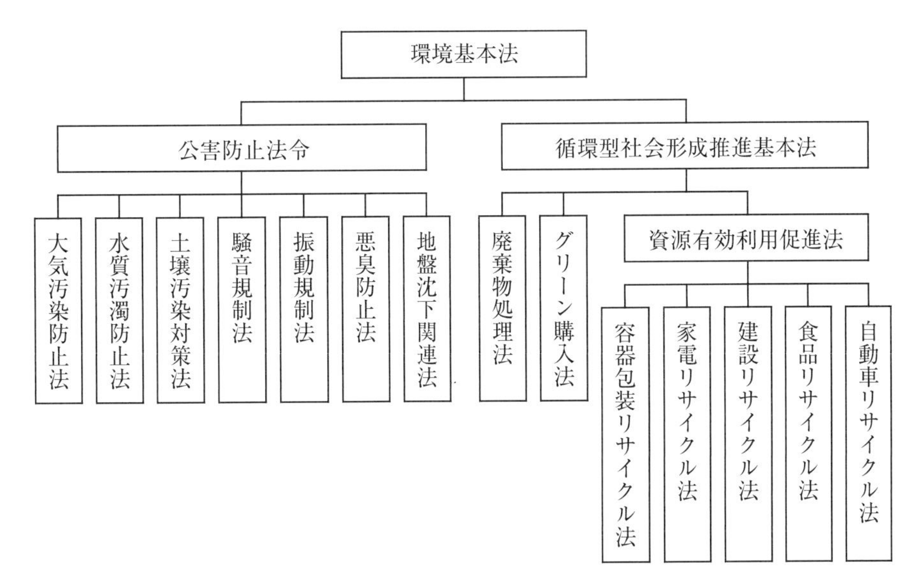

図9-1-1　循環型社会形成の推進のための主な法体系

第9章

2 建設工事の騒音・振動対策（騒音規制法，振動規制法）

騒音規制法および振動規制法は，工場および事業場における事業活動ならびに建設工事に伴って発生する相当範囲にわたる騒音・振動について必要な規制を行って生活環境を保全し，国民の健康の保護に資することを目的としている。

（1）指定区域および規制基準

指定区域は，表 9-2-1 に示すように，静穏の保持を特に必要とする第 1 号区域とその他の区域の第 2 号区域に区分されている。また，同表には，騒音規制と振動規制の基準を示した。ここでの規制基準は，特定建設作業を行う工事現場の敷地境界線における大きさの許容限度のことであり，騒音 85dB，振動 75dB となっている。

表 9-2-1　騒音・振動に関する指定区域と規制の基準

区域	作業禁止時間帯	1 日の作業時間	作業期間	作業禁止日	規制基準
1 号区域	午後 7 時～午前 7 時	10 時間以下	同一場所で 連続 6 日間以下	日曜日， その他の休日	騒音：85dB 騒音：75dB
2 号区域	午後 10 時～午前 6 時	14 時間以下			

1 号区域：特に静穏の保持を必要とする区域（住居区域，学校・病院・図書館周辺など）
2 号区域：1 号区域以外の区域

（2）特定建設作業

建設作業では，表 9-2-2 および表 9-2-3 に示すように，著しい騒音や振動を発生する作業を 2 日以上にわたって実施される作業を特定建設作業として規制の対象としている。

（3）特定建設作業の実施の届出

指定地域内において特定建設作業を伴う建設工事を施工しようとする者は，当該特定建設作業の開始の日の 7 日前までに，次の事項を市町村長に届け出なければならない。ただし，災害その他非常の事態の発生により特定建設作業を緊急に行う必要がある場合は，この限りでない。

① 氏名または名称および住所ならびに法人にあっては，その代表者の氏名
② 建設工事の目的に係る施設または工作物の種類
③ 特定建設作業の場所および実施の期間
④ 騒音または振動の防止の方法
⑤ その他環境省令で定める事項

表 9-2-2　騒音規制法に係る特定建設作業の種類（2 日間以上にわたるもの）

1	くい打機（モンケンを除く），くい抜機またはくい打くい抜機（圧入式くい打くい抜機を除く）を使用する作業（くい打機をアースオーガーと併用する作業を除く）
2	びょう打機を使用する作業
3	さく岩機を使用する作業（作業地点が連続的に移動する作業にあっては，1 日における当該作業に係る 2 地点間の最大距離が 50m を超えない作業に限る）
4	空気圧縮機（電動機以外の原動機を用いるものであって，その原動機の定格出力が 15kW 以上のものに限る）を使用する作業（さく岩機の動力として使用する作業を除く）
5	コンクリートプラント（混練機の混練容量が 0.45m^3 以上のものに限る）またはアスファルトプラント（混練機の混練重量が 200kg 以上のものに限る）を設けて行う作業（モルタルを製造するためにコンクリートプラントを設けて行う作業を除く）
6	バックホウ（一定の限度を超える大きさの騒音を発生しないものとして環境大臣が指定するものを除き，原動機の定格出力が 80kW 以上のものに限る）を使用する作業
7	トラクタショベル（一定の限度を超える大きさの騒音を発生しないものとして環境大臣が指定するものを除き，原動機の定格出力が 70kW 以上のものに限る）を使用する作業
8	ブルドーザ（一定の限度を超える大きさの騒音を発生しないものとして環境大臣が指定するものを除き，原動機の定格出力が 40kW 以上のものに限る）を使用する作業

表 9-2-3　振動規制法に係る特定建設作業の種類（2 日間以上にわたるもの）

1	くい打機（モンケンおよび圧入式くい打機を除く），くい抜機（油圧式くい抜機を除く）またはくい打くい抜機（圧入式くい打くい抜機を除く）を使用する作業
2	鋼球を使用して建築物その他の工作物を破壊する作業
3	舗装版破砕機を使用する作業（作業地点が連続的に移動する作業にあっては，1 日における当該作業に係る 2 地点間の最大距離が 50m を超えない作業に限る）
4	ブレーカ（手持式のものを除く）を使用する作業（作業地点が連続的に移動する作業にあっては，1 日における当該作業に係る 2 地点間の最大距離が 50m を超えない作業に限る）

（4）騒音・振動対策の基本事項

騒音・振動対策の基本事項としては，「建設工事に伴う騒音振動対策技術指針」（国土交通省）があり，次のような事項が示されている。

① 騒音・振動対策の計画・設計・施工に際しては，施工法，建設機械の騒音・振動の大きさ，発生実態，発生機構等について，十分理解しておかなければならない。

② 騒音・振動対策として，騒音・振動の大きさを下げるほか，発生期間を短縮するなど全体的に影響が小さくなるように検討しなければならない。

③ 工事現場周辺の立地条件を調査し，次の事項について検討しなければならない。

ア．低騒音，低振動の施工法の選択

イ．低騒音型建設機械の選択

ウ．作業時間帯，作業工程の設定

エ．騒音・振動源となる建設機械の配置

オ，遮音施設等の設置

④ 施工に際しては，計画・設計時に立案した騒音・振動対策をさらに検討し，確実に実施しなければならない。なお，建設機械の運転については以下の配慮が必要である。

ア．工事の円滑を図るとともに現場管理等に留意し，不必要な騒音・振動を発生させない。

イ．整備不良による騒音・振動が発生しないように点検，整備を十分に行う。

ウ．作業待ち時には，建設機械等のエンジンをできる限り止めるなど騒音・振動を発生させない。

⑤ 建設工事の実施に際しては，必要に応じ工事の目的，内容等について，事前に地域住民に対して説明を行い，工事の実施に協力を得られるように努めるものとする。

⑥ 騒音・振動対策として施工法，建設機械，作業時間帯を指定する場合には，仕様書に明記しなければならない。

⑦ 騒音･振動対策に要する費用については，適正に積算，計上しなければならない。

⑧ 起業者・施工者は，騒音・振動対策を効果的に実施できるように協力しなければならない。

（5）騒音・振動の具体的対策例

騒音・振動対策の具体的対策例としては，「建設工事に伴う騒音振動対策技術指針」（国土交通省）があり，主な工種については次のような対策例が示されている。

1） 土工

① 掘削，積込みおよび締固め作業に当たっては，低騒音型建設機械の使用を原則とする。

② 掘削はできる限り衝撃力による施工を避け，無理な負荷をかけないようにし，不必要な高速運転や無駄な空ぶかしを避けて，丁寧に運転しなければならない。

③ 掘削積込機から直接トラック等に積込む場合，不必要な騒音，振動の発生を避けて，丁寧に行わなければならない。ホッパーにとりだめして積込む場合も同様とする。

④ ブルドーザを用いて掘削押し土を行う場合，無理な負荷をかけないようにし，後進時の高速走行を避けて，丁寧に運転しなければならない。

⑤ 振動，衝撃力によって締固めを行う場合，建設機械の機種の選定，作業時間帯の設定等について十分留意しなければならない。

2） 運搬工

① 運搬の計画に当たっては，交通安全に留意するとともに，運搬に伴って発生する

騒音，振動について配慮しなければならない。

② 運搬路の選定に当たっては，あらかじめ道路および付近の状況について十分調査し，下記事項に留意しなければならない。なお，事前に道路管理者，公安委員会（警察）等と協議することが望ましい。

a．通勤，通学，買物等で特に歩行者が多く歩車道の区別のない道路はできる限り避ける。

b．必要に応じ往路，復路を別経路にする。

c．できる限り舗装道路や幅員の広い道路を選ぶ。

d．急な縦断勾配や，急カーブの多い道路は避ける。

③ 運搬路は点検を十分に行い，特に必要がある場合は維持補修を工事計画に組み込むなど対策に努めなければならない。

④ 運搬車の走行速度は，道路および付近の状況によって必要に応じ制限を加えるように計画，実施するものとする。なお，運搬車の運転は，不必要な急発進，急停止，空ぶかしなどを避けて，丁寧に行わなければならない。

⑤ 運搬車の選定に当たっては，運搬量，投入台数，走行頻度，走行速度等を十分検討し，できる限り騒音の小さい車両の使用に努めなければならない。

3） 基礎工

① 基礎工法の選定に当たっては，既製ぐい工法，場所打ぐい工法，ケーソン工法等について，総合的な検討を行い，騒音・振動の影響の小さい工法を採用しなければならない。

② 既製ぐいを施工する場合には，中掘工法，プレボーリング工法等を原則とし，作業時間帯，低騒音型建設機械の使用などの騒音・振動対策を検討しなければならない。

③ 既製ぐいの積卸し，吊り込み作業等は不必要な騒音，振動の発生を避けて，丁寧に行わなければならない。

④ 場所打ぐい工法では，土砂搬出，コンクリート打設等による騒音，振動の低減について配慮しておかなければならない。

4） 土留め工

① 土留工法の選定に当たっては，騒音・振動の小さい工法を採用しなければならない。

② 鋼矢板，鋼ぐいを施工する場合には，油圧式圧入引抜き工法，多滑車式引抜き工法，アースオーガーによる掘削併用圧入工法，油圧式超高周波くい打工法，ウォータージェット工法等を原則とし，作業時間帯，低騒音型建設機械の使用などの騒音・振動対策を検討しなければならない。

③ H鋼，鋼矢板等の取付け，取外し作業および積込み，積卸し作業等は不必要な騒

音，振動の発生を避けて，丁寧に行わなければならない。

5） コンクリート工

① コンクリートの打設時には，工事現場内および付近におけるトラックミキサの待機場所等について配慮し，また不必要な空ぶかしをしないように留意しなければならない。

② コンクリートポンプ車でコンクリート打設を行う場合には，設置場所に留意するとともにコンクリート圧送パイプを常に整備して不必要な空ぶかしなどをしないように留意しなければならない。

6） 舗装工

① 舗装に当たっては，組合せ機械の作業能力をよく検討し，段取り待ちが少なくなるように配慮しなければならない。

② 舗装版とりこわし作業に当たっては，油圧ジャッキ式舗装版破砕機，低騒音型のバックホウの使用を原則とする。また，コンクリートカッタ，ブレーカ等についても，できる限り低騒音の建設機械の使用に努めるものとする。

③ 破砕物等の積込み作業等は，不必要な騒音・振動を避けて，丁寧に行わなければならない。

7） 構造物とりこわし工

① コンクリート構造物を破砕する場合には，工事現場の周辺の環境を十分考慮し，コンクリート圧砕機，ブレーカ，膨張剤等による工法から，適切な工法を選定しなければならない。

② とりこわしに際し小割を必要とする場合には，トラックへ積込み運搬可能な程度にブロック化し，騒音・振動の影響の少ない場所で小割する方法を検討しなければならない。なお，積込み作業等は，不必要な騒音・振動を避けて，丁寧に行わなければならない。

③ コンクリート構造物をとりこわす作業現場は，騒音対策，安全対策を考慮して必要に応じ防音シート，防音パネル等の設置を検討しなければならない。

3 建設工事の水質汚濁対策

建設工事に伴う汚濁水を河川，湖沼および港湾など公共用水域へ排水するときあるいは下水道へ排出する場合は，水質汚濁防止に必要な措置を講じなければならない。排出水の規制は，水質汚濁防止法および各自治体の公害防止条例，生活環境確保条例などに従わなければならない。特に，排水基準は都道府県ごとに都道府県条例により上乗せ排水基準を設けていることが多いため，注意が必要である。

一般的な土木工事や一般家庭の建築・改修工事等の建設工事で発生する汚濁水の排水に

ついては，直接水質汚濁防止法の規制対象にはならない。ただし，「特定施設」に該当する工事については，直接水質汚濁防止法の対象となるので，建設工事の地域や水域においてどのような規制がなされているのかを事前に十分に調査する必要がある。「特定施設」には，セメント製品製造業の業種，生コンクリート製造業，砕石製造業などがある。

（1）排水の届出

① 下水道への排水（下水道法）：継続して公共下水道に1日に50m^{3}以上排水する場合などについては，公共下水道管理者への事前の届出が必要となる。

② 河川への放流（河川法）：継続して河川へ排水する作業所で，1日に50m^{3}以上（河川管理者の指定のあるときは当該量）を排水する場合は，事前に河川管理者に届け出なければならない。

③ 浄化槽の設置：終末処理場につながる下水道または，し尿処理施設のない流域においては，浄化槽で処理した後でなければ雑排水（生活排水のうち，し尿を除く排水のことで，台所，洗濯，風呂などから出される排水のこと）を放流できない。

（2）排水規制の仕組み

工事における排水規制は，表9-3-1に示したように河川・海・湖沼等の公共用水域への排水と公共下水道・流域下水道への排出に大別される。公共下水道に排出できる水質については，下水道法により水質汚濁防止法に類似した規制がある。政令や条例に定める基準に適合しない汚濁水については，放流基準以下まで処理してから排水しなければならない。なお，海上工事については別途規制がある。

表9-3-1　排水規制の仕組み

分類	河川・海・湖沼等の公共用水域への排水	公共下水道・流域下水道への排水
法令・条例	水質汚濁防止法 都道府県条例	下水道法 都道府県条例
目的	公共用水域水質保全 公害防止	公共下水道の機能保全 公共用水域の水質保全
対象	特定事業場（特定施設） その他の事業場	特定事業場（特定施設） その他の事業場
排水基準	一般排水基準（総理府令） 上乗せ排水基準（条例） 総量規制基準	下水排水基準

（3）排水基準

排水基準には，国の法律に基づく一律基準と，都道府県条例による上乗せ基準とがある。現在，全ての都道府県で何らかの上乗せ基準が設定されている。一律基準は，「排水基準を定める総理府令」によって定められており，有害物質に係わる項目と，生活環境に係わる項目がある。一律基準の例は表9-3-2のとおりであるが，東京都における公共用水域への浮遊物質量（SS）の排出基準は120mg/L，環境基本法における河川環境基準では25mg/Lとなっているので，排水基準については各管理者や行政等関係機関への確認が重要となる。

表9-3-2　排水基準の一律基準の例

項目	許容限度	
	測定ごとの限度	日間平均
水素イオン濃度（pH） （海域以外への公共用水域への排出）	5.8 ～ 8.6	—
浮遊物質量SS（mg/L）	200	150
生物化学酸素要求量（mg/L）	160	120
クロム含有量（mg/L）	2	—

（4）濁水処理設備の設置

工事に伴って発生する濁水中の諸成分（SS，pH，油分，重金属類，その他有害物質など）を河川または下水の放流基準値を超えるおそれがある場合には，それらを基準値以下まで下げるための濁水処理設備を設置する必要がある。

①　建設工事での主要な水質汚濁処理技術（濁水処理技術）には，浮遊物質（SS）の沈降･凝集処理，水素イオン濃度（pH）の中和処理および脱水処理などがある。

②　濁水処理設備は，予測した濁水量に応じた適切な処理能力を有するものを選定するとともに，工事の進捗に合わせて段階的に設備を入れ替えるなどして，経済的に選定することが重要である

③　沈降・凝集処理に用いる凝集剤は，無機凝集剤と高分子凝集剤に大別され，一般に，濁水の処理量が多いほど，SS濃度が大きいほど凝集剤の添加量も多くなる。しかし，濁水には湧水と土砂が混じったものや，コンクリート打設設備の洗浄水などさまざまであるため，濁水の性状に応じた凝集剤の選定やその添加量を管理することが重要である。

④　コンクリート打設設備などの洗浄水は，セメント成分を多量に含むためアルカリ性が高いので，中和処理を行ってから排水する必要がある。中和処理には，硫酸，塩酸あるいは炭酸ガスなどが用いられるが，炭酸ガスは過剰供給しても強酸性になることはないので採用例が多い。

⑤　切土のり面や盛土のり面において，表流水として発生する濁水の量を減少させるには，のり面の面積をできるだけ小さくするのが効果的であり，必要に応じてシートやモルタル吹付けなどの法面保護工を行うのがよい。

4 建設リサイクル法（建設工事に係る資材の再資源化等に関する法律）

建設リサイクル法は，特定の建設資材について，その分別解体等および再資源化等を促進するための措置を講ずるとともに，解体工事業者について登録制度を実施すること等により，再生資源の十分な利用および廃棄物の減量等を通じて，資源の有効な利用の確保および廃棄物の適正な処理を図り，もって生活環境の保全および国民経済の健全な発展に寄与することを目的としたものである。

（1）建設副産物，再生資源，廃棄物等の用語の定義

建設リサイクル法および建設副産物適正処理推進要綱（国土交通省）における主な用語の定義は次のとおりであり，建設副産物と再生資源，廃棄物の関係は図 9-4-1 に示すとおりである。

① 建設資材：建設工事に使用する資材。

② 建設副産物：建設工事に伴い副次的に得られた物品。

③ 建設発生土：建設工事に伴い副次的に得られた土砂（浚渫土を含む）。

④ 建設廃棄物：建設副産物のうち廃棄物（廃棄物の処理及び清掃に関する法律（昭和 45 年法律第 137 号）第 2 条第 1 項に規定する廃棄物をいう）に該当するものをいう。

⑤ 建設資材廃棄物：建設資材が廃棄物となったもの。

⑥ 分別解体等：解体工事において，建築物等に用いられた建設資材に係る建設資材廃棄物をその種類ごとに分別しつつ当該工事を計画的に施工する行為および新築工事等において，副次的に生ずる建設資材廃棄物をその種類ごとに分別しつつ当該工事を施工する行為。

⑦ 縮減（リデュース）：焼却，脱水，圧縮その他の方法により建設資材廃棄物の大きさを減ずる行為

⑧ 再使用（リユース）：建設副産物のうち有用なものを製品としてそのまま使用すること（修理を行ってこれを使用すること，その他製品の一部として使用することを含む）。

⑨ 再生利用（リサイクル）：建設廃棄物を資材または原材料として利用すること。

⑩ 熱回収（サーマルリサイクル）：建設廃棄物であって，燃焼の用に供することができるものまたはその可能性のあるものを熱を得ることに利用すること。

⑪ 再資源化：建設廃棄物について，資材または原材料として利用すること（建設廃棄物をそのまま用いることを除く）ができる状態にする行為および燃焼の用に供することができるものまたはその可能性のあるものについて，熱を得ることに利用することができる状態にする行為。

⑫　再資源化等；再資源化および縮減をいう。

⑬　特定建設資材：建設資材のうち，建設工事に係る資材の再資源化等に関する法律施行令（平成12年政令第495号（建設リサイクル法施行令））で定められた，コンクリート，コンクリートおよび鉄からなる建設資材，木材，アスファルト・コンクリートをいう。

⑭　特定建設資材廃棄物：特定建設資材が廃棄物となったものをいう。

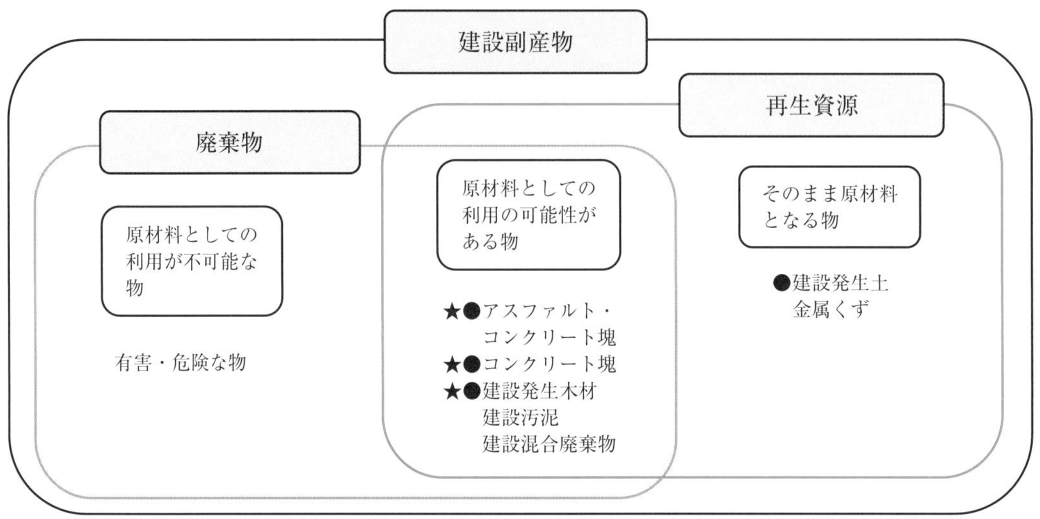

図 9-4-1　建設副産物と再生資源，廃棄物の関係

表 9-4-1　特定建設資材および特定建設資材廃棄物

特定建設資材	特定建設資材廃棄物
コンクリート	コンクリート塊
コンクリートおよび鉄からなる建設資材	コンクリート塊
木材	建設発生木材
アスファルト・コンクリート	アスファルト・コンクリート塊

（2）建設業を営む者の責務

建設業を営む者は，建築物等の設計およびこれに用いる建設資材の選択，建設工事の施工方法等を工夫することにより，建設資材廃棄物の発生を抑制するとともに，分別解体等および建設資材廃棄物の再資源化等に要する費用を低減するよう努めなければならない。また，建設資材廃棄物の再資源化により得られた建設資材を使用するよう努めなければならない。

(3) 分別解体工事等の対象工事

分別解体等および再資源化等の対象となる建設工事の規模は次のとおりである。

① 建築物の解体工事では床面積 80m^2 以上
② 建築物の新築または増築の工事では床面積 500m^2 以上
③ 建築物の修繕・模様替え等の工事では請負代金が1億円以上
④ 建築物以外の工作物の解体工事または新築工事等では請負代金が500万円以上

(4) 届出の義務

元請業者は発注者に対し，また，発注者は都道府県知事あるいは市区町村長に工事着手の7日前までに次の事項を届け出なければならない。

① 解体工事である場合においては，解体する建築物等の構造
② 新築工事等である場合においては，使用する特定建設資材の種類
③ 工事着手の時期および工程の概要
④ 分別解体等の計画
⑤ 解体工事である場合においては，解体する建築物等に用いられた建設資材の量の見込み

(5) 再資源化の実施義務と報告

対象建設工事受注者は，分別解体等に伴って生じた特定建設資材廃棄物について，再資源化をしなければならない。ただし，指定建設資材廃棄物（木材が廃棄物となった廃木材）については，再資源化施設までの距離が50km を超えるなどの地理的条件，交通事情その他経済性の面での制約がある場合には，再資源化に代えて縮減（焼却）を行ってもよい。

また，特定建設資材廃棄物の再資源化等が完了したときは，その旨を当該工事の発注者に書面で報告するとともに，当該再資源化等の実施状況に関する記録を作成し，これを保存しなければならない。

(6) 解体工事業者の登録

解体工事業を営もうとする者（建設業法における土木工事業，建築工事業または解体工事業に係る許可を受けた者を除く。）は，管轄する都道府県知事の登録を受けなければならない。登録は5年ごとに更新しなければならない。

(7) 解体工事の施工技術の確保

解体工事業者は，解体工事の施工技術の確保に努めなければならず，解体工事の施工の技術上の管理をつかさどる「技術管理者」を選任しなければならない。技術管理者は，1級土木施工管理技士，2級土木施工管理技士などの国家資格を有すること，解体工事に関

する所定の実務経験を有することなどが要件となる。

5 建設副産物適正処理推進要綱

建設副産物適正処理推進要綱（国土交通省）は，建設工事の副産物である建設発生土と建設廃棄物に係る総合的な対策を，発注者および施工者が適切に実施するために必要な基準を示し，建設工事の円滑な施工の確保および生活環境の保全を図ることを目的としている。

（1）基本方針

発注者および施工者は，次の基本方針により建設副産物に係る総合的対策を適切に実施しなければならない。

① 建設副産物発生の抑制に努めること。

② 発生した建設副産物については，再利用および減量化に努めること。

③ 再利用または減量化できないものについては，適切な処理を行うこと。

（2）元請業者の責務と役割

① 元請業者は，建築物等の設計およびこれに用いる建設資材の選択，建設工事の施工方法等の工夫，施工技術の開発等により，建設副産物の発生を抑制するよう努めるとともに，分別解体等，建設廃棄物の再資源化等および適正な処理の実施を容易にし，それに要する費用を低減するよう努めなければならない。

② 元請業者は，建設副産物の発生の抑制ならびに分別解体等，建設廃棄物の再資源化等および適正な処理の促進に関し，中心的な役割を担っていることを認識し，発注者との連絡調整，管理および施工体制の整備を行わなければならない。

③ 元請業者は，現場担当者，下請負人および産業廃棄物処理業者に対し，建設副産物の発生の抑制ならびに分別解体等，建設廃棄物の再資源化等および適正な処理の実施についての明確な指示および指導等を責任持って行うとともに，分別解体等についての計画，再生資源利用計画，再生資源利用促進計画，廃棄物処理計画等の内容について教育，周知徹底に努めなければならない。

（3）建設発生土

1） 搬出の抑制および工事間の利用の促進

①搬出の抑制

発注者，元請業者および自主施工者は，建設工事の施工に当たり，適切な工法の選択等により，建設発生土の発生の抑制に努めるとともに，その現場内利用の促進等により搬出の抑制に努めなければならない。

②工事間の利用の促進

発注者，元請業者および自主施工者は，建設発生土の土質確認を行うとともに，建設発生土を必要とする他の工事現場との情報交換システム等を活用した連絡調整，ストックヤードの確保，再資源化施設の活用，必要に応じて土質改良を行うこと等により，工事間の利用の促進に努めなければならない。

2）工事現場等における分別および保管

① 元請業者および自主施工者は，建設発生土の搬出に当たっては，建設廃棄物が混入しないよう分別に努めなければならない。重金属等で汚染されている建設発生土等については，特に適切に取り扱わなければならない。

② また，建設発生土をストックヤードで保管する場合には，建設廃棄物の混入を防止するため必要な措置を講じるとともに，公衆災害の防止を含め周辺の生活環境に影響を及ぼさないよう努めなければならない。

3）運搬

元請業者および自主施工者は，次の事項に留意し，建設発生土を運搬しなければならない。

① 運搬経路の適切な設定ならびに車両および積載量等の適切な管理により，騒音，振動，塵埃等の防止に努めるとともに，安全な運搬に必要な措置を講じること。

② 運搬途中において一時仮置きを行う場合には，関係者等と打合せを行い，環境保全に留意すること。

③ 海上運搬をする場合は，周辺海域の利用状況等を考慮して適切に経路を設定するとともに，運搬中は環境保全に必要な措置を講じること。

4）受入地での埋立および盛土

① 発注者，元請業者および自主施工者は，建設発生土の工事間利用ができず，受入地において埋め立てる場合には，関係法令に基づく必要な手続きのほか，受入地の関係者と打合せを行い，建設発生土の崩壊や降雨による流出等により公衆災害が生じないよう適切な措置を講じなければならない。重金属等で汚染されている建設発生土等については，特に適切に取り扱わなければならない。

② また，海上埋立地において埋め立てる場合には，上記のほか，周辺海域への環境影響が生じないよう余水吐き等の適切な汚濁防止の措置を講じなければならない。

（4）建設廃棄物

1）分別解体等の実施

対象建設工事の施工者は，以下の事項を行わなければならない。また，対象建設工事以外の工事においても，施工者は以下の事項を行うよう努めなければならない。

①事前措置の実施

分別解体等の計画に従い，残存物品の搬出の確認を行うとともに，特定建設資材に係る分別解体等の適正な実施を確保するために，付着物の除去その他の措置を講じること。

②分別解体等の実施

正当な理由がある場合を除き，以下に示す特定建設資材廃棄物をその種類ごとに分別することを確保するための適切な施工方法に関する基準に従い，分別解体を行うこと。

《建築物の解体工事の場合》

ア．建築設備，内装材その他の建築物の部分（屋根ふき材，外装材および構造耐力上主要な部分を除く）の取外し

イ．屋根ふき材の取外し

ウ．外装材ならびに構造耐力上主要な部分のうち基礎および基礎ぐいを除いたもののとりこわし

エ．基礎および基礎ぐいのとりこわし

ただし,建築物の構造上その他解体工事の施工の技術上これにより難い場合は,この限りでない。

《工作物の解体工事の場合》

ア．さく，照明設備，標識その他の工作物に付属する物の取外し

イ．工作物のうち基礎以外の部分のとりこわし

ウ．基礎および基礎ぐいのとりこわし

ただし,工作物の構造上その他解体工事の施工の技術上これにより難い場合は,この限りでない。

《新築工事等の場合》

工事に伴い発生する端材等の建設資材廃棄物をその種類ごとに分別しつつ工事を施工すること。

③元請業者および下請負人は，解体工事および新築工事等において，再生資源利用促進計画，廃棄物処理計画等に基づき，以下の事項に留意し，工事現場等において分別を行わなければならない。

ア．工事の施工に当たり，粉じんの飛散等により周辺環境に影響を及ぼさないよう適切な措置を講じること。

イ．一般廃棄物は，産業廃棄物と分別すること。

ウ．特定建設資材廃棄物は確実に分別すること。

エ．特別管理産業廃棄物および再資源化できる産業廃棄物の分別を行うとともに,

安定型産業廃棄物とそれ以外の産業廃棄物との分別に努めること。

オ．再資源化が可能な産業廃棄物については，再資源化施設の受入条件を勘案の上，破砕等を行い，分別すること。

④自主施工者は，解体工事および新築工事等において，以下の事項に留意し，工事現場等において分別を行わなければならない。

ア．工事の施工に当たり，粉じんの飛散等により周辺環境に影響を及ぼさないよう適切な措置を講じること。

イ．特定建設資材廃棄物は確実に分別すること。

ウ．特別管理一般廃棄物の分別を行うともに，再資源化できる一般廃棄物の分別に努めること。

⑤現場保管

施工者は，建設廃棄物の現場内保管に当たっては，周辺の生活環境に影響を及ぼさないよう廃棄物処理法に規定する保管基準に従うとともに，分別した廃棄物の種類ごとに保管しなければならない。

2） 排出の抑制

① 発注者，元請業者および下請負人は，建設工事の施工に当たっては，資材納入業者の協力を得て建設廃棄物の発生の抑制を行うとともに，現場内での再使用，再資源化および再資源化したものの利用ならびに縮減を図り，工事現場からの建設廃棄物の排出の抑制に努めなければならない。

② 自主施工者は，建設工事の施工に当たっては，資材納入業者の協力を得て建設廃棄物の発生の抑制を行うよう努めるとともに，現場内での再使用を図り，建設廃棄物の排出の抑制に努めなければならない。

3） 処理の委託

元請業者は，建設廃棄物を自らの責任において適正に処理しなければならない。処理を委託する場合には，次の事項に留意し，適正に委託しなければならない。

① 廃棄物処理法に規定する委託基準を遵守すること。

② 運搬については産業廃棄物収集運搬業者等と，処分については産業廃棄物処分業者等と，それぞれ個別に直接契約すること。

③ 建設廃棄物の排出に当たっては，産業廃棄物管理票（マニフェスト）を交付し，最終処分（再生を含む）が完了したことを確認すること。

4） 運搬

元請業者は，次の事項に留意し，建設廃棄物を運搬しなければならない。

① 廃棄物処理法に規定する処理基準を遵守すること。

② 運搬経路の適切な設定ならびに車両および積載量等の適切な管理により，騒音，振動，塵埃等の防止に努めるとともに，安全な運搬に必要な措置を講じること。

③ 運搬途中において積替えを行う場合は，関係者等と打合せを行い，環境保全に留意すること。

④ 混合廃棄物の積替保管に当たっては，手選別等により廃棄物の性状を変えないこと。

5） 再資源化等の実施

① 対象建設工事の元請業者は，分別解体等に伴って生じた特定建設資材廃棄物について，再資源化を行わなければならない。また，対象建設工事で生じたその他の建設廃棄物，対象建設工事以外の工事で生じた建設廃棄物についても，元請業者は，可能な限り再資源化に努めなければならない。なお，指定建設資材廃棄物（建設発生木材）は，工事現場から最も近い再資源化のための施設までの距離が建設工事にかかる資材の再資源化等に関する法律施行規則（平成14年国土交通省・環境省令第1号）で定められた距離（50km）を越える場合，または再資源化施設までの道路が未整備の場合で縮減のための運搬に要する費用の額が再資源化のための運搬に要する費用の額より低い場合については，再資源化に代えて縮減すれば足りる。

② 元請業者は，現場において分別できなかった混合廃棄物については，再資源化等の推進および適正な処理の実施のため，選別設備を有する中間処理施設の活用に努めなければならない。

6） 最終処分

元請業者は，建設廃棄物を最終処分する場合には，その種類に応じて，廃棄物処理法を遵守し，適正に埋立処分しなければならない。

（5）建設廃棄物ごとの留意事項

1） コンクリート塊

①対象建設工事

元請業者は，分別されたコンクリート塊を破砕することなどにより，再生骨材，路盤材等として再資源化をしなければならない。発注者および施工者は，再資源化されたものの利用に努めなければならない。

②対象建設工事以外の工事

元請業者は，分別されたコンクリート塊について，①のような再資源化に努めなければならない。また，発注者および施工者は，再資源化されたものの利用に努めなければならない。

2） アスファルト・コンクリート塊

①対象建設工事

元請業者は，分別されたアスファルト・コンクリート塊を，破砕することなどにより再生骨材，路盤材等としてまたは破砕，加熱混合することなどにより再生加熱アスファルト混合物等として再資源化をしなければならない。発注者および施工者は，再資源化されたものの利用に努めなければならない。

②対象建設工事以外の工事

元請業者は，分別されたアスファルト・コンクリート塊について，①のような再資源化に努めなければならない。また，発注者および施工者は，再資源化されたものの利用に努めなければならない。

3） 建設発生木材

①対象建設工事

元請業者は，分別された建設発生木材を，チップ化することなどにより，木質ボード，堆肥等の原材料として再資源化をしなければならない。また，原材料として再資源化を行うことが困難な場合などにおいては，熱回収をしなければならない。なお，建設発生木材は指定建設資材廃棄物であり，（4）5）①に定める場合については，再資源化に代えて縮減すれば足りる。発注者および施工者は，再資源化されたものの利用に努めなければならない。

②対象建設工事以外の工事

元請業者は，分別された建設発生木材について，①のような再資源化等に努めなければならない。また，発注者および施工者は，再資源化されたものの利用に努めなければならない。

③使用済み型枠の再使用

施工者は，使用済み型枠の再使用に努めなければならない。元請業者は，再使用できない使用済み型枠については，再資源化に努めるとともに，再資源化できないものについては適正に処分しなければならない。

④伐採木・伐根等の取扱い

元請業者は，工事現場から発生する伐採木，伐根等は，再資源化等に努めるとともに，それが困難な場合には，適正に処理しなければならない。また，発注者および施工者は，再資源化されたものの利用に努めなければならない。

⑤ CCA 処理木材の適正処理

元請業者は，CCA 処理木材について，それ以外の部分と分離・分別し，それが困難な場合には，CCA が注入されている可能性がある部分を含めてこれを全て CCA 処理木材として焼却または埋立を適正に行わなければならない。

4） 建設汚泥

①再資源化等および利用の推進

元請業者は，建設汚泥の再資源化等に努めなければならない。再資源化に当たっては，廃棄物処理法に規定する再生利用環境大臣認定制度，再生利用個別指定制度等を積極的に活用するよう努めなければならない。また，発注者および施工者は，再資源化されたものの利用に努めなければならない。

②流出等の災害の防止施工者は，処理または改良された建設汚泥によって埋立または盛土を行う場合は，建設汚泥の崩壊や降雨による流出等により公衆災害が生じないよう適切な措置を講じなければならない。

5） 廃プラスチック類

元請業者は，分別された廃プラスチック類を，再生プラスチック原料，燃料等として再資源化に努めなければならない。特に，建設資材として使用されている塩化ビニル管・継手等については，これらの製造に携わる者によるリサイクルの取り組みに，関係者はできる限り協力するよう努めなければならない。また，再資源化できないものについては，適正な方法で縮減をするよう努めなければならない。発注者および施工者は，再資源化されたものの利用に努めなければならない。

6） 廃石膏ボード等

元請業者は，分別された廃石膏ボード，廃ロックウール化粧吸音板，廃ロックウール吸音・断熱・保温材，廃 ALC 板等の再資源化等に努めなければならない。再資源化に当たっては，広域再生利用環境大臣指定制度が活用される資材納入業者を活用するよう努めなければならない。また，発注者および施工者は，再資源化されたものの利用に努めなければならない。特に，廃石膏ボードは，安定型処分場で埋立処分することができないため，分別し，石膏ボード原料等として再資源化および利用の促進に努めなければならない。また，石膏ボードの製造に携わる者による新築工事の工事現場から排出される石膏ボード端材の収集，運搬，再資源化および利用に向けた取り組みに，関係者はできる限り協力するよう努めなければならない。

7） 混合廃棄物

① 元請業者は，混合廃棄物について，選別等を行う中間処理施設を活用し，再資源化等および再資源化されたものの利用の促進に努めなければならない。

② 元請業者は，再資源化等が困難な建設廃棄物を最終処分する場合は，中間処理施設において選別し，熱しゃく減量を5%以下にするなど，安定型処分場において埋立処分できるよう努めなければならない。

8） 特別管理産業廃棄物

① 元請業者および自主施工者は，解体工事を行う建築物等に用いられた飛散性アスベストの有無の調査を行わなければならない。飛散性アスベストがある場合は，分別解体等の適正な実施を確保するため，事前に除去等の措置を講じなければならない。

② 元請業者は，飛散性アスベスト，PCB 廃棄物等の特別管理産業廃棄物に該当する廃棄物について，廃棄物処理法等に基づき，適正に処理しなければならない。

9） 特殊な廃棄物

① 元請業者および自主施工者は，建設廃棄物のうち冷媒フロン使用製品，蛍光管等について，専門の廃棄物処理業者等に委託する等により適正に処理しなければならない。

② 施工者は，非飛散性アスベストについて，解体工事において，粉砕することによりアスベスト粉じんが飛散するおそれがあるため，解体工事の施工および廃棄物の処理においては，粉じん飛散を起こさないような措置を講じなければならない。

6 廃棄物処理法（廃棄物の処理及び清掃に関する法律）

「廃棄物の処理及び清掃に関する法律」は，廃棄物の排出を抑制し，および廃棄物の適正な分別，保管，収集，運搬，再生，処分等の処理をし，ならびに生活環境を清潔にすることにより，生活環境の保全および公衆衛生の向上を図ることを目的としている。

（1）主な廃棄物の定義

主な廃棄物に関する用語の定義は次のとおりである。

① 廃棄物：ごみ，粗大ごみ，燃え殻，汚泥，ふん尿，廃油，廃酸，廃アルカリ，動物の死体その他の汚物または不要物。

② 一般廃棄物：産業廃棄物以外の廃棄物。

③ 産業廃棄物：事業活動に伴って生じた廃棄物のうち，燃え殻，汚泥，廃油，廃酸，廃アルカリ，廃プラスチック類その他政令で定めるもの。

④ 特別管理一般廃棄物，特別管理産業廃棄物：一般廃棄物および産業廃棄物のうち，爆発性，毒性，感染性その他の人の健康または生活環境に係る被害を生ずるおそれがある政令で定めるもの。

（2）非常災害により生じた廃棄物の処理

① 非常災害により生じた廃棄物は，人の健康または生活環境に重大な被害を生じさせるものを含むおそれがあることを踏まえ，生活環境の保全および公衆衛生上の支障を防止しつつ，その適正な処理を確保することを旨として，円滑かつ迅速に処理されなければならない。

② 非常災害により生じた廃棄物は，当該廃棄物の発生量が著しく多量であることを踏まえ，その円滑かつ迅速な処理を確保するとともに，将来にわたって生ずる廃棄物の適正な処理を確保するため，分別，再生利用等によりその減量が図られるよう，適切な配慮がなされなければならない。

(3) 産業廃棄物を生じさせた事業者の責務

① 事業者は，その事業活動に伴って生じた廃棄物を自らの責任において適正に処理しなければならない。

② 事業者は，廃棄物の再生利用等を行うことによりその減量に努めなければならない。また，適正な処理が困難にならないような製品，容器等の開発を行うことや，適正な処理の方法についての情報を提供すること等により，適正な処理が困難になることのないようにしなければならない。

(4) 事業者による産業廃棄物の処理

① 事業者は，自らその産業廃棄物の運搬または処分を行う場合には，政令で定める産業廃棄物の収集，運搬および処分に関する基準に従わなければならない。

② 産業廃棄物が運搬されるまでの間，環境省令で定める技術上の基準に従い，生活環境の保全上支障のないようにこれを保管しなければならない。

③ 事業者は，産業廃棄物を生ずる事業場の外において，自ら保管を行おうとするときは，あらかじめ，その旨を都道府県知事に届け出なければならない。その届け出た事項を変更しようとするときも，同様とする。

④ 産業廃棄物の運搬または処分を他人に委託する場合には，産業廃棄物収集運搬業者，産業廃棄物処分業者その他環境省令で定める者にそれぞれ委託しなければならない。

⑤ 産業廃棄物の運搬または処分を委託する場合には，当該産業廃棄物の処理の状況に関する確認を行い，当該産業廃棄物について発生から最終処分が終了するまでの一連の処理の行程における処理が適正に行われるために必要な措置を講ずるように努めなければならない。

⑥ 産業廃棄物処理施設が設置されている事業場を設置している事業者は，当該事業場ごとに，当該事業場に係る産業廃棄物の処理に関する業務を適切に行わせるため，産業廃棄物処理責任者を置かなければならない。

⑦ 多量の産業廃棄物を生ずる事業場を設置している事業者（多量排出事業者）は，当該事業場に係る産業廃棄物の減量その他その処理に関する計画を作成し，都道府県知事に提出するとともに実施状況を報告しなければならない。

(5) 産業廃棄物管理票制度

産業廃棄物管理票制度とは，排出事業者（元請業者）が産業廃棄物の処理を委託するときに，管理票（マニフェスト）を交付して処理の流れを確認するものである。7枚複写式の紙マニフェストと，電子マニフェストがあり，近年では電子マニフェストの活用が増えている。排出事業者は，廃棄物の処理後，処理業者から必要な事項を記載した写しを受け取ることにより，適正に処理されたことを確認する。この管理票は都道府県知事に報告書として提出しなければならず，5年間保管しなければならない。その処理の流れは図9-6-1および次のとおりである。

① 事業者（管理票交付者）は産業廃棄物の運搬または処分を他人に委託する場合には，運搬を受託した者に対し，産業廃棄物の種類および数量，運搬または処分を受託した者の氏名または名称その他所定の事項を記載した産業廃棄物管理票を交付する。

② 産業廃棄物の運搬を受託した者（運搬受託者）は，運搬を終了したときに，管理票交付者に管理票の写しを送付する。

③ 産業廃棄物の処分を受託した者（処分受託者）は，処分を終了したときは，管理票に最終処分が終了した旨を記載し，処分を委託した管理票交付者に当該管理票の写しを送付する。

④ 管理票交付者は，管理票の写しの送付を受けたときは，運搬または処分が終了したことを管理票により確認する。

⑤ 管理票交付者は，当該管理票に関する報告書を作成し，これを都道府県知事に提出しなければならない。

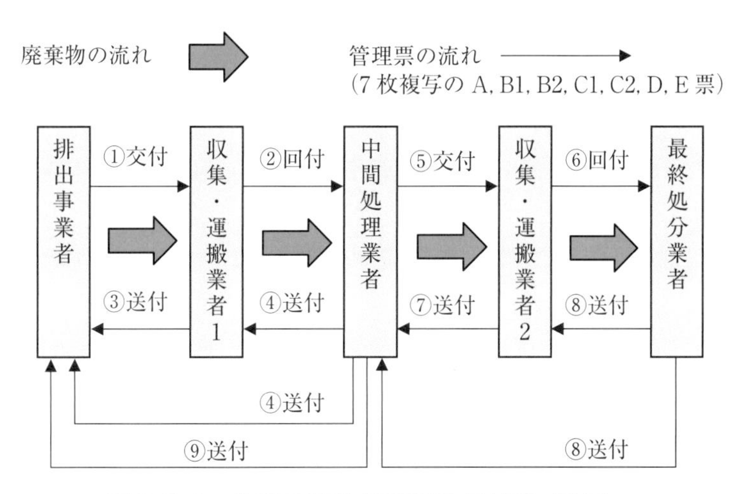

図9-6-1　産業廃棄物管理票と廃棄物の流れ

（6）産業廃棄物処理業

① 産業廃棄物の収集または運搬を業として行おうとする者は，当該業を行おうとする区域を管轄する都道府県知事の許可を受けなければならない。

② 産業廃棄物の処分を業として行おうとする者は，当該業を行おうとする区域を管轄する都道府県知事の許可を受けなければならない。

（7）産業廃棄物の最終処分

排出された産業廃棄物は，前述したように減量化，再利用あるいはリサイクルなど，さまざまな方法で処理する必要があるが，そのような処理が難しいものに関しては，産業廃棄物最終処分場で処理されることになる。最終処分場とは，生活環境の保全上支障の生じない方法で，廃棄物を適切に貯留し，かつ生物的，物理的，化学的に安定な状態で保管し続ける施設のことである。業廃棄物の最終処分場は，「安定型処分場」，「管理型処分場」，「遮断型処分場」に分類できる。

①安定型処分場

雨水などの自然の影響を受けていても有害物質に変化したり，溶出したりしない安定した廃棄物を埋め立てて保管する処分場である。有機物が含有，付着していないことが条件となり，がれき類，ガラスくず，コンクリートくずおよび陶磁器くずなどが対象となる。

②管理型処分場

廃棄物を埋め立てた後，微生物による分解等によって有害な物質が発生して地下水を汚染する場合があるので，そのような影響が周辺に生じないよう特殊なシートなどによって有害物質を閉じ込められる設備を有する処分場である。発生した有害物質は集排水設備，浸出液処理設備などで処理を行ってから外部に排出する。廃油，紙くず，木くず，繊維くずなどが対象となる。

③遮断型処分場

有害物質が基準以上含有されている産業廃棄物を雨風などの自然の影響を受けないよう，コンクリートなどによって仕切った空間に埋め立てて，かつ覆いをして保管する方法である。燃え殻，ばいじん，鉱さいなど中間処理で無害な状態にすることが難しい産業廃棄物が対象になる。

7 近隣環境の保全

工事の実施に当たっては，近隣周辺の生活環境の保全に配慮しなければならない。工事中は，地域住民との連絡体制を明確にし，随時対応が可能になるような体制を確保しなければならない。特に，運搬の計画に当たっては，交通安全に留意するとともに，運搬に伴って発生する騒音，振動について配慮しなければならない。

建設工事に伴う環境保全に関しては，「建設工事に伴う騒音振動対策技術指針」（国土交通省），「建設工事公衆災害防止対策要綱（土木工事編）」（国土交通省），水質汚濁防止法などに記載されており，その中から近隣環境の保全に関する主な対策を抜粋して要約すると以下のようになる。

(1) 交通安全対策

① 運搬路の選定に当たっては，あらかじめ道路および付近の状況について十分調査し，下記事項に留意しなければならない。なお，事前に道路管理者，公安委員会(警察) 等と協議することが望ましい。

② 通勤，通学，買物等で特に歩行者が多く歩車道の区別のない道路はできる限り避け，必要に応じ往路，復路を別経路にする。

③ できる限り舗装道路や幅員の広い道路を選ぶ。

④ 急な縦断勾配や，急カーブの多い道路は避ける。

⑤ 資材等運搬車両については，一般道路を走行するときは，運搬車両の荷台にシート等で覆い，積載物の落下等による第三者への災害，道路の破損あるいは汚損等に十分注意する。

⑥ 工事区域内の道路への一般車両の進入を防止するため，交通規制を必要とする箇所には標識・表示看板等を設置する。

⑦ 工事現場と一般道路との出入口には，交通整理員を置き，交通の円滑，安全を図る。また，道路の汚損等により事故のないように清掃員を必要に応じて配置する。

⑧ 重機による事故が建設災害の中で多いため，重機の運転手に対する教育・訓練を行うとともに安全管理の徹底を行う。

⑨ 材料搬入・搬出時等については，積載重量を超えての運搬は禁止し，事前に業者を指導する。

⑩ 社員，作業員の通勤時の運転については，道路交通法の厳守と互いに思いやりのあるマナーを守った運転を教育・指導する。

⑪ 道路構造物および交通安全施設に破損を与えた場合は，直ちに当該管理者の指示により復旧する。

⑫ 周辺道路に障害が起きた場合は，障害物の除去等できる限り協力し，救急車両等の交通を妨げないようにする。

⑬ 購入土等の資材等運搬車両の走行道路は，通学・通勤に影響が出ないように可能な限り歩道が整備されたルートを設定する。また，信号のない交差点については，必要に応じて交通整理員を配置する等の処置を行う。

⑭ 工事区域周辺に資材等運搬車両が路上待機しないよう，工事区域内に待機場を設けるとともに，運転手に対しては，十分な安全教育を行い，交通安全の徹底を義務付け交通事故の防止に努める。

(2) 騒音・振動・大気汚染対策

建設工事の設計に当たっては，工事現場周辺の立地条件を調査し，全体的に騒音，振動を低減するよう努めなければならない。なお，建設工事全般に係る騒音・振動に対する規制や対策の具体例については，本章「2. 建設工事の騒音・振動対策」にも記載してあるので併せて参照されたい。

① 病院や学校等が隣接する場合は，これらの施設の利用状況について調査・検討し，騒音，振動の環境影響評価の結果を踏まえた施工計画を策定するとともに，施工に当たっては施工計画を確実に実施することにより，静穏な環境を確保する。
② 建設機械は，排出ガス対策型，低騒音型，低振動型機械を使用する。なお，低騒音型機械について，より低騒音レベルの機種（超低騒音型）が発売されつつあるので，極力，超低騒音型の機械を採用するよう配慮する。
③ 建設機械の使用に当たっては点検・整備を十分に行う。
④ 建設機械の運転は丁寧に行い，空ぶかし等は行わない。
⑤ 特定の日時に建設機械が集中しない稼働計画とする。
⑥ 特定の日時に工事用資材の搬入が集中しない資材搬入計画とする。
⑦ 資材等運搬車両は，できるだけ一方通行とし，交通量を分散させる計画とする。
⑧ 仮設道路は凹凸がないように整備し，路面にわだちができたり凹凸が大きくなったりする場合は速やかに補修する。
⑨ 資材等運搬車両の走行は低速度走行を行い，また，空ぶかし等を行わない。
⑩ 大型資材等運搬車両は，朝夕の交通量の多い時間帯を避けた運行計画とする。
⑪ 日曜・祝日の工事，工事用資材の搬入は実施しない計画とする。
⑫ 工事を実施する時間帯を厳守する。

（3）粉じん対策

① 土砂運搬車両には，荷台の土が飛ばないようにシート等で覆う。
② 資材等運搬車両出入口には土落とし施設を設けて，タイヤに付着した土を落とす。
③ 風が強く，工事により粉じんが発生する場合には散水を行う。なお，周辺民家に粉じんが飛散するような場合は工事を中断する。

（4）水質汚濁防止対策

① 雨水排水に伴い濁水が直接公共用水へ流出するおそれがある場合には，仮設沈砂池等を設置する。
② 強い雨が降る場合は，切土，盛土，掘削等の土木工事は中止する。
③ 重機・工事車両等の燃料およびオイル漏れが生じた場合は，直ちに原因を発見処理して漏れ出た燃料およびオイルを完全に除去処分する。
④ コンクリートポンプ車等の洗い水は，河川等に直接排水せずに，適切な方法で処理する。

8 現場作業環境の保全

現場作業環境への配慮事項および工事現場のイメージアップに関しては，「土木工事安全技術指針」（国土交通省　令和４年２月）に以下のような記載がある。

（1）換気の悪い場所等での必要な措置（安衛法）

① 自然換気が不十分な所では，内燃機関を有する機械を使用しないこと。

② ただし，やむを得ず内燃機関を使用するときは，十分な換気の措置を講じること。

③ 粉じん飛散を防止する措置を講じること。特に，著しく粉じんを発生する場所では，保護具等を使用すること。併せて，現場内の作業環境に配慮した工法の採用に努めること。

（2）強烈な騒音を発生する場所等での必要な措置

① 強烈な騒音を発生する場所であることを，明示するとともに作業員へ周知させること

② 強烈な騒音を発生する場所では，耳栓等の保護具を使用すること。

（3）狭い作業空間での機械施工に際しての安全確保

① 施工計画の立案に際しては，作業空間と機械動作範囲・作業能力等を把握し，機械選定等に十分配慮すること。

② 空間的に逃げ場がないような場所での機械と人力との共同作業では，運転者，作業員および作業主任者または作業指揮者との間で作業方法，作業手順等の作業計画を事前によく検討し，安全確保の対策を立てること。

（4）高温多湿な作業環境下での必要な措置（厚生労働省労働局長通達 基発 0420 第３号）

① 作業場所に応じて，熱を遮ることのできる遮蔽物等，簡易な屋根等，適度な通風または冷房を行うための設備を設け，WBGT（暑さ指数）の低減に努めるとともに，作業場所には飲料水の備え付け等を行い，また近隣に冷房を備えた休憩場所または日陰等の涼しい休憩場所を設け，身体を適度に冷やすことのできる物品および施設を設けること。

② 作業の休止および休憩時間を確保し連続する作業時間を短縮するほか，計画的に熱への順化期間を設け，作業前後の水分，塩分の摂取および透湿性や通気性の良い服装の着用等を指導し，それらの確認等を図るとともに必要な措置を講ずるための巡視を頻繁に行うこと。

③　高温多湿な作業環境下で作業する作業員等の健康状態に留意すること。

（5）作業環境項目の測定（安衛法）

以下の作業場所では，必要とされる各環境項目の測定を行わなければならない。

①　土石，岩石等の粉じんを著しく発散するような坑内，屋内の作業場等での粉じん測定。

②　通気設備が設けられている坑内の作業場における通気量，気温，炭酸ガスの測定等。

③　酸素欠乏等の危険のある場所における作業場での酸素，硫化水素の濃度測定等。

④　高温多湿で熱中症の発生のおそれがある作業環境下での，WBGT（暑さ指数値）の測定等。

（6）工事現場のイメージアップ

①　作業場所，資材置場等の資機材は適宜整理し，残材，不用物は整理・処分し，必要資材の整頓に努めること。

②　連絡車等は，整然とした駐車に努めること。また，建設機械の駐機についても整然とした配置に努めること。

③　柵等は常に整備し，破損・乱れは放置せず，維持管理を図ること。

④　工事現場の状況に応じて，工事用道路には粉じん防止のため砕石あるいは舗装を施すとともに，排水施設を設けること。また，工事用車両出入口には，必要に応じて，タイヤ洗浄設備等を設けて，土砂の散逸防止に努めること。また，上記の措置が困難な場合には，現場路面の清掃を適宜行い，土砂を散逸させないこと。

⑤　人家密集地等，周辺の状況に応じて仮囲いを設け，土砂飛散防止の措置を講じること。

⑥　現場状況に応じて防じん処理等の措置を講じること。

⑦　騒音，振動を伴う作業を行う現場では，地域住民等の理解を得るよう，作業時間を表示すること等により，事前に周知を図ること。

⑧　作業員宿舎，休憩所および作業環境等の改善を行い，快適な職場を形成するとともに，看板ならびに現場周辺の美装化に努めること。

第10章 土木関連法規

1 法令の体系

法の最上位は憲法である。その下に法の効力を強さの順で条約，法律，政令，府省令，告示，規則，庁令，訓令，通達などの種類があり，一般的には，法律および行政機関の命令を合わせて「法令」と呼称されることが多い。また，法的な拘束力はないものの，準処すべきよりどころまたは準拠すべき基本的な方向，方法を示した「指針，ガイドライン」あるいは行政機関の統一的な処理を行うための「要綱」などもある。労働安全衛生法を例に，法令の体系図を示すと図10-1-1のようになる。

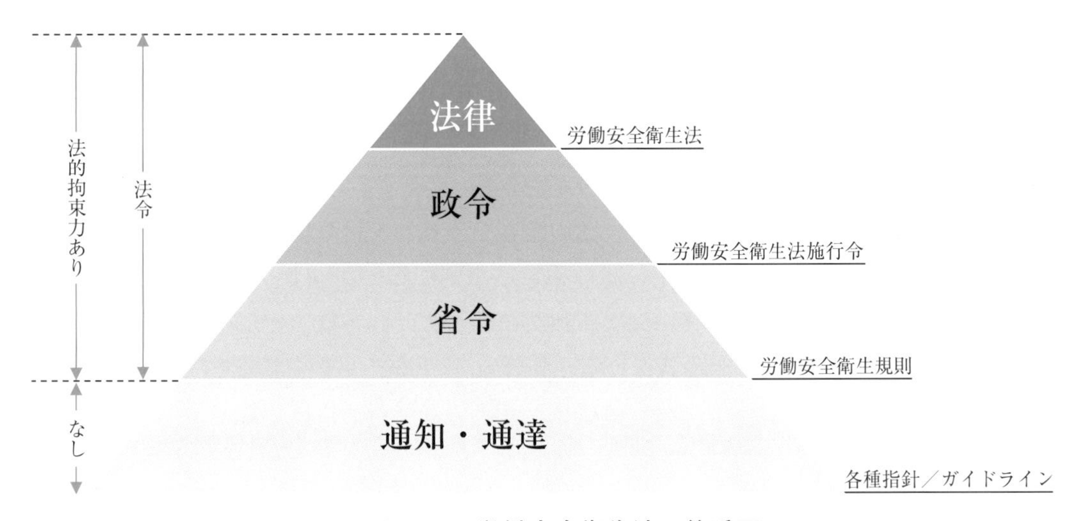

図 10-1-1　労働安全衛生法の体系図

道路，公園，河川などの社会資本を整備する場合，各種の関係する法律・法令・規則など（これらをまとめて土木法規と称されている）を遵守して工事する必要がある。法とは，社会における人間生活を円滑に運営するためのルールであるので，土木技術者は，工事に関連する土木法規を理解して施工計画の立案および施工の実施を行うことが必要不可欠となる。ここでは，建設工事に携わる技術者に対して関係の深い法律について規則や指針などを含めて説明する。

2 労働基準法

労働基準法とは，労働条件の最低基準を定める法律であり，労働者が持つ生存権の保障を目的として，労働契約や賃金，労働時間，休日および年次有給休暇，災害補償，就業規則などの項目について，労働条件としての最低基準を定めているものである。工業，建設業，商業，農業等全ての産業において，会社，個人等を問わず他人を１人でも使っている事業，事務所に適用される。

（1）労働条件の原則

労働基準法における労働条件の原則は次のとおりである。

① 労働条件は，労働者と使用者が対等な立場において決定し，労使双方とも労働協約，就業規則および労働契約を遵守しなければならない

② 使用者は，労働者の国籍，信条または社会的身分を理由として各人の労働条件について差別的取扱いをしてはならない。

③ 特に女性についても，女性であることを理由に賃金を男性と差別してはならない。

（2）賃金

① 賃金は，現金で，直接労働者にその全額を支払わなければならない。

② 賃金は毎月１回以上，一定の期日を定めて支払わなければならない。

③ 使用者の責に帰すべき事由による休業の場合においては，使用者は，休業期間中当該労働者に，その平均賃金の100分の60以上の手当を支払わなければならない

④ 賃金の最低基準に関しては，最低賃金法の定めるところによる。

（3）非常時払

使用者は，労働者が出産，疾病，災害その他厚生労働省令で定める非常の場合の費用に充てるために請求する場合においては，支払期日前であっても，既往の労働に対する賃金を支払わなければならない。

（4）労働時間，休日，休憩，休暇等

① 労働時間は，休憩時間を除き１週間について40時間，１週間の各日について８時間を超えてはならない。

② 労働組合または労働者の過半数代表との書面による協定が締結された場合には，労働時間を延長し，または休日に労働させることができる（36協定)。ただし，その場合でも労働時間は１カ月45時間，年間360時間とする。

③ 時間外労働に対する賃金は２割５分増とする。深夜（午後10時～午前５時）に

及ぶ場合は5割増以上を支払う。

④ 休日は，週休制とするかまたは4週間を通じ4日以上とする。

⑤ 休憩時間は，労働時間が6時間を超える場合には少なくとも45分，8時間を超える場合には少なくとも1時間を労働時間の途中に与えなければならない。

⑥ 年次有給休暇は，6カ月間継続勤務し全労働日の8割以上出勤した労働者に対して，10日を与えなければならない。

（5）災害補償

① 労働者が業務上負傷し，または疾病にかかった場合においては，使用者は，その費用で必要な療養を行い，または必要な療養の費用を負担しなければならない（療養補償）。

② 労働者が業務上負傷し，または疾病にかかり，治った場合において，その身体に障害が残るときは，使用者は，その障害の程度に応じて，障害補償を行わなければならない（障害補償）。

③ 労働することができない場合は，平均賃金の60％を休業補償として支払わなければならない（休業補償）。

④ 労働者が業務上死亡した場合においては，使用者は，遺族に対して，平均賃金の1,000日分の遺族補償を行わなければならない（遺族補償）。

⑤ 労働者が業務上死亡した場合においては，使用者は，葬祭を行う者に対して，平均賃金の60日分の葬祭料を支払わなければならない（葬祭補償）。

⑥ 療養開始後3年を経過しても負傷または疾病が治らない場合は，平均賃金の1,200日分の打切補償を行い，その後は補償を行わなくてよい（打切補償）。

⑦ 建設業のように数次の請負によって行われる場合は，元請負人を使用者とみなし補償する。すなわち，元請は現場の下請，孫請等の全下請の労災を補償する義務がある。

⑧ 労働者が重大な過失によって業務上負傷し，または疾病にかかり，かつ使用者がその過失について行政官庁の認定を受けた場合においては，休業補償または障害補償を行わなくてもよい（休業補償および障害補償の例外）。

（6）年少者

① 年少者（18歳未満）に関する労働条件は「年少者労働基準規則」によらなければならない。

ア．児童が満15歳に達した日以降の最初の3月31日が終了してから使用できる。

イ．満18歳に満たない者を深夜（午後10時から午前10時）に労働させてはならない

ウ．満18歳に満たない者を坑内，高温など有害な場所で労働させてはならない

② 親権者または後見人は，未成年者（20歳未満）に代わって労働契約を締結してはならず，賃金も受け取ってはならない。

③ 重量物を扱う業務の制限
年少者および女性における重量物を扱う業務は表10-2-1のように制限されている。

表10-2-1　重量物を扱う業務の制限

年齢および性別		重量（単位kg）	
		断続作業の場合	継続作業の場合
満16歳未満	女	12	8
	男	15	10
満16歳以上 満18歳未満	女	25	15
	男	30	20

（7）女性の就労制限

満18歳以上の女性の主な就業制限は次のとおりである。

① 重量物を取り扱う業務（表10-2-1）

② 有毒ガス等を発散する場所における業務

③ 厚生労働省令で定める次の坑内労働

ア．人力，動力および発破により行われる土石，岩石もしくは鉱物の掘削または掘採の業務

イ．ずり，資材等の運搬もしくは覆工のコンクリートの打設等の業務に付随して行われる業務

ウ．ただし，技術上の管理の業務ならびに指導監督の業務は除かれる。

（8）妊産婦の危険有害業務の就業制限

① 出産前の女性・出産後1年未満の女性を「妊産婦」という。

② 妊産婦には，重量物を取り扱う業務，有害ガスを発散する場所における業務その他妊産婦の妊娠，出産，哺育等に有害な業務に就かせてはならない。

3 労働安全衛生法

労働安全衛生法は，危害防止基準の確立，事業場内における責任体制の明確化，事業者の自主的活動の促進措置等の総合的な対策を推進することにより，職場における労働者の安全と健康を確保するとともに，快適な作業環境の形成を目的とすることを定めている。

建設現場における安全衛生管理体制，注文者としての安全措置義務，コンクリート造の工作物の解体作業等については第８章に記載してあるので，ここでは，作業主任者の選任，特別教育および計画の届出が必要な建設工事について記述する。

（1）作業主任者の選任

クレーン運転や高圧室内作業等，法令で定められた危険・有害な業務に労働者を就かせる場合には，労働安瀬衛生法で定められた免許，技能講習または特別教育を受けたものを就業させる必要がある。技能講習は，免許よりは権限が限定されるが，特別教育よりは高度な業務を行えるため，それらの中間に位置するものである。免許は国家資格であり，技能講習は，都道府県労働局長登録教習機関による講習を受講・修了が必要である。特別教育は，社内あるいは社外において，十分な知識，経験を有する者が講師となって行うものである。

事業者は，労働災害を防止するための管理を必要とする作業については，作業主任者を選任しなければならない。作業主任者を選任すべき主な作業は表10-3-1のとおりであり，作業主任者の職務は次のとおりである。

① 当該作業に従事する労働者の指揮
② 作業に使用する機械およびその安全装置を点検すること
③ 使用する機械および安全装置に異常を認めたときは，直ちに必要な措置を取ること
④ 使用する機械，安全装置，保護具等の使用状況を監視すること

表10-3-1 作業主任者を選任すべき主な作業

作業主任者名称	資格の種類	作業の内容
高圧室内作業主任者	免許	高圧室内作業（潜函作業，圧気工法）
ガス溶接作業主任者	免許	アセチレン溶接装置，ガス集合溶接装置による溶接，溶断の作業
コンクリート破砕器作業主任者	技能講習	コンクリート破砕器を用いた破砕作業
地山の掘削および土止め支保工作業主任者	技能講習	掘削面の高さが2メートル以上となる地山の掘削
		土止め支保工の切りばりまたは腹おこしの取付けまたは取外しの作業
ずい道等の掘削等作業主任者	技能講習	ずい道等の掘削，ずり積み，支保工組立て（落盤，肌落防止用），ロックボルト取付け，コンクリート等吹付け
ずい道等の覆工作業主任者	技能講習	ずい道等覆工（型枠支保工）組立て，解体，移動，コンクリート打設
型枠支保工の組立て等作業主任者	技能講習	型枠支保工の組立て，解体の作業（ただし，建築物の柱・壁・橋脚，ずい道のアーチ・側壁等のコンクリート打設用は除く）
足場の組立て等作業主任者	技能講習	吊り足場，張出し足場または高さが5m以上の足場の組立て，解体，変更の作業（ゴンドラの吊り足場は除く）

作業主任者名称	資格の種類	作業の内容
鋼橋架設等作業主任者	技能講習	橋梁の上部構造であって金属部材により構成されるものの架設，解体，変更（ただし，高さ5m以上または橋梁支間30m以上に限る）
コンクリート造の工作物の解体等作業主任者	技能講習	高さ5m以上のコンクリート造の工作物の解体作業
酸素欠乏危険作業主任者（第1種）	技能講習	酸素欠乏危険場所における作業（第一種酸素欠乏危険作業）
酸素欠乏危険作業主任者（第2種）	技能講習	酸素欠乏危険場所（酸素欠乏症にかかるおそれおよび硫化水素中毒にかかるおそれのある場所として厚生労働大臣が定める場所に限る）における作業（第二種酸素欠乏危険作業）

（2）特別教育

特別教育が必要な主な作業は次のとおりである。

① アーク溶接
② 吊り上げ荷重が5t未満のクレーンやデリックの運転
③ 吊り上げ荷重1t未満の移動式クレーンの運転
④ 高圧室内作業に係る業務
⑤ 酸素欠乏危険場所での作業
⑥ ずい道の掘削作業
⑦ ずい道の覆工作業
⑧ 機体重量3t未満の整地・運搬・積込み・掘削，解体用機械の運転

（3）建設工事の計画の届出

事業者は，建設業その他政令で定める業種に属する事業の仕事で，政令で定めるものを開始しようとするときは，その計画を厚生労働大臣，労働基準監督署長に届け出なければならない。

1） 厚生労働大臣への計画の届出（大規模工事）

事業者は，建設業に属する事業の仕事のうち以下に示す重大な労働災害を生ずるおそれがある特に大規模な仕事で，厚生労働省令で定めるものを開始しようとするときは，その計画を当該仕事の開始の日の30日前までに，厚生労働省令で定めるところにより，厚生労働大臣に届け出なければならない。

① 高さが300m以上の塔の建設の仕事
② 堤高（基礎地盤から堤頂までの高さをいう）が150m以上のダムの建設の仕事
③ 最大支間500m（つり橋にあっては，1,000m）以上の橋梁の建設の仕事
④ 長さが3,000m以上のずい道等の建設の仕事
⑤ 長さが1,000m以上3,000m未満のずい道等の建設の仕事で，深さが50m以上の

たて坑（通路として使用されるものに限る）の掘削を伴うもの
⑥ ゲージ圧力が0.3MPa以上の圧気工法による作業を行う仕事

2） 労働基準監督署長への計画の届出

【本体構造物関係】

事業者は以下に示す，建設業その他政令で定める業種に属する事業の仕事で，厚生労働省令で定めるものを開始しようとするときは，その計画を当該仕事の開始の日の14日前までに，労働基準監督署長に届け出なければならない。

① 高さ31mを超える建築物または工作物（橋梁を除く）の建設，改造，解体または破壊（以下「建設等」という）の仕事
② 最大支間50m以上の橋梁の建設等の仕事
③ 最大支間30m以上50m未満の橋梁の上部構造の建設等の仕事
④ ずい道等の建設等の仕事（ずい道等の内部に労働者が立ち入らないものを除く）
⑤ 掘削の高さまたは深さが10m以上である地山の掘削の作業（掘削機械を用いる作業で，掘削面の下方に労働者が立ち入らないものを除く）を行う仕事
⑥ 圧気工法による作業を行う仕事
⑦ 建築基準法に規定する耐火建築物または準耐火建築物で，石綿等が吹き付けられているものにおける石綿等の除去の作業を行う仕事
⑧ ダイオキシン類対策特別措置法施行令に掲げる廃棄物焼却炉を有する廃棄物の焼却施設に設置された廃棄物焼却炉，集じん機等の設備の解体等の仕事
⑨ 掘削の高さまたは深さが10m以上の土石の採取のための掘削の作業を行う仕事
⑩ 坑内掘りによる土石の採取のための掘削の作業を行う仕事

【型枠支保工・足場等】

労働安全衛生法第88条（計画の届出等）第1項および同規則別表第7より，設置，移転，またはこれらの主要構造部分を変更しようとするときに，その計画を当該工事の開始の日の30日前までに，労働基準監督署長に届け出なければならないものは以下のものである。

① 型枠支保工（支柱の高さが3.5m以上のもの）
② 架設通路（高さおよび長さがそれぞれ10m以上のもの）
③ 足場（つり足場，張出し足場以外の足場にあっては，高さが10m以上の構造のもの）

4 建設業法

建設業法は，建設業を営む者の資質の向上，建設工事の請負契約の適正化等を図ることによって，建設工事の適正な施工を確保し，発注者を保護するとともに，建設業の健全な発達を促進し，もって公共の福祉の増進に寄与することを目的としている。そのためには，

2つの手段と4つの目的が示されている。

《手段》

・建設業を営む者の資質の向上

・建設工事の請負契約の適正化

《目的》

・建設工事の適正な施工の確保

・発注者の保護（発注者には公共，企業，個人も等しく含まれる）

・建設業の健全な発達の促進

・公共の福祉の増進に寄与（施設利用者，住民など広く消費者全般も含まれる）

（1）建設業法における用語の定義

建設業法における，建設業，下請契約および元請負人等の定義は表10-4-1に示すとおりである。元請とは，請負の契約において，発注者から直接仕事を請け負うこと，またはその業者のことであり，下請に対する対義語である。請負契約における一次請負事業者のことで，正式には元請負人と呼ぶ。すなわち，図10-4-1に示すように一次下請業者は二次下請業者との関係では元請負人となる。また，「発注者」とは，建設工事の注文者のことであり，建設工事の最初の注文者（いわゆる「施主」）のことである。一方，「注文者」とは，民法上の注文者をいい，「発注者」だけではなく下請関係におけるものも含まれる。

表10-4-1　建設業法における用語の定義

用語	定義（意味）
建設工事	土木建築に関する工事をいい，土木一式工事，建築一式工事，大工工事，左官工事など29工事がある。
建設業	元請，下請その他いかなる名義をもってするかを問わず，建設工事の完成を請け負う営業をいう。
建設業者	建設業法による許可を受けて建設業を営む者をいう。
下請契約	建設工事を他の者から請け負った建設業を営む者と他の建設業を営む者との間で当該建設工事の全部または一部について締結される請負契約をいう。
発注者	建設工事（他の者から請け負ったものを除く）の注文者のことをいい，最初の注文者のことをいう。
元請負人	下請契約における注文者で建設業者であるものをいう。

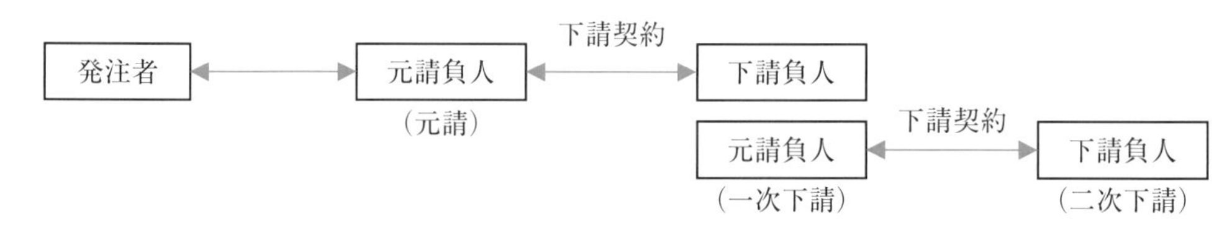

図10-4-1　元請負人と下請負人の関係

（2）建設業の許可

建設業の許可区分は，表 10-4-2 に示すように国土交通大臣あるいは都道府県知事によるものがある。また，一般建設業と特定建設業の区分は表 10-4-3 に示すとおりであり，建設業としての許可の有効期限は 5 年となっている。

表 10-4-2　建設業許可の区分

許可の区分	区分の内容
国土交通大臣の許可	2 つ以上の都道府県の区域内に営業所を設けて営業をしようとする場合
都道府県知事の許可	1 つの都道府県の区域内にのみ営業所を設けて営業をしようとする場合

表 10-4-3　一般建設業と特定建設業の区分

許可の区分	区分の内容
一般建設業の許可	下請専門か，発注者から直接工事を請け負ったときでも 4,000 万円（建築一式工事にあっては 6,000 万円）に満たない建設工事しか下請に出さない建設業者が受ける許可
特定建設業の許可	発注者から直接請け負った際，4,000 万円（建築一式工事については 6,000 万円）以上となる工事を下請業者に施工させる業者が受ける許可

（3）工事の請負契約

建設工事の請負契約の当事者は，各々の対等な立場における合意に基づいて公正な契約を締結し，信義に従って誠実にこれを履行しなければならない。

①不当に低い請負代金の禁止

注文者は，自己の取引上の地位を不当に利用して，その注文した建設工事を施工するために通常必要と認められる原価に満たない金額を請負代金の額とする請負契約を締結してはならない。

②不当な使用資材等の購入強制の禁止

注文者は，請負契約の締結後，自己の取引上の地位を不当に利用して，その注文した建設工事に使用する資材もしくは機械器具またはこれらの購入先を指定し，これらを請負人に購入させて，その利益を害してはならない。

③著しく短い工期の禁止

注文者は，通常必要と認められる期間に比して著しく短い期間を工期とする請負契約を締結してはならない。

④建設工事の見積り等

建設業者は，建設工事の請負契約を締結するに際して，工事の種別ごとの材料費，労務費その他の経費の内訳ならびに工事の工程ごとの作業およびその準備に必要な日数を明らかにして，建設工事の見積りを行うよう努めなければならない。注文者から請求があったときは，請負契約が成立するまでの間に，見積書を交付しなければならない。

⑤工期等に影響を及ぼす事象に関する情報の提供

注文者は，地盤の沈下その他の工期または請負代金の額に影響を及ぼす事象が発生するおそれがあると認めるときは，請負契約を締結するまでに，その旨および当該事象の状況の把握のため必要な情報を提供しなければならない。

⑥契約の保証

請負代金の全部または一部の前金払をする定めがなされたときは，注文者は，建設業者に対して前金払をする前に，保証人を立てることを請求することができる。

⑦一括下請負の禁止

建設業者は，その請け負った建設工事を，いかなる方法をもってするかを問わず，一括して他人に請け負わせてはならない。また，一括して請け負ってはならない。

（4）元請負人の義務

①下請負人の意見の聴取

元請負人は，請け負った建設工事を施工するために必要な工程の細目，作業方法その他事項を定めようとするときは，あらかじめ，下請負人の意見を聞かなければならない。

②下請代金の支払

ア．元請負人は，請負代金の出来形部分に対する支払または工事完成後における支払を受けたときは，施工した出来形部分に相応する下請代金を，当該支払を受けた日から1月以内で，かつ，できる限り短い期間内に支払わなければならない。

イ．下請代金のうち労務費に相当する部分については，現金で支払うよう適切な配慮をしなければならない。

ウ．前払金の支払を受けたときは，下請負人に対して，資材の購入，労働者の募集その他建設工事の着手に必要な費用を前払金として支払うよう適切な配慮をしなければならない

③検査および引渡し

ア．元請負人は，下請負人からその請け負った建設工事が完成した旨の通知を受けたときは，通知を受けた日から20日以内で，かつ，できる限り短い期間内に，その完成を確認するための検査を完了しなければならない。

イ．検査によって建設工事の完成を確認した後，下請負人が申し出たときは，直ちに，当該建設工事の目的物の引渡しを受けなければならない。

④不利益取扱いの禁止

元請負人について法律等に違反する行為があることを下請負人が通報したことを理由にして，取引の停止その他の不利益な取扱いをしてはならない。

⑤特定建設業者の下請代金の支払期日等

ア．特定建設業者が注文者となった下請契約における下請代金の支払期日は，申出の日から起算して50日を経過する日以前において，かつ，できる限り短い期間内に定めなければならない。

イ．下請代金の支払に対して，支払期日までに一般の金融機関による割引を受けることが困難であると認められる手形を交付してはならない。

ウ．下請代金を支払期日までに支払をしなかったときは，50日を経過した日からその日数に応じた遅延利息を支払わなければならない。

⑥下請負人に対する特定建設業者の指導等

ア．特定建設業者は，当該建設工事の下請負人が，労働者の使用に関する法令に違反しないよう，当該下請負人の指導に努めるものとする。

イ．下請負人が法令に違反していると認めたときは，違反している事実を指摘して，その是正を求めるように努めるものとする。

ウ．違反している事実を是正しないときは，建設業を許可した国土交通大臣，都道府県知事などに速やかに通報しなければならない

⑦施工体制台帳および施工体系図の作成等

ア．特定建設業者は，発注者から直接建設工事を請け負った次の場合において，建設工事の適正な施工を確保するため，下請負人の商号または名称，当該下請負人に係る建設工事の内容および工期その他の事項を記載した施工体制台帳を作成し，工事現場ごとに備え置かなければならない。

・公共工事の受注者が下請契約を締結した場合は，下請金額に関わらず作成義務がある。

・公共工事に該当しない場合であっても，下請契約の総額が4,000万円（建築一式工事の場合は6,000万円）以上である場合は，作成義務がある。

イ．下請負人は，工事を他の建設業に請け負わせたときは，特定建設業者に対して，建設業を営む者の商号または名称，請け負った建設工事の内容および工期その他の事項を通知しなければならない。

ウ．発注者から請求があったときは，備え置かれた施工体制台帳を，その発注者の閲覧に供しなければならない。

エ．当該建設工事における各下請負人の施工の分担関係を表示した施工体系図を作成し，これを当該工事現場の見やすい場所に掲げなければならない。

(5) 監理技術者等の設置

建設業者は，表10-4-4に示すように，請け負った建設工事を適正に実施するために，工事の施工計画の作成，工程管理，品質管理その他の技術上の監理および，建設工事の施工に従事する者の技術上の指導監督の職務を行う主任技術者または監理技術者の設置が義務付けられている。

建設業法は，令和元年6月に大幅な改正が行われ，その大半は令和2年10月1日に施行された。特に，特例監理技術者と監理技術者補佐が新たに設置されたので留意が必要である。

表10-4-4 工事現場に配置すべき技術者

技術者の区分	建設工事の内容	専任が義務付けられる工事
主任技術者	元請・下請にかかわらず，監理技術者を配置する場合を除く全ての工事現場	国・地方公共団体が発注する工事，公共施設の工事で，請負代金が4,000万円以上（建築一式工事にあっては8,000万円以上）となる場合
監理技術者 特例監理技術者	特定建設業者が，発注者から直接請け負った工事で，下請契約の金額の総額が4,500万円以上（建築一式工事にあっては7,000万円以上）の工事現場	
必要なし	建設業の許可を得ていない業者が施工する工事現場（500万円未満の工事に限る）	－

①監理技術者等とは

監理技術者等とは，主任技術者，監理技術者，特例監理技術者または監理技術者補佐をいい，建設工事の適正な施工を確保するため，工事現場における建設工事の施工の技術上の管理をつかさどる者として設置が義務付けられている。それらの資格要件は次のとおりである。

- 主任技術者：1級または2級の国家資格を取得しているか，一定の学歴と実務経験を有する者
- 監理技術者：1級の国家資格を取得または一定以上の指導監督的な実務経験がある者
- 監理技術者補佐：主任技術者の資格を有する者のうち，1級の技術検定の第一次検定に合格した者（1級施工管理技士補）または1級施工管理技士等の国家資格者，学歴や実務経験により監理技術者の資格を有する者
- 特例監理技術者：監理技術者補佐を工事現場ごとに専任で置き，2つの現場を兼務する監理技術者のこと。資格要件としては通常の監理技術者と同じである。

②主任技術者の設置

建設業者は，その請け負った建設工事を施工するときは，当該建設工事に関し技術上の管理をつかさどる主任技術者を置かなければならない。

③監理技術者の設置

発注者から直接建設工事を請け負った特定建設業者は，当該建設工事を施工するために締結した下請契約の請負代金の総額が4,500万円（建築一式工事にあっては7,000万円）以上となる場合においては，主任技術者に代えて監理技術者を置かなければならない。

④専任の主任技術者・監理技術者の設置

国・地方公共団体が発注する工事，公共施設の工事においては，請負代金が4,000万円（建築一式工事にあっては8,000万円）以上となる場合においては，工事現場ごとに専任の主任技術者または監理技術者を置かなければならない。

⑤特例監理技術者の兼務

・工事現場の兼任ができる監理技術者のことを特例監理技術者と呼ぶ。
・特例監理技術者を複数の工事現場で兼務させる場合，適正な施工の確保を図る観点から，工事現場ごとに監理技術者補佐を専任で置かなければならない。
・特例監理技術者が兼務できる工事現場の数は2つである。

⑥主任技術者の兼務

密接な関係のある2つ以上の建設工事を同一の建設業者が同一の場所または近接した場所において施工するものについては，同一の専任の主任技術者がこれらの建設工事を管理することができる。

⑦監理技術者等の職務

・監理技術者等は，適正な施工を確保する観点から，当該工事現場における建設工事の施工の技術上の管理をつかさどる。
・施工に当たり，施工内容，工程，技術的事項，契約書および設計図書の内容を把握した上で，その施工計画を作成し，工事全体の工程の把握，工程変更への適切な対応等，具体的な工事の工程管理，品質確保の体制整備，検査および試験の実施等および工事目的物，工事仮設物，工事用資材等の品質管理を行わなければならない。
・当該建設工事の施工に従事する者の技術上の指導監督を行う。
・特例監理技術者は，これらの職務を適正に実施できるよう，監理技術者補佐を適切に指導しなければならない。

⑧現場代理人の設置

請負人は，請負契約の履行に関し工事現場に現場代理人を置く場合には，現場代理人の権限に関する事項および注文者の請負人に対する意見の申出の方法を，書面により注文者に通知しなければならない。

⑨現場代理人の職務

現場代理人は，現場に常駐し，現場の運営，取締りを行うほか，契約に基づく権限を行使できる者であり，主任技術者および監理技術者と兼務することができる（公共工事標準請負契約約款第10条)。

5 火薬類取締法

火薬類取締法は，火薬類の製造，販売，貯蔵，運搬，消費その他の取扱いを規制することにより，火薬類による災害を防止し，公共の安全を確保することを目的としている。諸外国では，大型の建築物や橋梁などを解体する手段として発破が行われるが，わが国は法規制が厳しいため，トンネル建設工事における岩石を破砕するための発破が主流であり，採掘現場や，ダムの建設現場などでも行われている。火薬の貯蔵，消費を行う際には，火薬類取扱保安責任者の配置が義務付けられている。

火薬類取締法では，火薬類を次のように分類している。

① 火薬：推進的爆発によりロケットや弾丸などを推進させるもので，黒色火薬，無煙火薬等が該当する。

② 爆薬：破壊的爆発により破壊効果を発揮するもので，起爆薬，ニトログリセリン，ダイナマイト等が該当する。

③ 火工品：火薬，爆薬を使用して，ある目的に適するように加工したものであり，電気雷管，実包，導火線，信号焔（炎）管等が該当する。

（1）火薬類の取扱い事項一般

① 18歳未満の者は，いかなる場合も火薬類の取扱いをしてはならない。

② 火薬類は，他の物と混包し，または火薬類でないようにみせかけて，これを所持し，運搬し，もしくは託送してはならない。

③ 火薬類を取り扱う者は，腕章，保護帽の着用等により他の作業員と識別できるようにしなければならない。

（2）火薬類の貯蔵と運搬

① 火薬類は，火薬庫に貯蔵しなければならない。

② 火薬庫の設置，移転またはその構造もしくは設備を変更しようとする者は，都道府県知事の許可を受けなければならない。

③ 火薬庫内では，換気に注意するとともに，温度変化を少なくするよう努めること。

④ 火薬庫内には，火薬類以外の物を貯蔵しない。

⑤ 火薬庫内には，鉄類もしくはそれらを使用した器具または携帯電灯以外の灯火を持ち込まない。

⑥ 無煙火薬・ダイナマイトを貯蔵する場合は，最高最低寒暖計を備え，夏季または冬季における温度の影響を少なくするよう措置を講じること。

⑦ 火薬類を存置し，または運搬するときは，火薬，爆薬，導爆線または制御発破用コードと火工品とは，それぞれ異なった容器に収納する。

⑧ 火薬類を運搬するときは，衝撃等に対して安全な措置を講ずること。この場合において，工業雷管，電気雷管もしくは導火管付き雷管またはこれらを取り付けた薬包を坑内または隔離した場所に運搬するときは，背負袋，背負箱等を使用する。

（3）消費場所における火薬類の取扱い

① 火薬類を収納する容器は，木その他電気不良導体で作った丈夫な構造のものとし，内面には鉄類を表さないこと。

② 消費場所において火薬類を存置または運搬するときは，火薬，爆薬，導爆線，制御発破用コードと火工品とは，それぞれ異なった容器に収納すること。

③ 消費場所においては，やむを得ない場合を除き，火薬類取扱所，火工所または発破場所以外の場所に火薬類を存置しない。

④ 凍結したダイナマイト等は，50℃以下の温湯を外槽に使用した融解器を用いるなど，適切な方法で融解する。このとき，裸火，またストーブ，蒸気管その他の高熱源に接近させてはならない。

⑤ 固化したダイナマイト等は，もみほぐすこと。

⑥ 消費場所に持ち込む火薬類の数量は，1日の消費見込み量以下とすること。

⑦ 発破場所においては，責任者を定め，火薬類の受渡し数量，消費残数量および発破孔または薬室に対する装てん方法をその都度記録させること。

⑧ 前回の発破孔を利用して，削岩または装てんしないこと。

⑨ 発破を終了したときは，発破による有害ガスによる危険が除去された後，天盤，側壁その他の岩盤，コンクリート構造物等についての危険の有無を検査し，安全と認めた後でなければ，何人も発破場所およびその付近に立ち入らせてはならない。

（4）火薬類の取扱いの届出・許可

①火薬庫の設置

火薬庫を設置し，移転しまたはその構造もしくは設備を変更しようとする者は，都道府県知事の許可を受けなければならない。

②火薬類の運搬

火薬類を運搬しようとする場合は，その荷送人は，その旨を出発地を管轄する都道府県公安委員会に届け出て，届出を証明する文書（運搬証明書）の交付を受けなければならない。また火薬類を運搬する場合は，運搬証明書を携帯しなければならない。

③火薬類の消費

火薬類を爆発させ，または燃焼させようとする者（消費者）は，都道府県知事の許可を受けなければならない。

④火薬類の廃棄

火薬類を廃棄しようとする者は，経済産業省令で定めるところにより，都道府県知事の許可を受けなければならない。

⑤事故届等

火薬類を取り扱う者は，その所有し，または占有する火薬類，譲渡許可証，譲受許可証または運搬証明書を喪失し，または盗取されたときは，遅滞なくその旨を警察官または海上保安官に届け出なければならない。

6 道路法（道路法，車両制限令）

道路法は，道路網の整備を図るため，道路に関して，路線の指定および認定，管理，構造，保全，費用の負担区分等に関する事項を定め，もって交通の発達に寄与し，公共の福祉を増進することを目的としている。建設工事では，下水道管，ガス管などを設置するために道路を占用することや，大型の建設機械・資材を運搬するための特殊車両の通行などが必要になる場合が多く，それらの場合には道路管理者の許可が必要になる。

（1）道路の管理者

道路は，表10-6-1に示すように，国道，県道，市町村道，高速自動車国道に分かれている。ただし，有料の高速道路についてはそれを管理する会社あるいは公社が道路管理者となる。

表10-6-1　道路法上の道路の種類と道路管理者

道路の種類			道路管理者
高速自動車国道			国土交通大臣
一般国道	指定区間	直轄国道	国土交通大臣
	指定区間外	補助国道	都道府県または政令指定都市
都道府県道			都道府県または政令指定都市
市町村道			市町村

（2）道路の占用の許可

道路の地上または地下に一定の工作物，物件または施設を設けて継続的に使用することを占用という。

① 道路に以下に掲げる工作物，物件または施設を設け，継続して道路を使用しようとする場合においては，道路管理者の許可を受けなければならない。

ア．電柱，電線，変圧塔，郵便差出箱，公衆電話所，広告塔その他これらに類する工作物

イ．水管，下水道管，ガス管その他これらに類する物件

ウ．鉄道，軌道その他これらに類する施設

エ．歩廊，雪よけその他これらに類する施設

オ．地下街，地下室，通路，浄化槽その他これらに類する施設

カ．露店，商品置場その他これらに類する施設

キ．工事用板囲，足場，詰所，その他の工事用施設，土石，竹木，瓦，その他の工事用材料，トンネルの上または高架の道路の路面下に設ける事務所，店舗，倉庫，住宅，自動車駐車場，自転車駐車場，広場，公園，運動場，その他これらに類する施設等

② 道路管理者の許可を受けようとする者は，下記事項を記載した「道路占用許可申請書」を道路管理者に提出するとともに，所轄の警察署長に「道路使用許可申請書」を提出して許可を受けなければならない。

ア．道路の占用の目的

イ．道路の占用の期間

ウ．道路の占用の場所

エ．工作物，物件または施設の構造

オ．工事実施の方法

カ．工事の時期

キ．道路の復旧方法

③ 掘削工事で支障となる電線，水管，下水道管，ガス管もしくは石油管などのライフラインなどの地下埋設物については，その埋設物の管理者と十分調整し，必要に応じて立会いを申し入れる必要がある。

(3) 特殊車両通行制度

建設工事では，建設資材・製品あるいは大型の建設機械の運搬に特殊車両が多く使用されている。「特殊車両」とは，車両の構造が特殊である車両，あるいは輸送する貨物が特殊な車両で，幅，長さ，高さおよび総重量のいずれかの一般的制限値を超えたり，橋，高架の道路，トンネル等で総重量，高さのいずれかの制限値を超えたりする車両をいう。したがって，図10-6-1に示すような「車両制限令」の一般的制限値を超過する特殊車両の通行には，「特殊車両通行許可」が必要になる。

特殊車両（限度超過車両）の通行の許可等の概要は次のとおりである。

① 道路管理者は，車両の構造または車両に積載する貨物が特殊であるためやむを得ないと認めるときは，当該車両を通行させようとする者の申請に基づいて，通行経路，通行時間等について，道路の構造を保全し，または交通の危険を防止するため必要な条件を付して，限度超過車両の通行を許可することができる。

② 申請が道路管理者を異にする二以上の道路に係るものであるときは，許可に関する権限は，一の道路の道路管理者が行うものとする。

③ 道路管理者は，通行の許可をしたときは，許可証を交付しなければならない。

④ 許可証の交付を受けた者は，当該許可に係る通行中，当該許可証を当該車両に備え付けていなければならない。

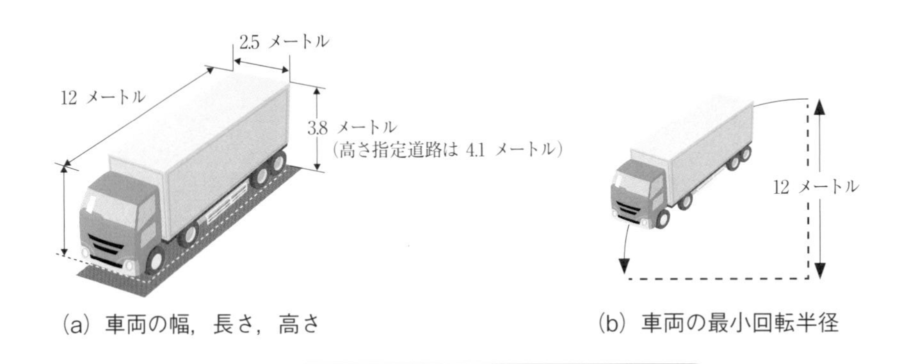

(a) 車両の幅，長さ，高さ　(b) 車両の最小回転半径

(c) 車両の総重量，軸重，隣接軸重および輪荷重

図 10-6-1　道路法に基づく車両制限[1)]

7 河川法

河川法は，河川の洪水や高潮などといった災害の発生防止，河川の適正な利用，流水の正常な機能維持および環境の整備と保全を目的として制定されたものであり，河川の管理や工事，費用負担および使用制限などを定めている。

（1）河川の区分と河川管理者

河川法における河川とその管理者は表 10-7-1 に示すとおりである。

表 10-7-1　河川の区分と河川管理者

分類	河川の区分および区間	河川管理者
一級河川 （国土交通大臣が指定）	指定区間外（直轄管理区間）	国土交通大臣
	指定区間（国土交通大臣が指定）	国土交通大臣＊1
二級河川	一級水系以外の水系の河川のうち都道府県知事が指定	都道府県知事＊2
準用河川	一級河川および二級河川以外の河川から市町村長が指定	市町村長
普通河川	一級河川，二級河川または準用河川以外の河川で条例に基づき指定	市町村長

＊1：都道府県知事または政令指定都市の長が管理の一部を行うことができる
＊2：都道府県知事または政令指定都市の長

（2）河川管理施設および河川区域等

河川管理施設とは，ダム，堰，水門，堤防，護岸，床止め，樹林帯，その他河川の流水によって生ずる公利を増進し，または公害を除却し，もしくは軽減する効用を有する施設をいう。また，河川区域および河岸・堤防などの保全に影響を及ぼすおそれのある行為を規制するために指定された河川保全区域は図 10-7-1 に示すように指定されている。

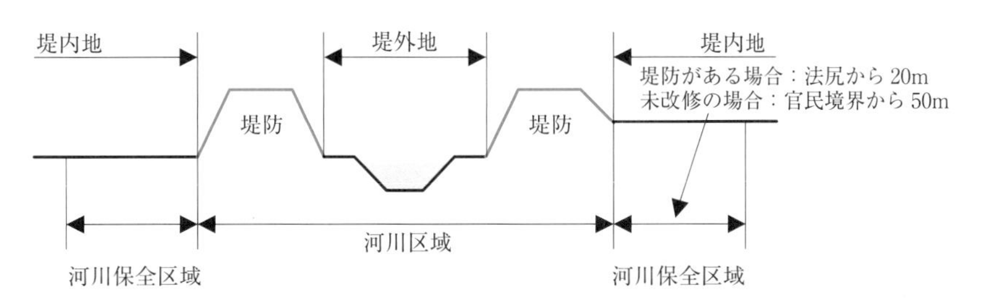

図 10-7-1　河川区域および河川保全区域

（3）河川区域における許可が必要な行為

①工作物の新築等の許可

河川区域内の土地において工作物を新築し，改築し，または除却しようとする者は，河川管理者の許可を受けなければならない。河川の河口付近の海面において河川の流水を貯留し，または停滞させるための工作物を新築し，改築し，または除却しようとする者も，同様とする。

②土地の占用の許可

河川区域内の土地を占用しようとする者は，河川管理者の許可を受けなければならない。この規定は地表面だけではなく，上空や地下にも適用される。

③流水の占用の許可

河川の流水を占用しようとする者は，河川管理者の許可を受けなければならない。ただし，発電のために河川の流水を占用しようとする場合は，この限りでない。

④土石等の採取の許可

河川区域内の土地において土石を採取しようとする者は，河川管理者の許可を受けなければならない。河川区域内の土地において土石以外の河川の産出物で政令で指定したものを採取しようとする者も，同様とする。

⑤土地の掘削等の許可

河川区域内の土地において土地の掘削，盛土もしくは切土その他土地の形状を変更する行為または竹木の栽植もしくは伐採をしようとする者は，河川管理者の許可を受けなければならない。

（4）河川保全区域における許可が必要な行為

①土地の形状変更等

地表から3m以上の盛土（3m以内であっても堤防に沿って行われる延長20m以上のものを含む），地表から1m以上の土地の掘削または切土をする行為。

②工作物の新築・改築

コンクリート造等の堅固な工作物および貯水池，水路等の水が浸透するおそれのある工作物の新築または改築する行為。

8 建築基準法

建設工事に際しては，仮設の建築物の設置が必要不可欠である。建築基準法における仮設建築物とは，防火上および衛生上支障がないと認める場合に，期間を定めて一時的に設置される建築物としている。

(1) 建築基準法に関する基本的な用語

建築基準法に関する主要な用語は表 10-8-1 に示すとおりである。

表 10-8-1　建築基準法に関連する主な用語の定義

用語	定義（意味）
建築物	土地に定着する工作物のうち，①屋根および柱を有するもの②屋根および壁を有するもの，など。これらに付属する門もしくは塀，観覧のための工作物または地下もしくは高架の工作物内に設ける事務所，店舗，興行場，倉庫その他これらに類する施設をいい，建築設備を含む。
特殊建築物	学校，体育館，病院，劇場，観覧場，集会場，展示場，百貨店，特殊建築物市場，公衆浴場，旅館，共同住宅，寄宿舎．工場，車庫，倉庫，汚物処理場その他これらに類する用途に供する建築物をいう。
建築設備	建築物に設ける電気，ガス，給水，排水，換気，冷暖房，消火，浄化槽は建築設備排煙，汚物処理場の設備または煙突，エレベーター，避雷針をいう。
主要構造部	壁，柱，床，はり，屋根または階段をいう。ただし，建築物の構造上重要でない間仕切壁，間柱，付け柱，揚げ床，最下階の床，回り舞台の床，小ばり，ひさし，局部的な小階段，屋外階段その他これらに類する建築物の部分を除く。

(2) 市街地における主な建築基準

市街地における建築のルールを定めている主要なものは次に示すとおりである。

①接道義務

建築物の敷地と道路との関係は，防災上重要であり，図 10-8-1 に示すように建物の敷地は道路に 2m 以上接することを義務付けている。

②用途地域

地域の役割を決めて，その区域の環境を決めるものである。準住居地域，商業地域，工業地域などがある。

③容積率

建築物の延べ面積の敷地面積に対する割合をいい，建築物の大きさを一定限度以内に抑えることを目的に地域ごとに定められている。

④建ぺい率

建築面積（建物の水平投影面積）の敷地面積に対する割合のことで，用途地域ごとに定められている。

⑤防火地域，準防火地域の建築物の屋根

火の粉による火災の発生を防止するため，技術基準が定められている。

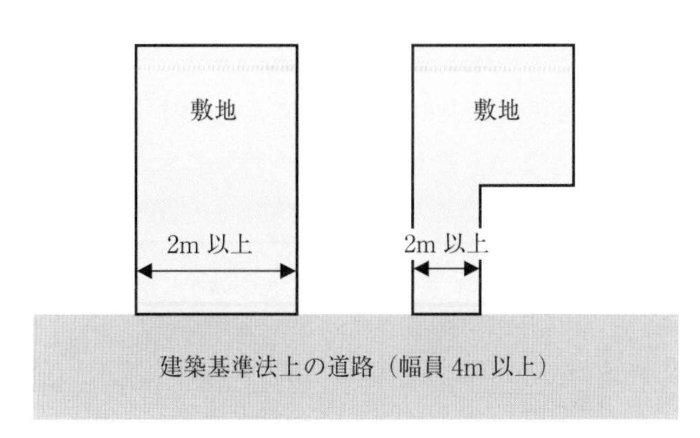

図 10-8-1　建築基準法における接道義務

（3）仮設建築物に対する制限の緩和事項

建築基準法85条2では，「災害があった場合に建築する公益上必要な応急仮設建築物」または「工事施工のための現場事務所，下小屋，材料置場その他これらに類する仮設建築物」に関して仮設建築物の許可を受けることで，一部規定の緩和，すなわち一部規定を適用しないとしている。その主な事項は以下のとおりである。ここで，単体規定とは，個々の建築物の構造・耐力，居室の通風や採光，換気，建築設備など安全性や居住性を確保するための技術的基準・規定のことである。また，集団規定とは，道路，建築物の高さ，建ぺい率，容積率，建築物の用途などに関する規定のことで，都市計画区域，準都市計画区域などの特定の区域内の建築物に適用される。

1）　建築基準法が適用されない事項（制限が緩和される事項）

①手続き

ア．建築確認申請

イ．建築物の着工・除去届の提出

ウ．工事の完了届・検査

②単体規定

ア．建築物の敷地の衛生・安全に関する規定

建築物の地盤面は，これに接する周囲の土地より高くなければならない

居室の床の高さおよび防湿方法の規定

盛土，地盤の改良その他衛生上または安全上必要な措置

雨水・汚水の排出・処理

イ．高さ 20m を超える建築物への飛来設備

③集団規定

ア．建築物の敷地は道路に 2m 以上接することの設計の規定

イ．用途地域ごとの各種制限（高さ，容積率，建ぺい率，斜線制限など）

ウ．防火地域・準防火地域内の建築物の耐火性

エ．防火地域・準防火地域内の屋根の構造（延べ面積が $50m^2$ 以内）

2） 建築基準法が適用される事項

①手続き

ア．建築士による一定規模以上の建築物の設計および工事監理

②単体規定

ア．建築物は，自重・積載荷重・積雪・風圧・地震等に対して安全な構造とする（構造耐力）

イ．居室の採光および換気のための窓の設置（床面積の1/20以上）

ウ．地階における居室の防湿措置

エ．電気設備の安全および防火方法

③集団規定

ア．防火地域・準防火地域内の屋根の構造（延べ面積が $50m^2$ を超えるもの）は，不燃材料で造るかふく（葺く：不燃材料で覆うこと），あるいは耐火構造，準耐火構造とする

9 騒音規制法・振動規制法

騒音規制法および振動規制法は，工場および事業場における事業活動ならびに建設工事に伴って発生する相当範囲にわたる騒音・振動について必要な規制を行って生活環境を保全し，国民の健康の保護に資することを目的としている。また，建設工事に伴う騒音，振動の防止について，技術的な対策を示すものとして「建設工事に伴う騒音振動対策技術指針」（国土交通省）がある。地方公共団体によっては，騒音規制法および振動規制法に定めた特定建設作業以外の作業についても条例等により，規制，指導を行っているので，対象地域における条例等の内容を十分把握しておかなければならない。

騒音・振動規制法の概要および騒音・振動対策の具体的な方法等については，「第9章 環境保全管理　2. 建設工事の騒音・振動対策」で次のような事項について説明しているので参照されたい。

（1）特定建設作業実施の届出
（2）指定区域および規制基準
（3）特定建設作業
（4）騒音・振動対策の基本事項
（5）騒音・振動の具体的対策例

10 港則法

港則法は，港内における船舶交通の安全および港内の整頓を図ることを目的に制定されており，港内における船舶交通の安全と港内の秩序維持，障害の除去，保安措置等に必要な事項を規定している。この法律では「特定港」と「指定港」を次のように定義している。

①特定港

喫水の深い船舶が出入できる港または外国船舶が常時出入する港で，政令で定めるものをいう。

②指定港

海上交通安全法で規定する指定海域に隣接する港のうち，レーダーその他の設備により当該港内における船舶交通を一体的に把握することができる状況にあるものであって，非常災害が発生した場合に当該指定海域と一体的に船舶交通の危険を防止する必要があるものとして政令で定めるものをいう。

(1) 航法等の主な規定

汽艇等以外の船舶は，特定港に出入し，または特定港を通過するには，国土交通省令で定める次の方法および図10-10-1による航路によらなければならない。

① 航路外から航路に入り，または航路から航路外に出ようとする船舶は，航路を航行する他の船舶の進路を避けなければならない。

② 船舶は，航路内においては，並列して航行してはならない。

③ 船舶は，航路内において，他の船舶と行き会うときは，右側を航行しなければならない。

④ 船舶は，航路内においては，他の船舶を追い越してはならない

⑤ 汽船が港の防波堤の入口または入口付近で他の汽船と出会うおそれのあるときは，入港する汽船は，防波堤の外で出航する汽船の進路を避けなければならない

⑥ 船舶は，港内および港の境界付近においては，他の船舶に危険を及ぼさないような速力で航行しなければならない。

⑦ 船舶は，港内においては，防波堤，ふとうその他の工作物の突端または停泊船舶を右げんに見て航行するときは，できるだけこれに近寄り，左げんに見て航行するときは，できるだけこれに遠ざかって航行しなければならない。

⑧ 汽艇等は，港内においては，汽艇等以外の船舶の進路を避けなければならない。

⑨ 船舶は，港内においては，みだりに汽笛またはサイレンを吹き鳴らしてはならない。

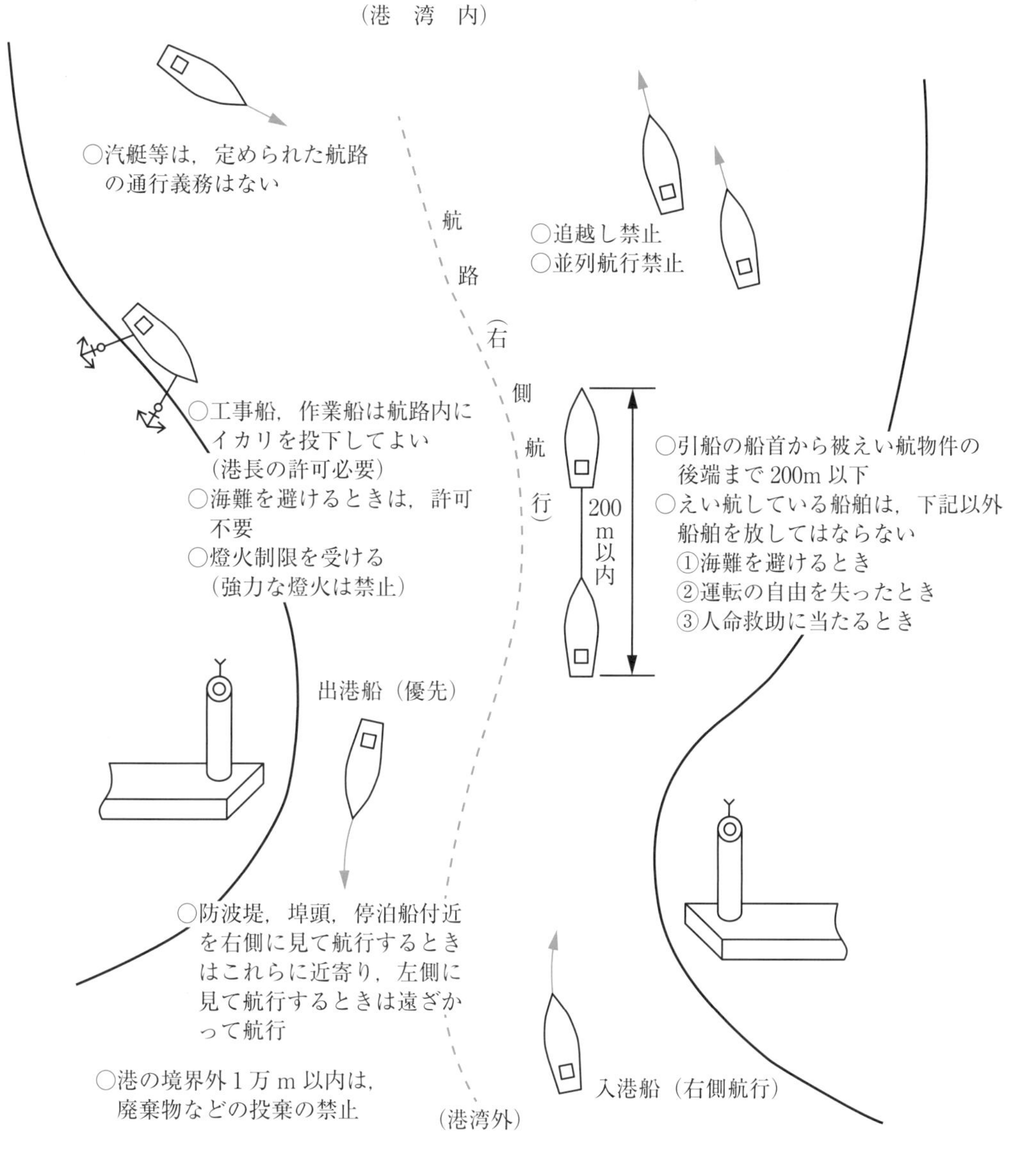

図 10-10-1　航法等の主な規定[2)]

（2）港長の許可・届出等

港長とは，海上保安官の中から海上保安庁長官によって任命されたものである。特定港内または特定港の境界付近で工事または作業をしようとする者は，港長の許可あるいは港長への届出が必要である。

①港長の許可

ア．船舶は，特定港において危険物の積込み，積替えまたは荷卸しをするには，港長の許可を受けなければならない。

イ．船舶は，特定港内または特定港の境界付近において危険物を運搬するときは，港長の許可を受けなければならない。

ウ．特定港内において使用すべき私設信号を定めようとする者は，港長の許可を受けなければならない。

エ．特定港内または特定港の境界付近で工事または作業をしようとする者は，港長の許可を受けなければならない。

オ．特定港内において竹木材を船舶から水上に卸そうとする者および特定港内においていかだをけい留し，または運行しようとする者は，港長の許可を受けなければならない。

②港長への届出

ア．船舶は，特定港に入港したときまたは特定港を出港しようとするときは，港長に届け出なければならない。

イ．特定港内においては，汽艇等以外の船舶を修繕し，または係船しようとする者は，港長に届け出なければならない。

③港長の指揮

爆発物その他の危険物を積載した船舶は，特定港に入港しようとするときは，港の境界外で港長の指揮を受けなければならない。

《参考・引用文献》

1）国土交通省関東地方整備局 HP：https://www.ktr.mlit.go.jp/ktr_content/content/000783880.pdf,「特殊車両通行ハンドブック 2020」，p.5，2021.2

2）『土木施工管理技術テキスト 施工管理・法規編（改訂第２版）』，p.333 図 7.6 を参考に経済調査会作成，地域開発研究所，2021.5

索　引

き

く

け

こ

さ

し

す

よ

り

る

れ

ろ

わ

[著者略歴]

渡部　正（第5章～第10章）

1973年　秋田県立横手工業高等学校卒業
同　年　前田建設工業株式会社 入社
1978年　日本大学理工学部土木工学科卒業
1991年～1993年　東京大学生産技術研究所 受託研究員
1996年～1997年　中国三峡建設工程総公司 出向
1996年～2011年　日本大学理工学部土木工学科 非常勤講師
2011年　前田建設工業株式会社 退社（技術研究所 技術開発土木グループ長兼環境技術グループ長）
同　年　日本大学生産工学部 土木工学科 准教授
2014年～2020年　日本大学生産工学部 土木工学科 教授
2020年～　日本大学生産工学部 土木工学科 特任教授，現在に至る
2021年～　旭工榮株式会社 技術顧問，現在に至る
博士（工学），技術士（建設部門），1級土木施工管理技士，コンクリート主任技士，コンクリート診断士

保坂　成司（第1章～第4章）

1994年　日本大学大学院生産工学研究科土木工学専攻 博士前期課程修了
同　年　長田組土木株式会社 入社
2000年　長田組土木株式会社 退社（土木本部土木工事部主任）
同　年　日本大学生産工学部土木工学科 副手
2003年～2006年　日本大学生産工学部 土木工学科 助手
2006年～2010年　日本大学生産工学部 土木工学科 専任講師
2010年～2018年　日本大学生産工学部 環境安全工学科 准教授
2015年～2016年　The University of Sheffield（UK）Pennine Water Group 客員研究員
2018年～　日本大学生産工学部 環境安全工学科 教授，現在に至る
博士（工学），一級建築士，1級土木施工管理技士，測量士，甲種火薬類取扱保安責任者

土木施工の管理学 “土木施工管理技士” に求められる一般知識
— 品質・原価・工程・安全・環境保全管理／土木関連法規

令和5年4月1日　初版発行

共　著　渡部 正・保坂 成司

発行所　一般財団法人 経済調査会
〒105-0004 東京都港区新橋6-17-15
電話（03）5777-8221（編集）
（03）5777-8222（販売）
FAX（03）5777-8237（販売）
E-mail book@zai-keicho.or.jp
https://www.zai-keicho.or.jp

印刷所
製本所　日本印刷 株式会社

ISBN 978-4-86374-329-8